数字影音编辑与合成

（Premiere Pro 2022）

主　编　孙怀志　赵　娟
副主编　李　娜　吴莹莹
参　编　张　林　吴艳平　徐叶青

电子工业出版社
Publishing House of Electronics Industry
北京·BEIJING

内 容 简 介

本书首先介绍 Premiere Pro 的基础知识,包括新建项目、Premiere Pro 工作界面、设置序列与管理素材等内容;然后深入讲解视频剪辑的基本技巧,包括视频剪辑手段与切换效果、视频效果、字幕制作、音频剪辑等内容。各知识点均辅以实例,有助于读者将所学知识点融会贯通,学以致用。

本书既可作为职业院校数字媒体技术应用和数字媒体艺术相关专业教学用书,又可作为影视制作从业人员的参考书。

未经许可,不得以任何方式复制或抄袭本书之部分或全部内容。
版权所有,侵权必究。

图书在版编目(CIP)数据

数字影音编辑与合成:Premiere Pro 2022 / 孙怀志,赵娟主编. -- 北京:电子工业出版社,2025.5.
ISBN 978-7-121-50140-1

Ⅰ．TN94

中国国家版本馆 CIP 数据核字第 2025G8N219 号

责任编辑:寻翠政
印　　刷:天津千鹤文化传播有限公司
装　　订:天津千鹤文化传播有限公司
出版发行:电子工业出版社
　　　　　北京市海淀区万寿路 173 信箱　　　邮编:100036
开　　本:880×1230　1/16　　印张:14.75　　字数:331 千字
版　　次:2025 年 5 月第 1 版
印　　次:2025 年 5 月第 1 次印刷
定　　价:49.80 元

凡所购买电子工业出版社图书有缺损问题,请向购买书店调换。若书店售缺,请与本社发行部联系,联系及邮购电话:(010) 88254888,88258888。
质量投诉请发邮件至 zlts@phei.com.cn,盗版侵权举报请发邮件至 dbqq@phei.com.cn。
本书咨询联系方式:(010) 88254591,xcz@phei.com.cn。

前言

党的二十大报告强调："坚守中华文化立场，提炼展示中华文明的精神标识和文化精髓，加快构建中国话语和中国叙事体系，讲好中国故事、传播好中国声音，展现可信、可爱、可敬的中国形象。"在自媒体盛行的当下，短视频行业的社会价值巨大，市场前景不可估量。

Premiere Pro 是 Adobe 公司推出的一款功能强大的视频编辑软件，被广泛应用于广告动画制作、短视频剪辑和电视节目制作中。它支持多种格式，拥有强大的项目、序列和剪辑管理功能，且可以与 Adobe 公司推出的其他软件相互协作，因而深受广大用户的青睐，是公认的视频编辑软件的领先者，提供了丰富的功能和工具，可以帮助读者创建高质量的视频作品。

"数字影音编辑与合成"是数字媒体技术应用专业的核心课程，也是数字媒体艺术相关专业的必修课程。本书通过 Premiere Pro 对数字影音的后期制作和合成技术进行讲解，可以帮助读者轻松完成视频拍摄、电影制作等工作。使用 Premiere Pro 制作视频，处理难度小，视频效果好。

本书分为 9 个模块、58 个任务（包括拓展任务），每个任务均以岗位工作过程来确定任务重点，通过具体任务引领教学内容，以提升学生的专业能力和职业能力；注重课程思政的渗透，侧重基础和技能，将专业能力和实际岗位需求进行对接，力求使读者能够通过剪辑技巧实现作品的叙事和表意能力。此外，本书通过精彩的实例剖析，可视化地解读剪辑中的隐形艺术，从软件应用的基本流程到综合应用，每个任务都精选实例让读者进一步体会 Premiere Pro 的功能和操作技巧，让读者在操作中不知不觉地掌握 Premiere Pro 的基本功能，体会实例中的创意思想，在视频剪辑中享受学习的快乐。同时，本书配有知识点微课和在线开放课程，以便读者进行线上与线下相结合的混合式学习。书中所有实例的素材文件和教学视频，以及与各任务配套的思维导图教案均可在线上使用和下载。本书具体操作中使用的 Premiere Pro 的版本均为 Premiere Pro 2022。

本书由孙怀志、赵娟担任主编，由李娜、吴莹莹担任副主编，张林、吴艳平、徐叶青参与了本书的编写。在本书的编者团队中，高级教师有 4 人、讲师有 3 人，他们均在教学一线任教，教学能力强，视频剪辑经验丰富。另外，倪彤对本书的编写给予了指导，电子工业出版社的编辑对本书的编写提出了很多宝贵的意见和建议，在此对他们表示衷心的感谢。

由于编者水平有限，书中难免存在不足之处，敬请广大读者批评指正。

编　者

目录

模块 1　初识 Premiere Pro 1

　　任务 1　新建项目 2

　　任务 2　Premiere Pro 工作界面 4

　　任务 3　设置序列与管理素材 9

　　任务 4　设置出入点和标记点 12

　　任务 5　两种粗剪的方法 19

　　任务 6　导出设置 23

　　拓展任务 1　剪辑校园风光相册 27

模块 2　认识工具 32

　　任务 1　调整 Premiere Pro 工作界面 33

　　任务 2　选择工具与剃刀工具的使用 36

　　任务 3　波纹编辑工具与滚动编辑工具的使用 39

　　任务 4　关键帧的使用 41

　　任务 5　蒙版的使用 45

　　任务 6　视频与音频的淡入淡出 48

　　拓展任务 2　制作宣传片头 52

模块 3　认识视频剪辑手段与切换效果 58

　　任务 1　镜头的语言 59

　　任务 2　嵌套序列 62

　　任务 3　切换效果 64

任务 4　通用倒计时片头 68

任务 5　二次构图 71

拓展任务 3　制作风光短片 75

模块 4　视频效果 1 81

任务 1　马赛克效果 82

任务 2　变形稳定器效果 85

任务 3　边角定位效果 87

任务 4　方向模糊效果 89

任务 5　旋转扭曲效果 92

任务 6　球面化效果 95

任务 7　浮雕效果 98

任务 8　查找边缘效果 100

拓展任务 4　制作户外广告牌替换效果 102

模块 5　视频效果 2 110

任务 1　轨道遮罩键 111

任务 2　颜色键 115

任务 3　帧定格 118

任务 4　粗糙边缘效果 121

任务 5　时间码效果 126

拓展任务 5　抠像实战 129

模块 6　视频效果 3 133

任务 1　色彩的原理 134

任务 2　直方图与波形图 138

任务 3　分量示波器 142

任务 4　Lumetri 颜色面板 145

任务 5　LUT 和 Look 滤镜的使用方法 151

任务 6　一级调色 154

  任务 7　RGB 曲线的使用方法 158

  拓展任务 6　制作小清新风格短视频 161

模块 7　字幕制作 165

  任务 1　安装字体与创建字幕 166

  任务 2　调整字幕属性 170

  任务 3　滚动字幕 174

  任务 4　音频转字幕 177

  任务 5　制作简单弹幕 182

  任务 6　字幕的淡入淡出 186

  拓展任务 7　制作微电影片头与片尾字幕 190

模块 8　音频剪辑 196

  任务 1　制作淡入淡出效果 197

  任务 2　制作延迟效果 199

  任务 3　制作降噪效果 202

  任务 4　导出音频文件 206

  拓展任务 8　制作微视频的配音 209

模块 9　综合实训 213

  任务 1　《风吹麦浪》实例 214

  任务 2　MV 的混剪 1 217

  任务 3　MV 的混剪 2 220

模块 1　初识 Premiere Pro

Premiere Pro，简称 Pr，是由 Adobe 公司开发的一款视频编辑软件。Premiere Pro 提供了采集、剪辑、调色、美化、音频添加、字幕添加、输出的一整套流程，可以和 Adobe 公司推出的其他软件高效集成，有较好的兼容性。

本模块简要介绍 Premiere Pro，通过实例对新建项目、设置序列与管理素材、设置出入点和标记点及导出设置等进行讲解，使读者对 Premiere Pro 有一个初步认识，为后续的学习和实践打下基础。

▌项目培养目标

- ◆ 了解什么是项目，如何新建项目
- ◆ 认识 Premiere Pro 工作界面
- ◆ 会设置序列，熟悉管理素材的方法
- ◆ 掌握设置出入点和标记点的方法及两种粗剪的方法
- ◆ 能够对编辑完成的作品进行导出设置

▌项目任务解读

本模块将通过以下任务整合知识点。

- ◆ 新建项目——包含项目的基本概念、创建方法等知识点
- ◆ Premiere Pro 工作界面——包含 Premiere 工作界面的组成及各组成部分的功能等知识点
- ◆ 设置序列与管理素材——包含设置序列、导入与管理素材等知识点
- ◆ 设置出入点和标记点——包含设置出入点和标记点等知识点
- ◆ 两种粗剪的方法——包含在时间线面板中进行粗剪及在源监视器中进行粗剪等知识点
- ◆ 导出设置——包含设置导出文件的名称和位置、调整预设与比特率等知识点

任务 1　新建项目

▶▶ **任务重点**

1. 为项目命名，注意选择项目位置。
2. 根据需要加载预制的项目模板，或调整相关参数。

▶▶ **任务设计效果**

本实例操作中的效果如图 1-1 所示。

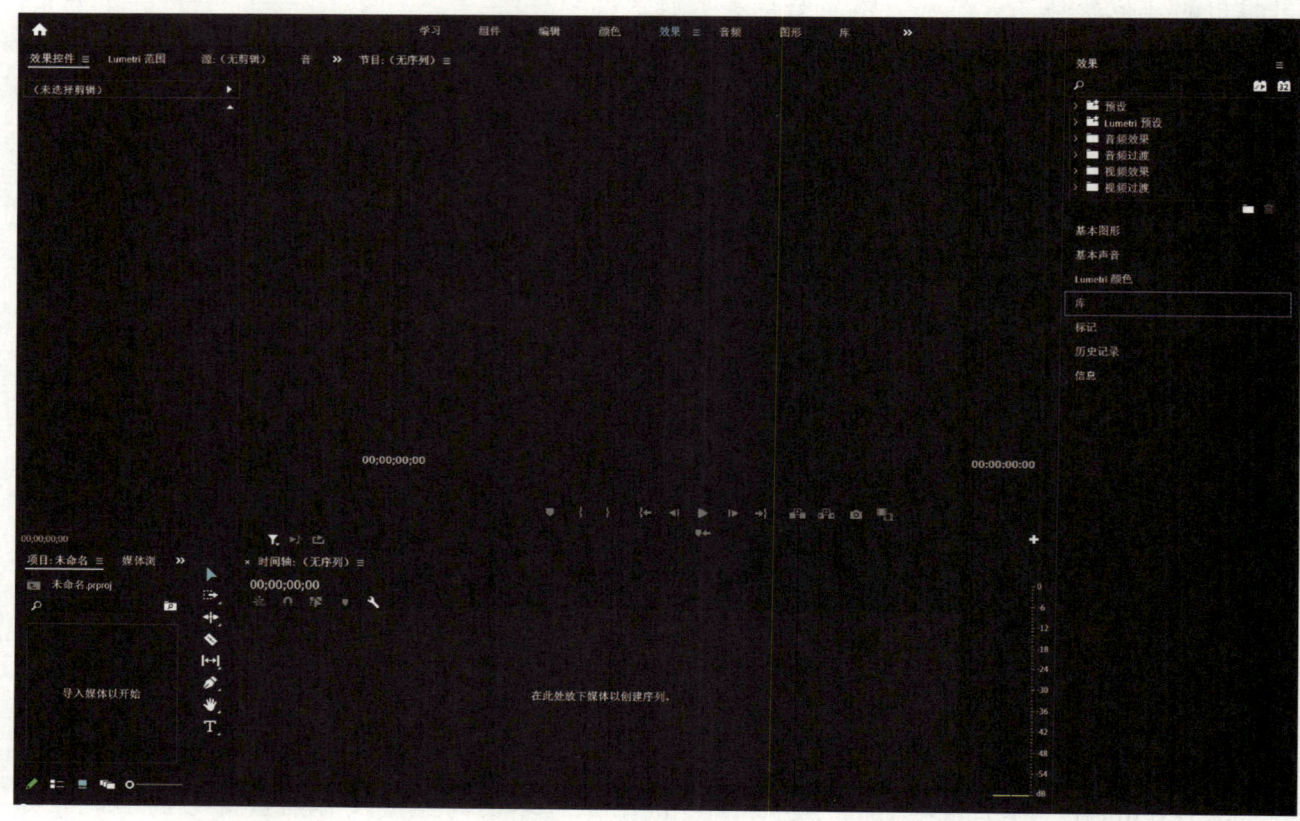

图 1-1

▶▶ **任务实施**

一、基本概念

在 Premiere Pro 中，项目是指工程文件。项目是 Premiere Pro 中的一个核心概念，相当于一个容器，用于存放和整理导入的各类素材，包含视频文件、音频文件等。这些素材以剪辑的形式存在于项目中，用户可以在项目中将这些素材整理到不同的文件夹中，以便管理和查找。

二、新建项目

步骤 1

在桌面上双击"Premiere Pro"图标，进入 Premiere Pro 欢迎界面，如图 1-2 所示。

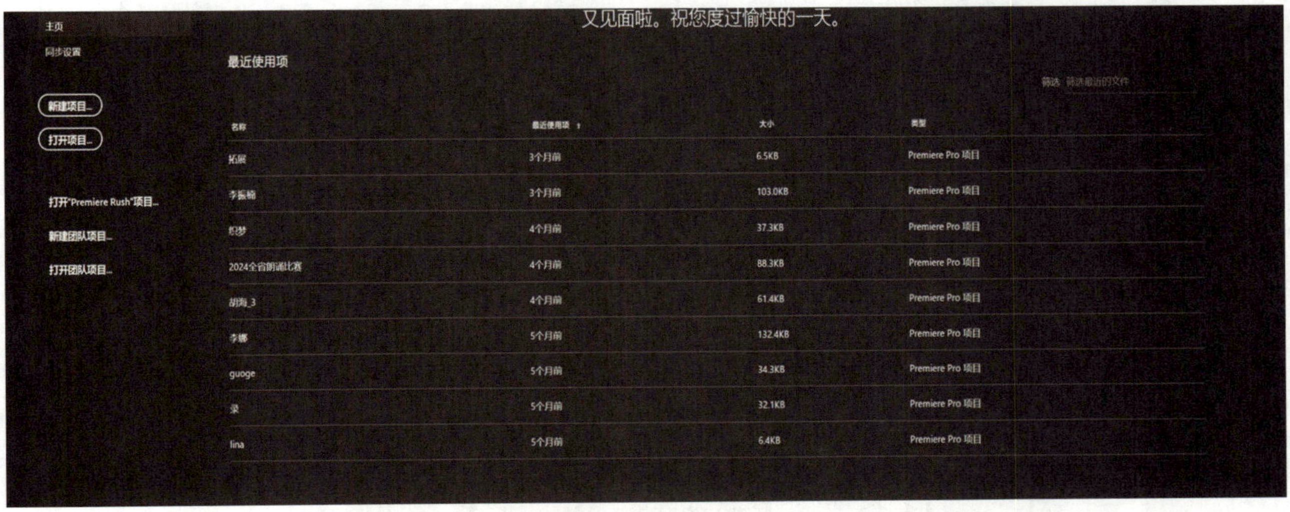

图 1-2

步骤 2

方法 1：单击"新建项目"按钮，设置项目名、项目位置，单击"创建"按钮，一个新的项目就建立完成了，如图 1-3 所示。

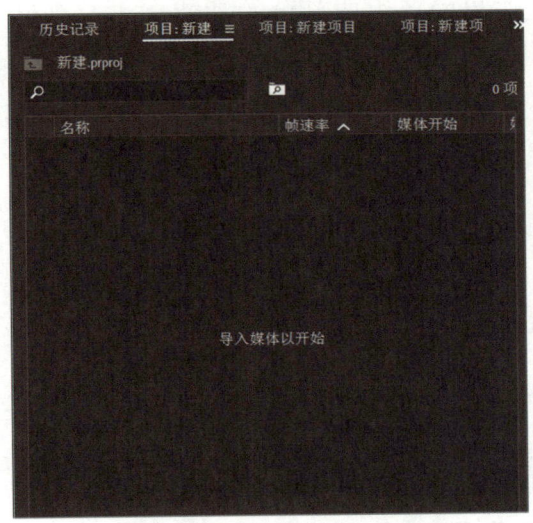

图 1-3

注意，在给项目命名时，要确保在与他人共享项目时，能够清晰地识别项目内容，在选择保存位置时避免使用 C 盘，以确保有足够的磁盘空间。

方法 2：选择"文件"→"新建"→"项目"命令，如图 1-4 所示。设置项目名、项目位置。

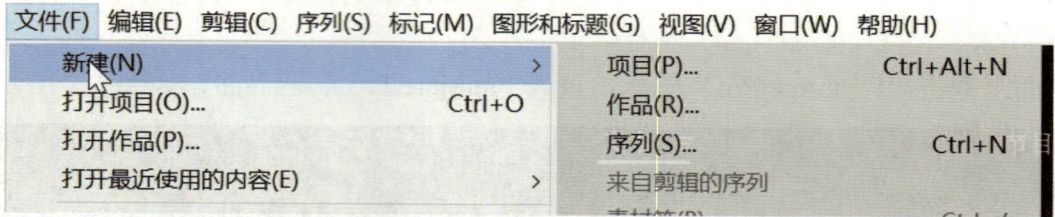

图 1-4

方法 3：按快捷键 Ctrl+Alt+N，在打开的界面中，设置项目名、项目位置。

▶▶ 讨论与交流

1. 能否修改项目名？
2. 如何设置项目参数？

任务 2　Premiere Pro 工作界面

▶▶ 任务重点

1. 认识 Premiere Pro 工作界面的组成。
2. 了解 Premiere Pro 工作界面各组成部分的功能。

▶▶ 任务设计效果

本实例操作中的效果如图 1-5 所示。

▶▶ 任务实施

一、Premiere Pro 工作界面的组成

Premiere Pro 工作界面中包含多个窗口，每个窗口都有其特定的功能。Premiere Pro 工作界面中主要包含菜单栏、项目面板、时间线面板、源监视器、节目监视器和音波表等。

二、Premiere Pro 工作界面各组成部分的功能

菜单栏：位于界面顶部，包含各类菜单命令，如文件、编辑、序列、标记等，如图 1-6 所示。

图 1-5

文件(F) 编辑(E) 剪辑(C) 序列(S) 标记(M) 图形(G) 视图(V) 窗口(W) 帮助(H)

图 1-6

项目面板：通常位于界面的左下方。这是视频剪辑的核心窗口，用户可以在这里浏览导入的所有媒体文件，如视频文件、音频文件、图片文件等。此外，用户可以在这里创建新的序列，即时间线，并添加各种媒体文件进行剪辑，如图 1-7 所示。

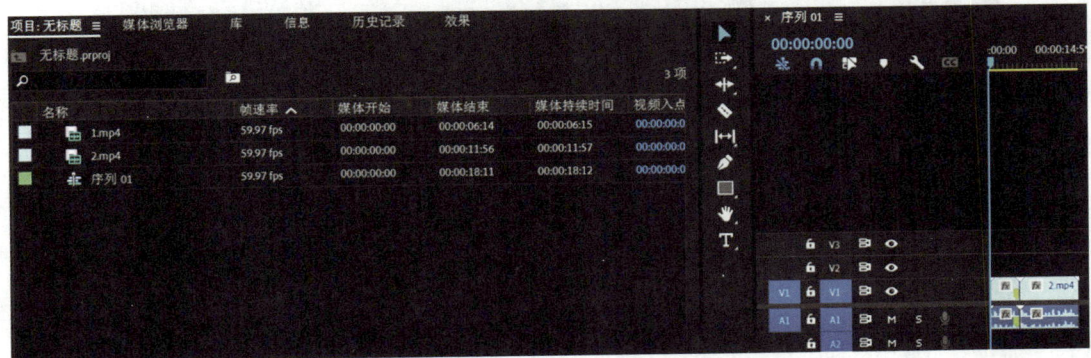

图 1-7

时间线面板：位于界面的右下方，是视频剪辑的核心窗口，用于剪切、拼接视频，添加音频和特效等操作，如图1-8所示。

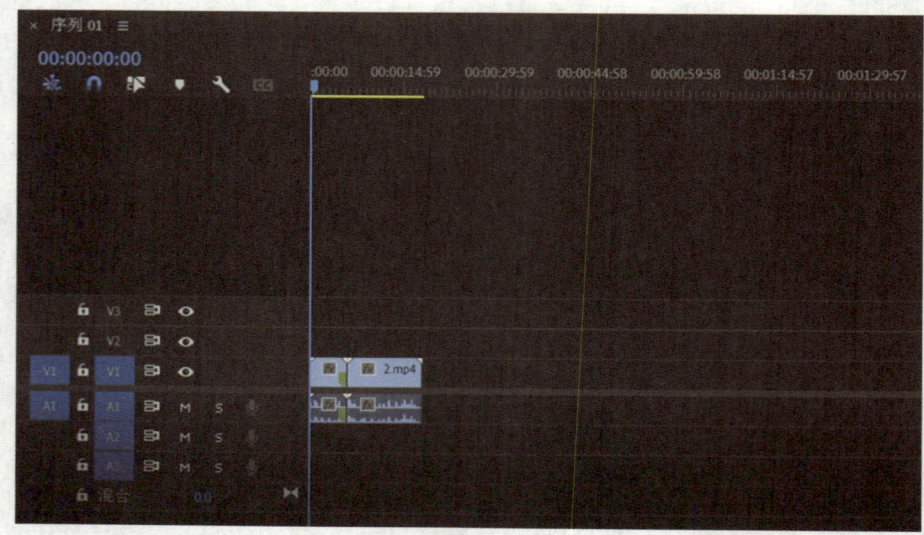

图1-8

源监视器：用户预览导入视频和音频文件的主要窗口。用户可以通过单击"播放"按钮或移动滑块来预览媒体文件，并通过标记工具来对视频和音频部分进行标记，如图1-9所示。

图1-9

节目监视器：用于预览用户创建的序列。用户可以通过单击"播放"按钮或移动滑块来预览序列，并通过标记工具来进一步剪辑，如图 1-10 所示。

图 1-10

音波表：重要的音频监视窗口，如图 1-11 所示。通过音波表，用户可以清晰地看到音频的波形、振幅、频率分布等信息，从而准确地掌握音频的特性和质量。

工具面板：包含用于剪辑视频与音频的各种工具，如图 1-12 所示。

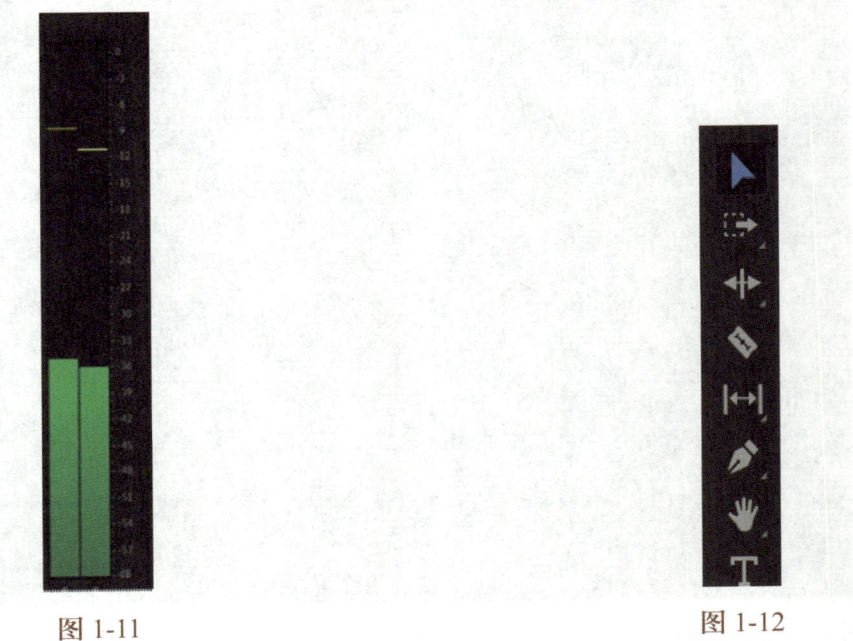

图 1-11　　　　　　　　　　　　　　　　　　　　图 1-12

其他窗口：Premiere Pro 工作界面中还包含如图 1-13 所示的"效果控件"窗口，用于调整已应用效果的具体属性的参数；如图 1-14 所示的"音频剪辑混合器"窗口，用于调整音频的音量和平衡等。这些窗口中提供了更深入的视频剪辑选项。

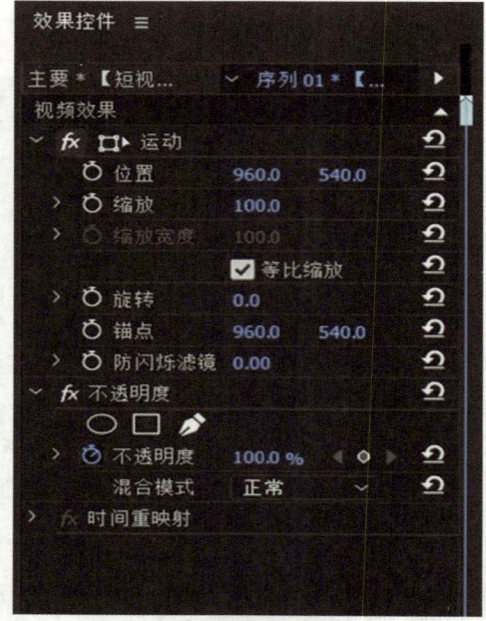

图 1-13

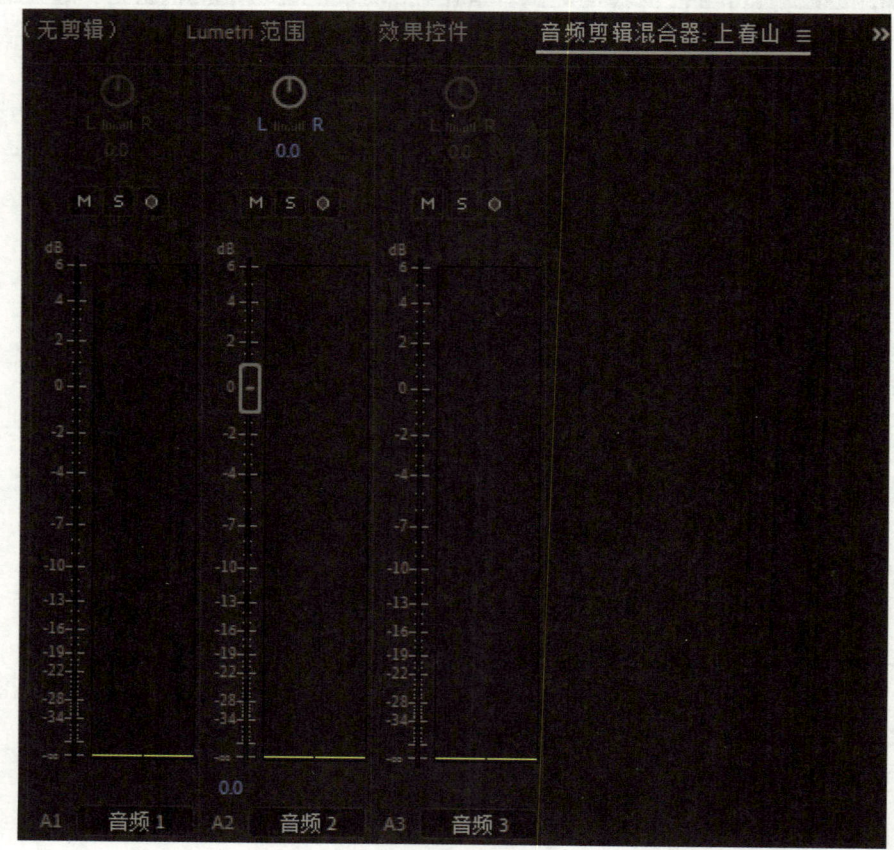

图 1-14

▶▶ 讨论与交流

是否可以调整 Premiere Pro 工作界面中的窗口布局及大小？该如何调整？

任务 3　设置序列与管理素材

▶▶ **任务重点**

1. 据实际需求自定义序列。
2. 导入素材并对素材进行管理。

▶▶ **任务设计效果**

本实例操作中的效果如图 1-15 所示。

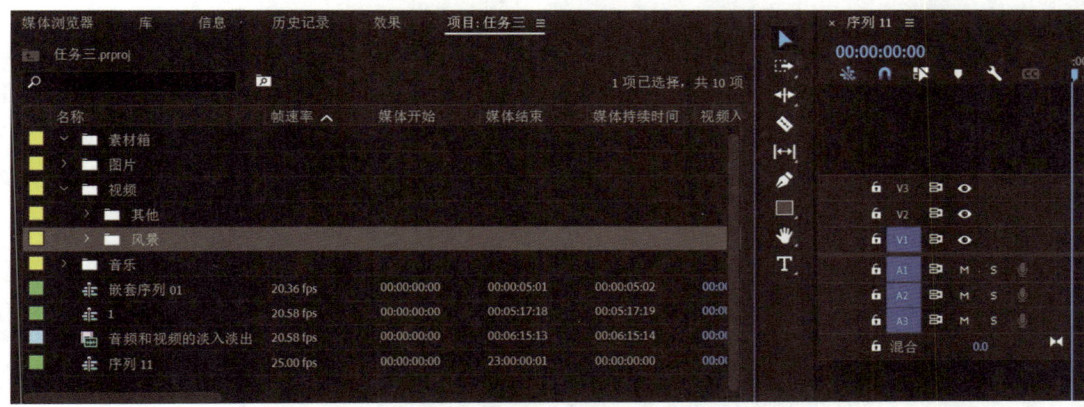

图 1-15

▶▶ **任务实施**

一、基本概念

1. 序列

在 Premiere Pro 中，序列指的是一组剪辑的集合，这些剪辑按照特定的顺序排列，用于构建最终的视频作品。

2. 序列编辑模式

序列编辑模式是 Premiere Pro 中的一种编辑模式，可以帮助用户高效地编辑视频序列。在序列编辑模式下，用户可以快速地调整视频片段的顺序、长度和位置，以及添加特效、过渡效果和音频轨道等，从而实现更加精细的视频剪辑。常见的序列编辑模式有 DV-PAL、HDV、NTSC 和 PAL 等。

3. 帧速率

帧速率也称时基，是指每秒播放的帧数，通常以 fps（每秒帧数）为单位。常见的帧速率有 24fps、25fps 和 29.97fps 等。帧速率越高，视频越流畅。

4. 帧大小

帧大小指的是视频的宽度和高度，通常以像素为单位。常见的帧大小包括 1920 像素×1080 像素和 640 像素×480 像素等。在不同显示设备上播放时，帧大小决定了视频画面的大小，也影响了视频的清晰度。

5. 像素长宽比

像素长宽比是指各像素的宽度和高度的比例。像素长宽比的选择会影响视频的显示效果，特别是在不同显示设备上播放时。

6. 场

场主要涉及高场（上场）、低场（下场）和无场。在高清逐行视频普及的今天，场序的选择对大多数用户来说已经不再重要。但在处理标清视频时，正确设置场序可以避免视频出现横纹、抖动或模糊的情况。

二、设置序列

步骤 1

打开 Premiere Pro 工作界面，选择"文件"→"新建"→"序列"命令，如图 1-16 所示。

图 1-16

步骤 2

在弹出的窗口中选择预设的序列设置，单击"确定"按钮，如图 1-17 所示。

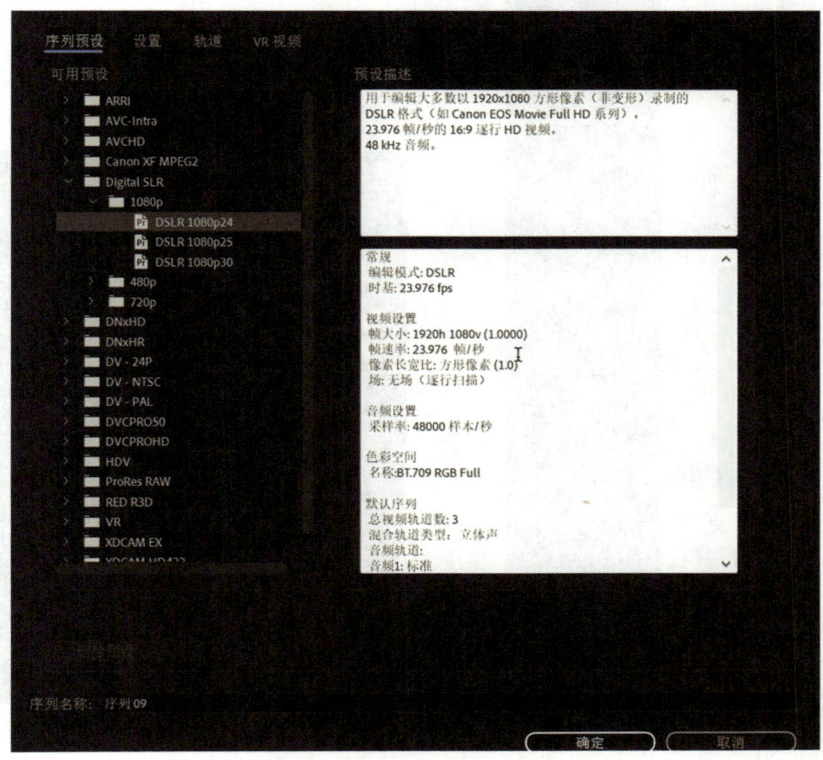

图 1-17

注意，如果需要更改序列设置，那么可以在项目面板中找到序列并右击，在弹出的快捷菜单中选择"序列设置"命令进行调整。

三、导入与管理素材

步骤 1

选择"文件"→"导入"命令，如图 1-18 所示。在弹出的"导入"对话框中，选择要导入的素材文件或文件夹，单击"打开"按钮或"导入"按钮。

注意，按快捷键 Ctrl+I；在项目面板中的空白处双击；在项目面板中的空白处右击，在弹出的快捷菜单中选择"打开"命令或"导入"命令同样可以导入素材。

步骤 2

在项目面板中，单击右下方的"新建素材箱"按钮，创建新的文件夹，用于为素材分类，如图 1-19 所示。

步骤 3

通过拖放操作将素材移动到不同的文件夹中，如图 1-20 所示。

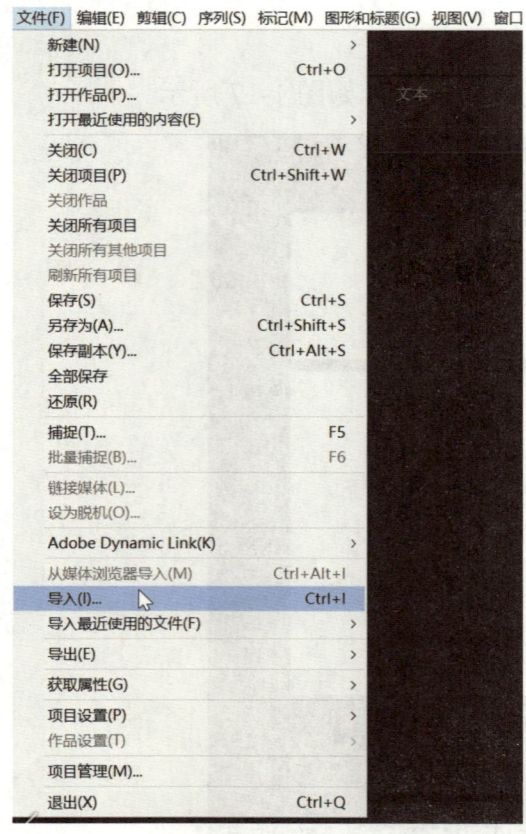

图 1-18

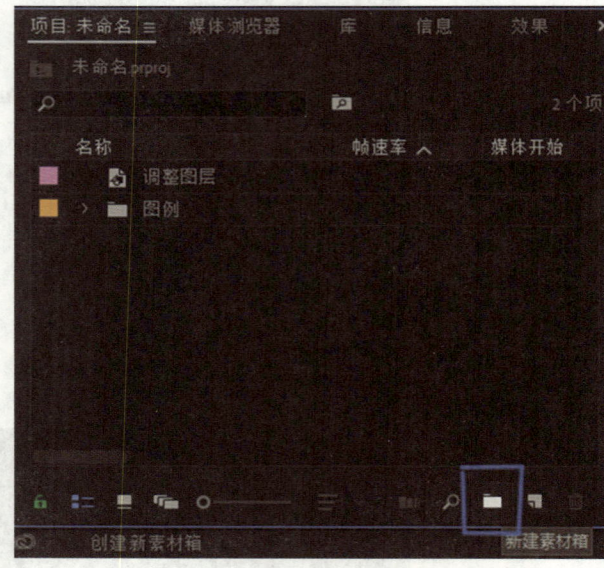

图 1-19

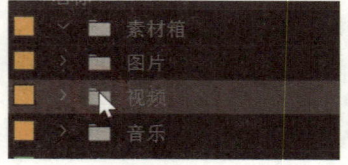

图 1-20

▶▶ 讨论与交流

1. 如何查看素材属性？

2. 如何更改 Premiere Pro 对素材的默认解释方式，如帧速率？

3. 定期保存项目和素材是否重要？如何实现？

任务 4　设置出入点和标记点

▶▶ 任务重点

1. 使用出入点对素材进行粗剪。

2. 添加剪辑标记和序列标记。

▶▶ 任务设计效果

本实例操作中的效果如图 1-21 和图 1-22 所示。

图 1-21

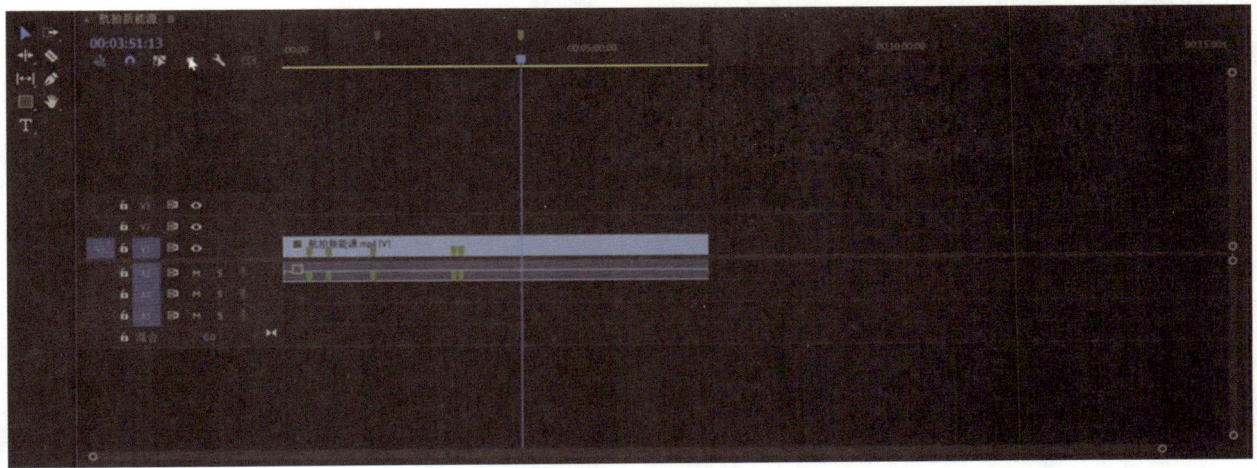

图 1-22

▶ 任务实施

一、设置出入点

步骤 1

在项目面板中的空白处双击,在弹出的"导入"对话框中选择所需的文件,单击"打开"按钮,如图 1-23 所示。

图 1-23

步骤 2

在项目面板中双击导入的视频,在源监视器中预览视频。移动滑块到想要设置为入点的位置,单击"标记入点"按钮设置入点。同理,移动滑块到出点的位置,单击"标记出点"按钮设置出点,如图 1-24 所示。

注意,设置出入点的方法:

(1)将视频拖动到时间线面板中;

(2)移动滑块到入点的位置;

(3)按 I 键设置入点;

(4)移动滑块到出点的位置,按 O 键设置出点。

图 1-24

步骤 3

将源监视器中高亮显示的素材直接拖动到时间线面板中合适的位置，此时添加到时间线面板中的仅为被打上出入点标记的片段，如图 1-25 所示。

找到"仅拖动视频"按钮，将其拖动到视频轨道上，这样只会将视频拖动到视频轨道上，不会移动音频。找到"仅拖动音频"按钮，将其拖动到音频轨道上，这样只会将音频拖动到音频轨道上，不会移动视频，如图 1-26 所示。

注意，在拖动音频或视频时，不要误触其他轨道，以免出现不必要的移动或覆盖。

数字影音编辑与合成（Premiere Pro 2022）

图 1-25

图 1-26

二、设置标记点

标记点也称"书签"或"标记",分为剪辑标记和序列标记,这些标记点不会限制剪辑或导出范围,但可以帮助用户快速定位到特定的帧或时间点,帮助用户更好地管理视频剪辑。

步骤1

添加剪辑标记。将滑块移动到所需位置,单击节目监视器中的"添加标记"按钮,就可以添加剪辑标记,也可以右击节目监视器中的"添加标记"按钮,在弹出的快捷菜单中选择"添加标记"命令或按M键快速添加剪辑标记,如图1-27所示。

图 1-27

步骤2

添加序列标记。单击节目监视器中的"添加标记"按钮,就可以添加序列标记;也可以在时间线面板中单击"添加标记"按钮或按M键快速添加序列标记,如图1-28所示。

步骤3

编辑标记点。双击标记点,进入"标记"对话框,设置标记的名称及相关注释,单击"确定"按钮,如图1-29所示。

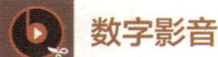

数字影音编辑与合成（Premiere Pro 2022）

图 1-28

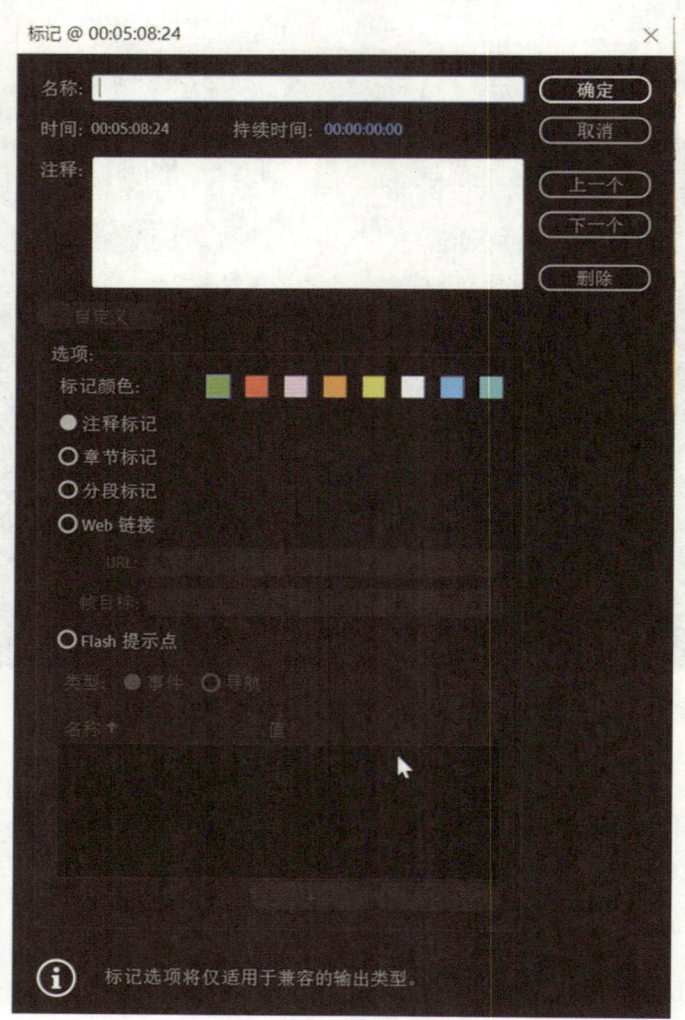

图 1-29

讨论与交流

在 Premiere Pro 中设置出入点和标记点是视频剪辑的基本步骤，如何精确控制这些点帮助用户高效地剪辑视频呢？

任务 5　两种粗剪的方法

任务重点

1. 在时间线面板中进行粗剪。
2. 在源监视器中进行粗剪。

任务设计效果

本实例操作中的效果如图 1-30 和图 1-31 所示。

图 1-30

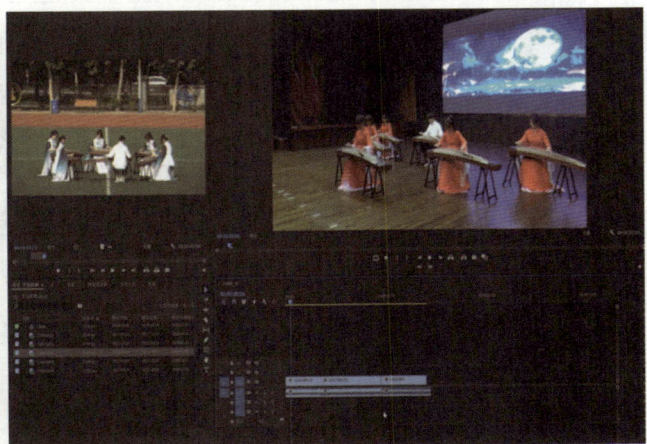

图 1-31

任务实施

一、在时间线面板中进行粗剪

步骤 1

双击项目面板中的空白处，在弹出的"导入"对话框中选择所需的文件，单击"打开"按钮，如图 1-32 所示。

步骤 2

将项目面板中的素材拖动到时间线面板中的相应轨道上，单击"剃刀工具"按钮，在时间线面板中单击想要剪切的位置，即可将素材切割成两部分，单击"选择工具"按钮，选择不需要的部分，按 Delete 键即可将其删除。如图 1-33 所示。

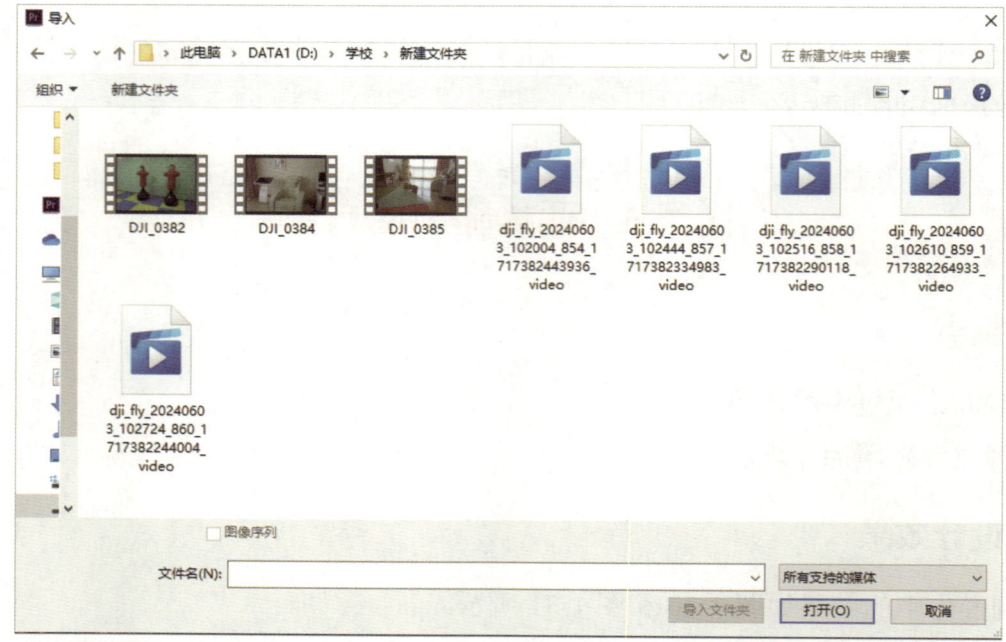

图 1-32

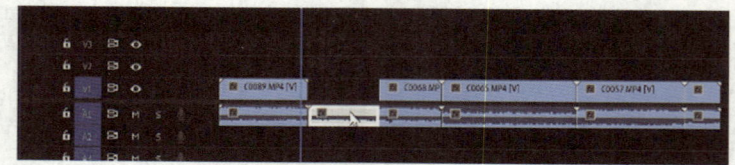

图 1-33

注意，把滑块移动到要剪切的位置，按快捷键 Ctrl+K，此时选择的视频或音频会被裁剪为两部分；要把视频和音频同时剪断，可以按快捷键 Ctrl+Shift+K。

步骤 3

选择两个片段之间存在的空隙，按 Delete 键将其删除，之后进行排序，如图 1-34 所示。

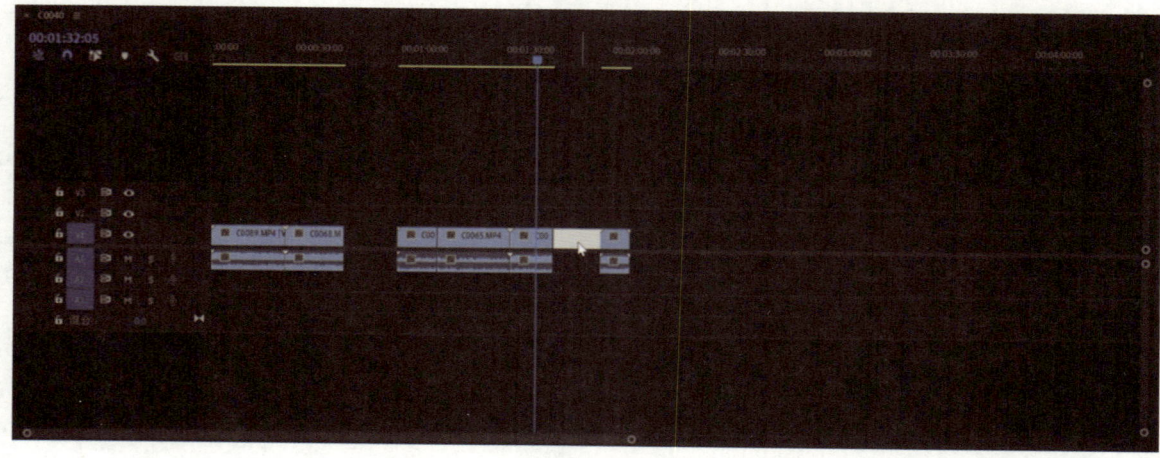

图 1-34

二、在源监视器中进行粗剪

步骤 1

在项目面板中找到需要剪辑的素材并双击，在源监视器中打开素材。按 I 键设置想要保留的素材的起始位置，按 O 键设置想要保留的素材的结束位置，如图 1-35 所示。

图 1-35

注意，在设置出入点之前，可以使用源监视器中的播放控件预览素材。

按 L 键可以播放素材，多次按 L 键可以加速播放素材。

按 J 键可以倒放素材，多次按 J 键可以加速倒放素材。

按 K 键可以暂停播放素材。

步骤 2

在源监视器中将高亮显示的素材直接拖动到时间线面板中合适的位置，此时添加到时间线面板中的仅为被打上出入点标记的片段，如图 1-36 所示。

图 1-36

通过拖动"仅拖动视频"按钮或"仅拖动音频"按钮，可以仅将视频或音频拖动到时间线面板中。

步骤 3

使用同样的方法在源监视器中对其他素材进行剪辑，将其拖动到时间线面板中。按 Delete 键删除素材的空隙，按住鼠标左键拖动素材，调整素材位置，即可实现对作品的基本剪辑，如图 1-37 所示。

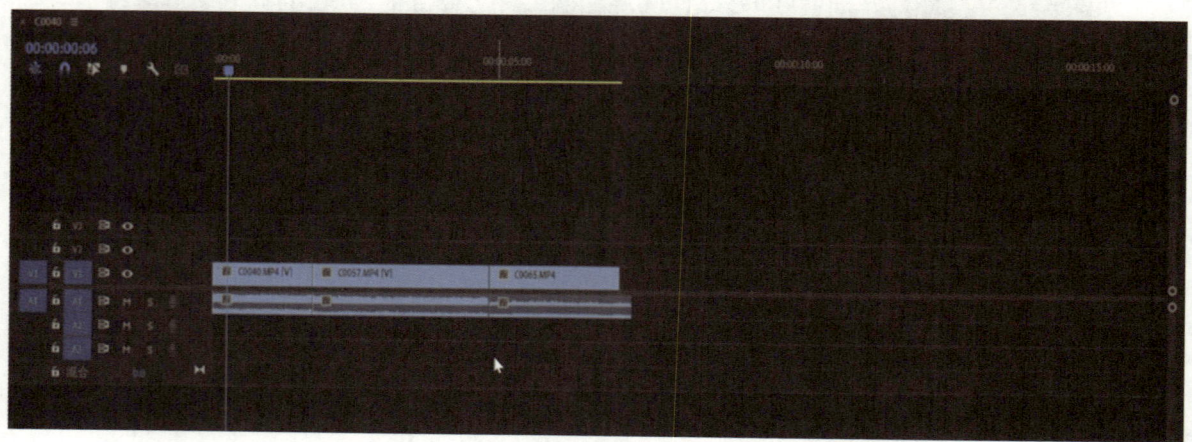

图 1-37

▶▶ 讨论与交流

1. 在时间线面板中进行粗剪与在源监视器中进行粗剪有什么区别？
2. 在日常粗剪中如何选择粗剪的方法？

任务 6　导出设置

▶▶ 任务重点

根据需要调整导出预设与比特率。

▶▶ 任务设计效果

本实例操作中的效果如图 1-38 所示。

图 1-38

▶▶ 任务实施

一、基本概念

在 Premiere Pro 中，导出参数决定了最终输出视频的技术规格和质量。以下是导出参数的主要概念及详细说明。

1. 格式

选择所需的视频格式，如H.264（常用于MP4文件）或QuickTime（常用于MOV文件）。H.264因良好的压缩率和兼容性而被广泛使用。

2. 预设

Premiere Pro 提供了多个预设，这些预设已经针对不同平台和用途进行了优化。例如，"匹配源-高比特率"预设用于保持与原始视频相似的质量。

3. 分辨率

设置视频的分辨率。选择与原始视频的分辨率一致或根据项目需要进行调整的分辨率。

4. 帧速率

选择视频的帧速率，如24fps、30fps或60fps。这取决于视频源和目标播放平台。通常选择与原始视频相同的帧速率，除非有特殊需求。

5. 目标比特率

控制视频的质量。较高的比特率通常意味着视频拥有较高的质量，但也会导致文件较大。用户需要根据实际情况平衡视频的质量和文件大小。

6. 音频设置

如果视频包含音频，那么需要选择合适的音频编解码器和比特率。AAC编解码器是一种常见的选择，它具有良好的音质和压缩率。

7. 颜色深度和配置文件

对于广播或专业项目，可能需要使用更高级的颜色深度和配置文件。对于一般用途，通常使用H.264就足够了。

8. 输出文件名和位置

设置希望导出文件的名称和位置。

9. 缩放

如果导出为不同的帧大小，那么可以调整原始视频大小，以适应输出帧。例如，"缩放以适合"用于调整原始文件大小以适应输出帧，但可能会出现黑条；"缩放以填充"则用于使原始文件完全填充输出帧，但可能会裁剪一些像素。

10. 范围

自定义导出视频的持续时间。例如，"整个源"用于导出序列或剪辑的整个持续时间；"源入点/出点"用于使用在序列或剪辑中设置的出入点进行导出;"工作区域"用于导出工作区域(仅限序列)的持续时间;"自定义"用于自定义出入点。

二、设置导出参数

步骤 1
如图 1-39 所示,选择"文件"→"导出"→"媒体"命令,或按快捷键 Ctrl+M。

步骤 2
设置导出文件的名称和位置,如图 1-40 所示。

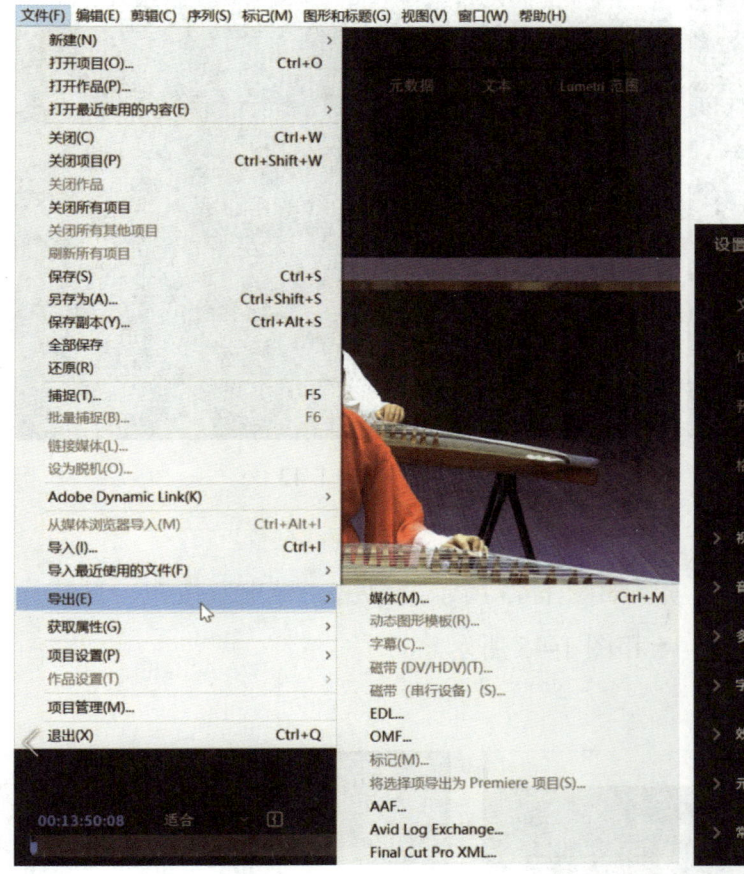

图 1-39

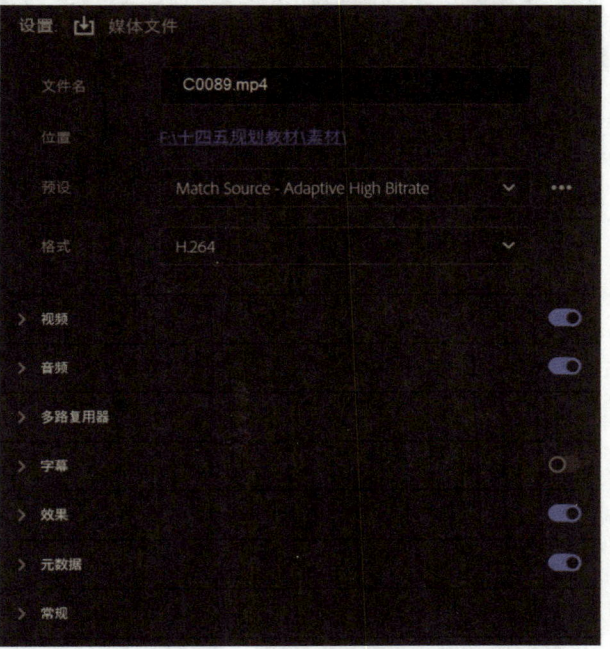

图 1-40

步骤 3
选择合适的预设,如"匹配源-高比特率",以获得较高质量的视频。也可以根据需要调整比特率,如图 1-41 所示。数值越大,视频质量越高,但文件大小也会相应增大。因此,在调整比特率时,要综合考虑视频质量和导出效率。

步骤 4
在"格式"下拉列表中选择"H.264"选项,如图 1-42 所示。

数字影音编辑与合成（Premiere Pro 2022）

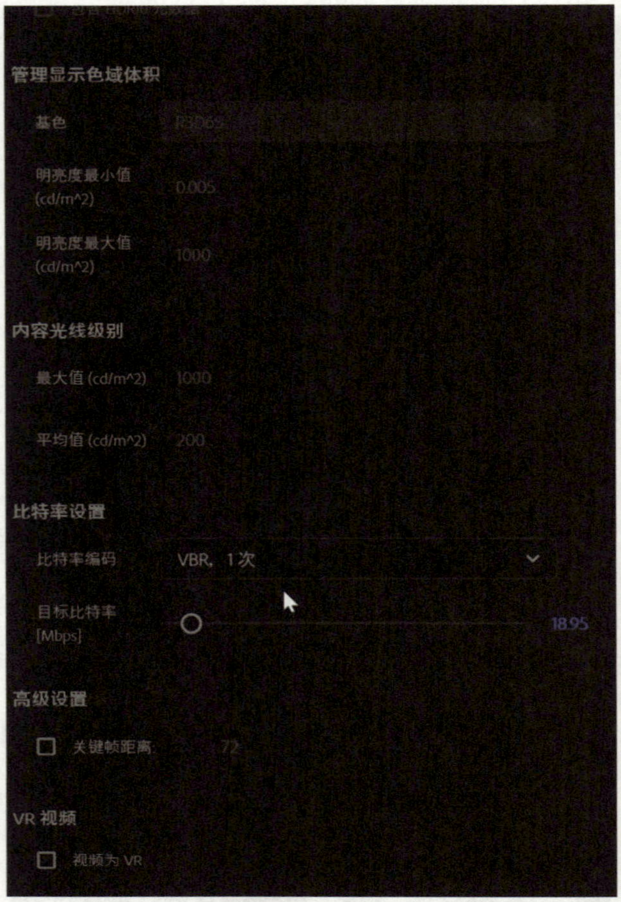

图 1-41 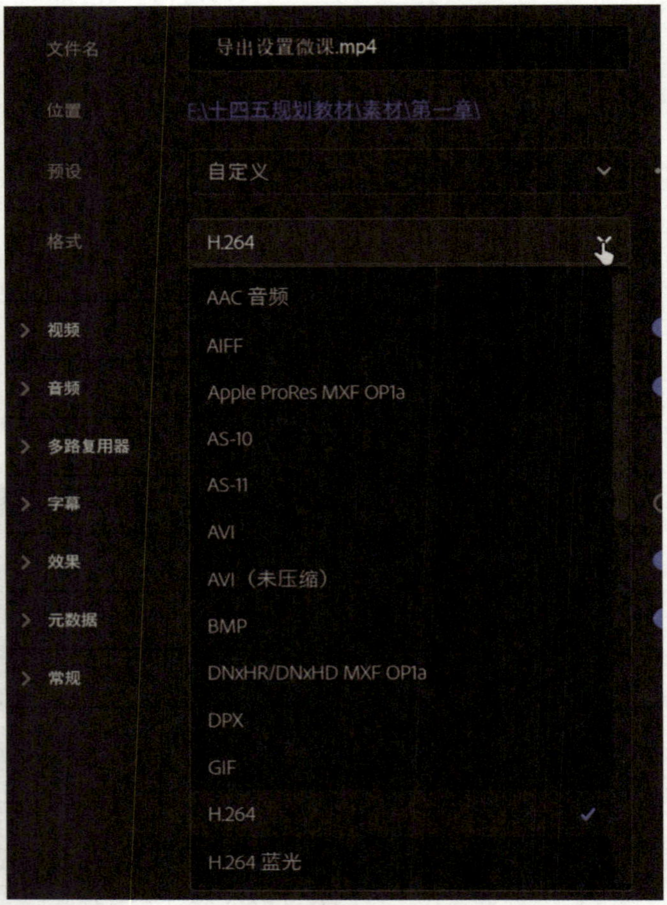　　　　　　　　　　　　　　　　图 1-42

步骤 5

选择导出范围，默认选择"整个源"选项，如图 1-43 所示。单击"导出"按钮，显示导出进度，以及导出成功的提示信息，如图 1-44 和图 1-45 所示。

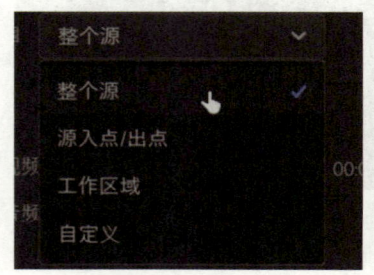
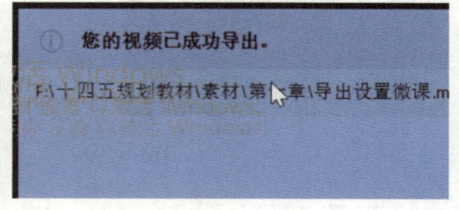

图 1-43 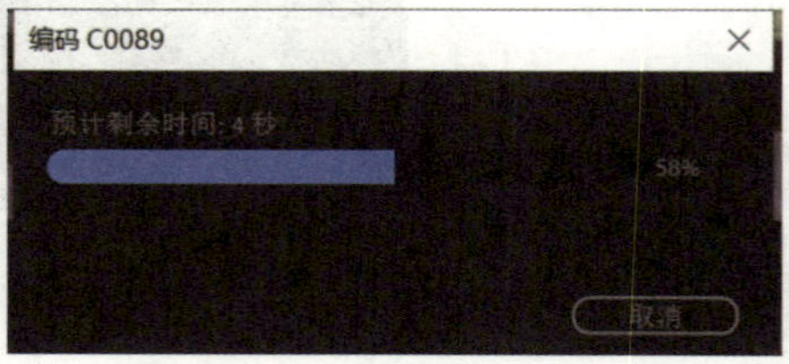　　　　　　　　　图 1-44　　　　　　　　　图 1-45

▶▶ 讨论与交流

如果经常使用相同的导出设置，那么是否可以将其保存为预设？如何操作？

拓展任务1　剪辑校园风光相册

▶▶ **任务重点**

1. 裁切与拼接素材。
2. 添加转场。

▶▶ **任务设计效果**

本实例操作中的效果如图1-46所示。

图1-46

▶▶ **任务实施**

步骤1

在桌面上双击"Premiere Pro"图标,进入Premiere Pro欢迎界面。单击"新建项目"按钮，设置项目名、项目位置，如图 1-47 所示。单击"创建"按钮。

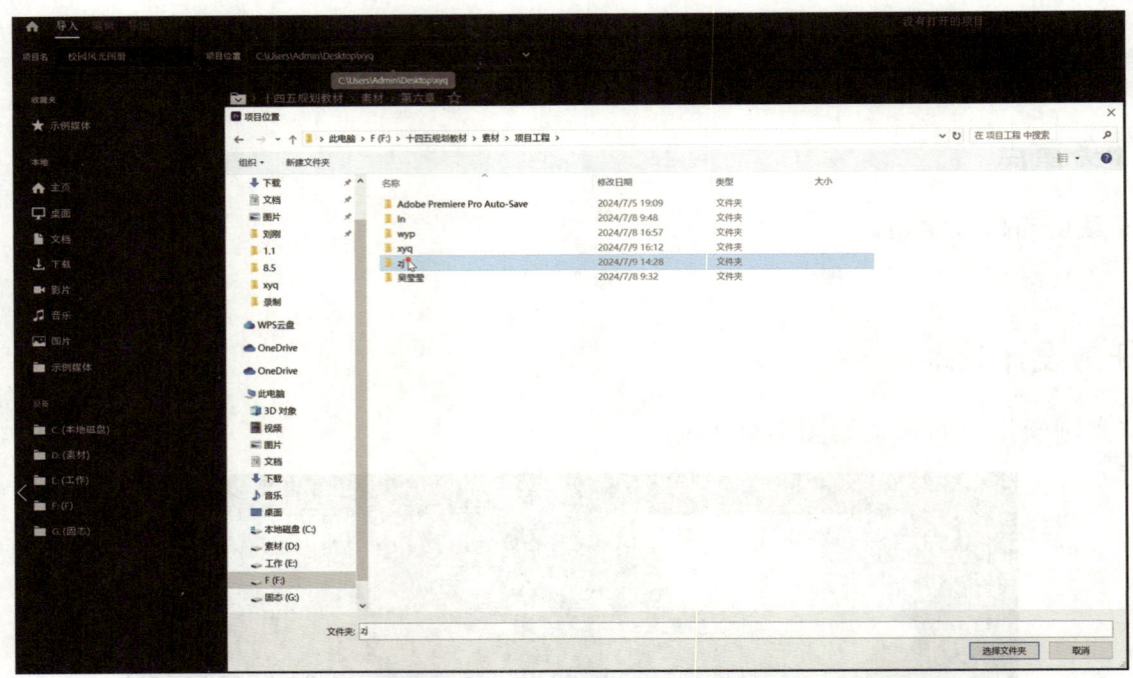

图 1-47

步骤 2

在项目面板中的空白处双击，在弹出的"导入"对话框中选择所需的文件，单击"打开"按钮，如图 1-48 所示。

图 1-48

步骤 3

方法 1：拖动一张图片到时间线面板中，在其左上方的播放指示器位置输入"2."，按回车键，将持续时间设置为"00:00:02:00"（表示 2 秒，Premiere Pro 中的时间格式通常为"时:分:秒:帧"），按快捷键 Ctrl＋K 进行剪切，选择不需要的部分，按 Delete 键进行删除，如图 1-49 所示。对其他图片采用同样的方式进行裁剪与拼接。第 1 张图片的持续时间是 2 秒，第 2 张、第 3 张图片的持续时间也是 2 秒，以此类推。

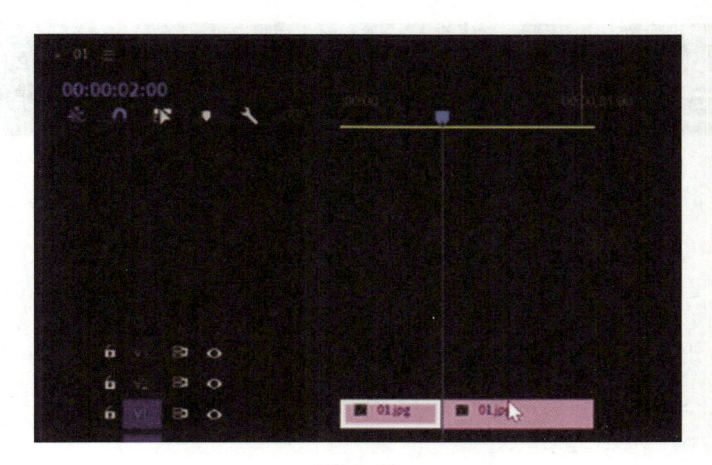

图 1-49

方法 2：把图片靠左对齐，分别添加到不同的视频轨道上，按住 Shift 键，依次单击各对象，同时选择所有图片，在时间线面板左上方的播放指示器位置输入"2."，按回车键，按快捷键 Ctrl＋Shift+K 进行剪切，即可将所有图片的持续时间都设置为"00:00:02:00"，如图 1-50 所示。

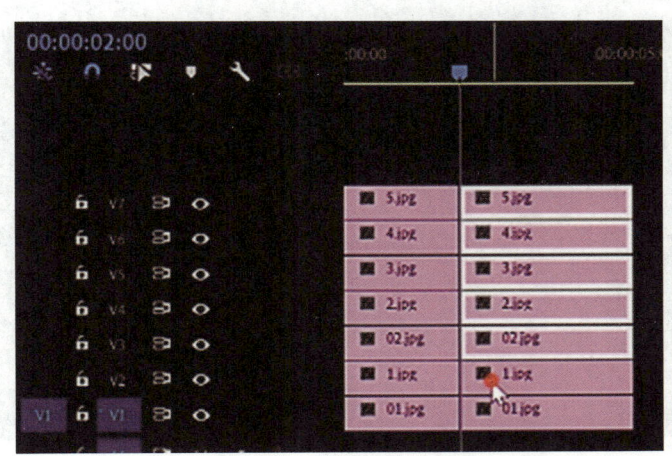

图 1-50

步骤 4

按住 Shift 键，依次单击各视频轨道上不需要的部分，按 Delete 键进行删除。把图片拖动到 V1 轨道上，调整图片位置进行拼接，如图 1-51 所示。

图 1-51

步骤 5

将音频拖动到时间线面板的音频轨道上，移动滑块到指定的位置，按快捷键 **Ctrl+K** 进行剪切，选择不需要的部分，按 Delete 键进行删除，如图 1-52 所示。

图 1-52

步骤 6

如图 1-53 所示，在"效果"窗口中，找到"视频过渡"文件夹，展开其下级文件夹，选择一种过渡效果，按住鼠标左键，将其拖动到时间线的两段素材之间，过渡效果会出现在两段素材的交界处，形成一个过渡区域。使用同样的方法给其他每两段素材之间添加合适的过渡效果，如图 1-54 所示。

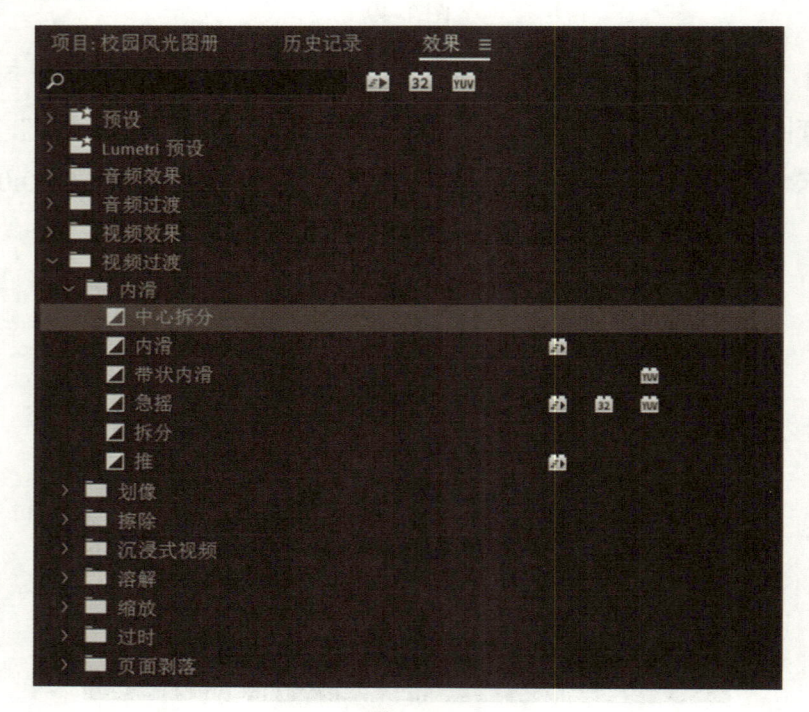

图 1-53

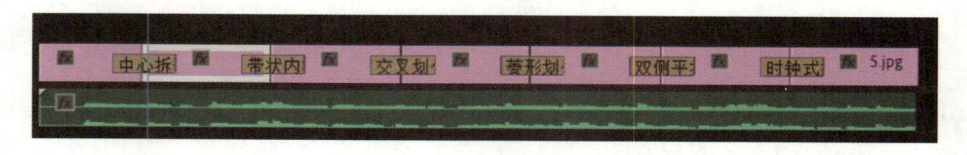

图 1-54

步骤 7

按快捷键 Ctrl+M，设置导出参数，如分辨率、编码方式、比特率等，设置完成后，单击"导出"按钮导出作品。

▶▶讨论与交流

1. 剪辑视频的一般流程是什么？
2. 怎样养成良好的剪辑习惯？

模块 2　认识工具

Premiere Pro 作为一款专业的视频编辑软件，工作界面的调整方式是非常灵活的，用户可以根据工作习惯自定义，以便后期剪辑。通过 Premiere Pro 工作界面中的各窗口可以管理和执行视频剪辑的各项任务。

本模块主要介绍 Premiere Pro 工具界面中各类工具的使用方法，并通过实例对关键帧和蒙版的概念与操作进行讲解，以便为制作高质量的作品打下坚实的基础。

项目培养目标

- ◇ 熟练调整 Premiere Pro 工作界面
- ◇ 了解选择工具与剃刀工具的使用方法
- ◇ 掌握波纹编辑工具与滚动编辑工具的使用方法
- ◇ 掌握关键帧的意义及使用方法
- ◇ 学会剪辑视频与音频的淡入淡出效果

项目任务解读

本模块将通过以下任务整合知识点。

- ◇ 调整 Premiere Pro 工作界面——包含移动窗口、关闭窗口等知识点
- ◇ 选择工具与剃刀工具的使用——包含选择工具与剃刀工具的使用等知识点
- ◇ 波纹编辑工具与滚动编辑工具的使用——包含波纹编辑工具与滚动编辑工具的使用等知识点
- ◇ 关键帧的使用——包含关键帧的使用等知识点
- ◇ 蒙版的使用——包含蒙版的使用等知识点
- ◇ 视频与音频的淡入淡出——包含不透明度属性的使用等知识点

任务 1　调整 Premiere Pro 工作界面

▶ **任务重点**

根据剪辑需求调整 Premiere Pro 工作界面。

▶ **任务设计效果**

本实例操作中的效果如图 2-1 所示。

图 2-1

▶ **任务实施**

一、Premiere Pro 工作界面的组成

默认的 Premiere Pro 工作界面的组成如图 2-2 所示。

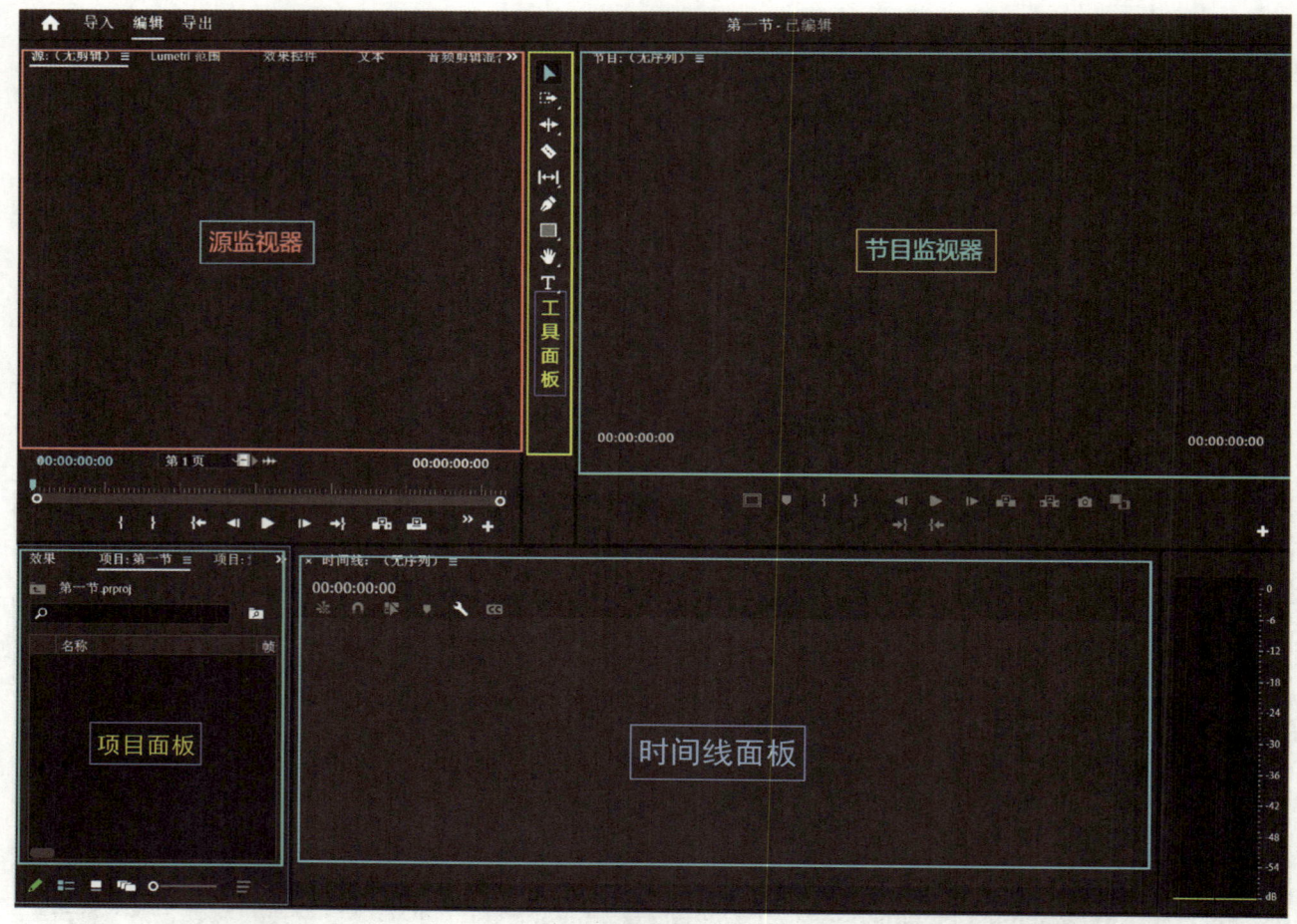

图 2-2

二、Premiere Pro 工作界面中各窗口的调整

步骤 1

将鼠标指针移动到任意窗口（也称"面板"）的边缘，待鼠标指针变成 ╫ 或 ╪ 时（见图 2-3 和图 2-4），按住鼠标右键并拖动鼠标即可缩放窗口。

图 2-3 　　　　图 2-4

步骤 2

将鼠标指针移动到任意窗口的顶端，待鼠标指针变成 ▶ 时，按住鼠标右键并拖动鼠标，即可将当前窗口拖动到 Premiere Pro 工作界面中的任意位置，松开鼠标右键，即可完成当前窗口的移动，如图 2-5 所示。

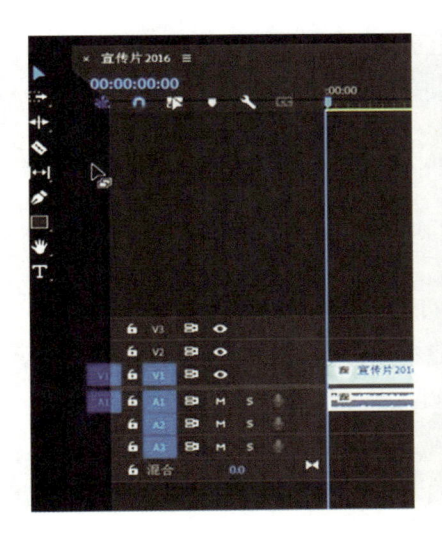

图 2-5

步骤 3

在剪辑过程中,若需暂时关闭某个窗口,则可以将鼠标指针放到该窗口的标题处单击,在弹出的快捷菜单中选择"关闭面板"命令(见图 2-6),即可关闭该窗口。

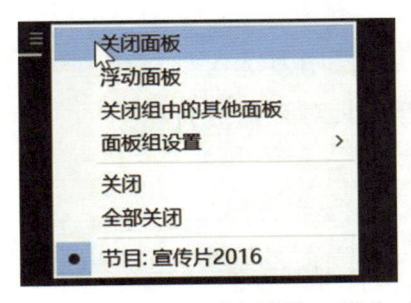

图 2-6

步骤 4

选择"窗口"→"节目监视器"命令,即可恢复该窗口,如图 2-7 所示。

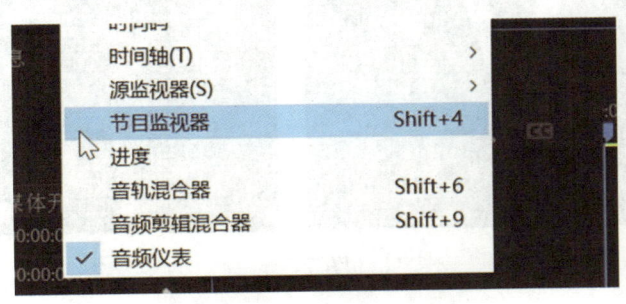

图 2-7

步骤 5

在 Premiere Pro 中,用户可以根据使用习惯,预存一些窗口布局,以便在后期使用时,通过选择"窗口"→"工作区"命令来调取已经存储好的窗口布局进行使用,如调取已保存的"编辑"面板布局的方式如图 2-8 所示。

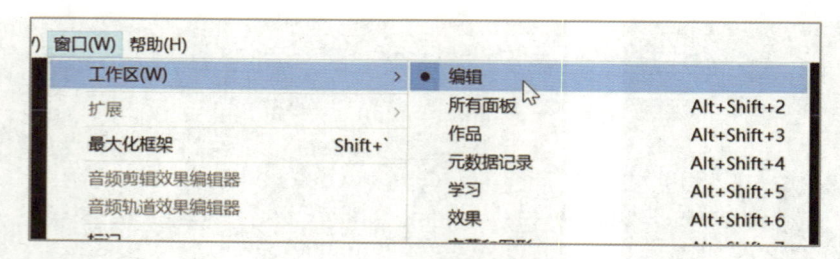

图 2-8

▶▶讨论与交流

1. "丢失"项目面板后如何找回？
2. 如何快速切换预设好的窗口？

任务 2　选择工具与剃刀工具的使用

▶▶任务重点

1. 了解选择工具与剃刀工具的使用方法。
2. 能够使用选择工具与剃刀工具对素材进行粗剪。

▶▶任务设计效果

本实例操作中的效果如图 2-9 所示。

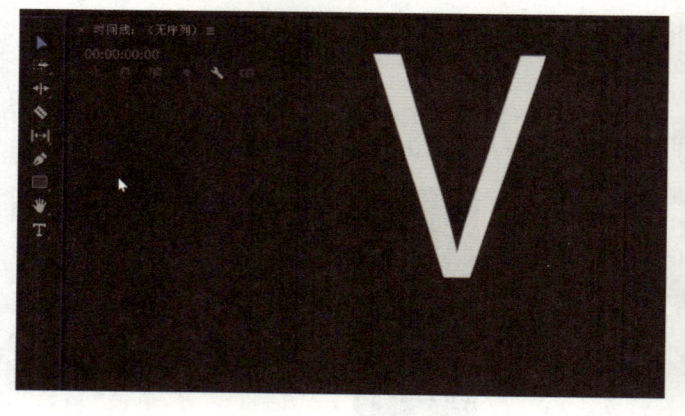

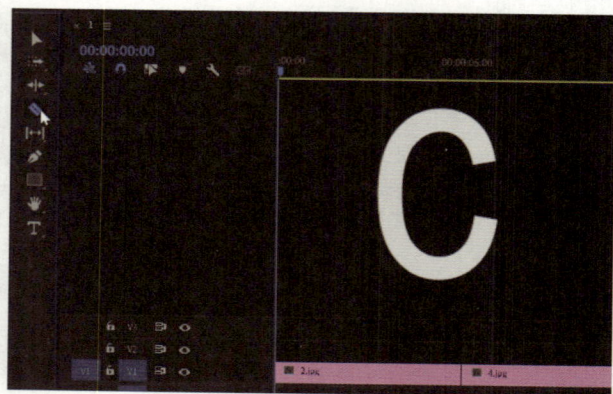

图 2-9

▶▶任务实施

步骤 1

双击项目面板中的空白处，在打开的"导入"对话框中选择所需的文件，单击"打开"按钮。待导入素材后，分别将各段素材拖动到时间线面板中的相应轨道上，如图 2-10 所示。

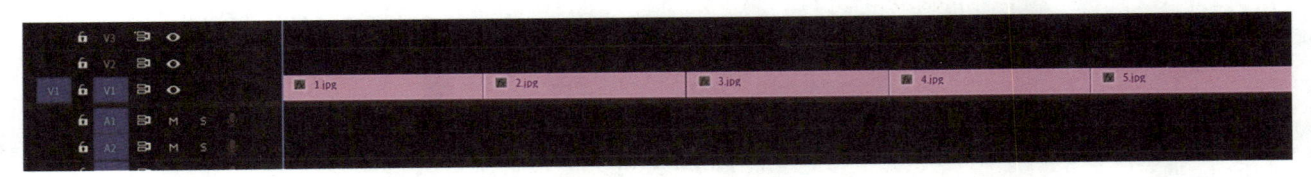

图 2-10

步骤 2

在工具面板中,单击"选择工具"按钮或按 V 键,并在时间线面板中单击第 4 段素材,即可选择第 4 段素材,如图 2-11 所示。

图 2-11

步骤 3

将第 4 段素材拖动到时间线面板中的 V2 轨道上,使其与第 3 段素材靠左对齐,如图 2-12 所示。

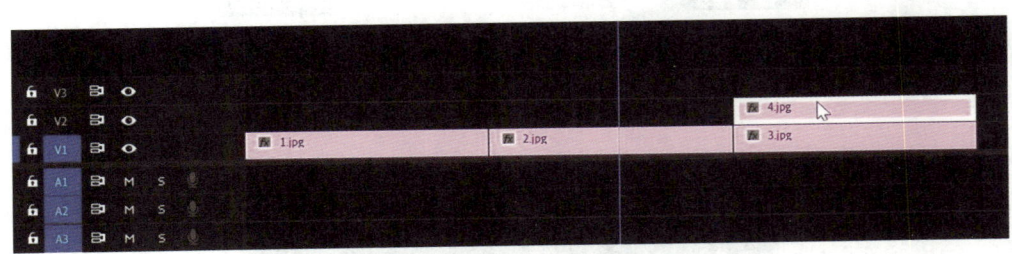

图 2-12

步骤 4

框选第 3 段素材、第 5 段素材,并将其向后移动,将第 4 段素材移动到时间线面板中的 V1 轨道上,放到第 2 段素材之后,使其与第 2 段素材吸附起来,如图 2-13 所示。

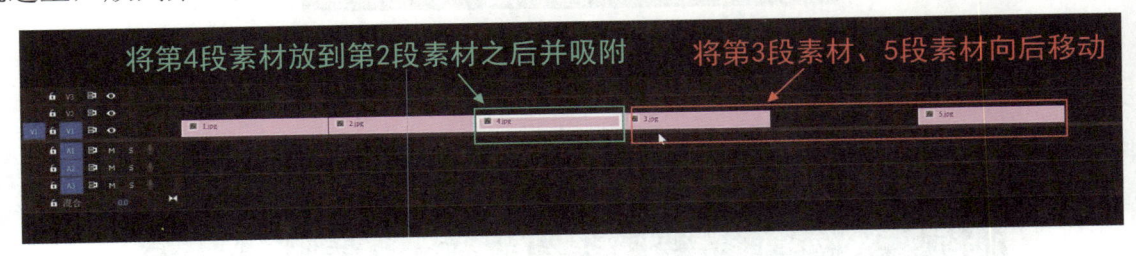

图 2-13

步骤 5

将第 3 段素材、第 5 段素材中间产生的空隙删除。其删除方法为,将鼠标指针移动到空隙处并右击,选择"波纹删除"命令,如图 2-14 所示。

图 2-14

知识点补充：

选择第 4 段素材，按 Ctrl 键，将其移动到第 2 段素材之后，即可实现第 3 段素材、第 4 段素材位置的互换，而不会产生空隙。

步骤 6

在时间线面板中选择素材，按 Delete 键即可删除素材。右击素材，在弹出的快捷菜单中选择"波纹删除"命令也可删除素材，如图 2-15 所示。

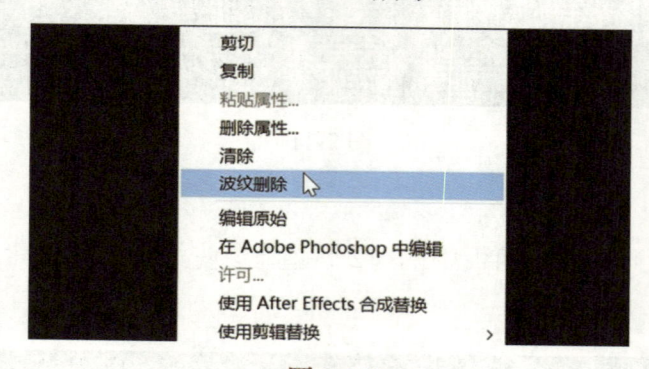

图 2-15

步骤 7

在工具面板中，单击"剃刀工具"按钮或按 C 键，如图 2-16 所示。

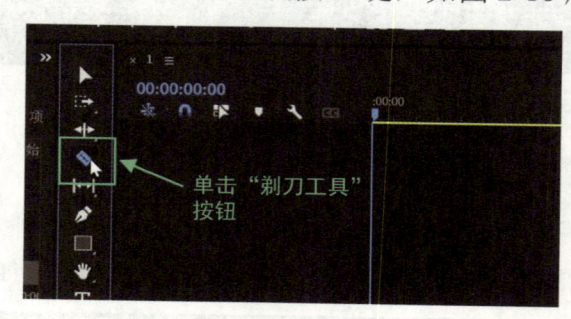

图 2-16

步骤 8

将剃刀工具放到轨道上需要切割的位置，单击即可切割素材，如图 2-17 所示。

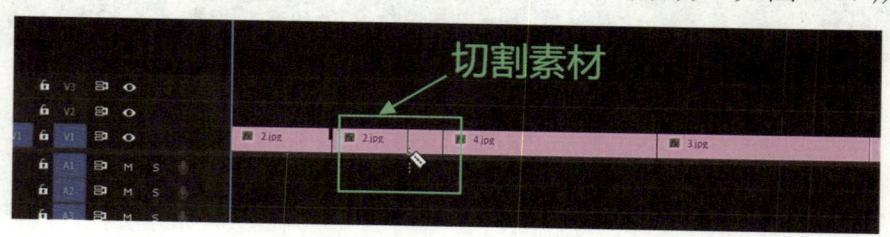

图 2-17

知识点补充：

如果需要以滑块所在位置为切割点，同时对所有轨道上的素材进行切割，那么只需将滑块移动到需要切割的位置，同时按快捷键 Ctrl+Shift+K 即可，如图 2-18 所示。

图 2-18

▶讨论与交流

1. 在移动素材时，使用哪个快捷键可以直接移动素材而不会使素材之间产生空隙？
2. 在删除素材时，使用哪种方法可以直接删除素材而不会使素材之间产生空隙？

任务 3　波纹编辑工具与滚动编辑工具的使用

▶任务重点

1. 了解波纹编辑工具与滚动编辑工具的使用方法。
2. 理解波纹编辑工具与滚动编辑工具使用方法的不同。

▶任务设计效果

本实例操作中的效果如图 2-19 所示。

图 2-19

任务实施

步骤 1

双击项目面板中的空白处，在打开的"导入"对话框中选择所需的文件，单击"打开"按钮。待导入素材后，分别将两段素材拖动到时间线面板中的相应轨道上，如图 2-20 所示。

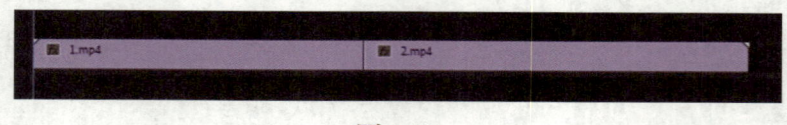

图 2-20

步骤 2

在工具面板中，将鼠标指针移动到"波纹编辑工具"按钮上并长按鼠标左键，即可弹出波纹编辑工具的隐藏选项，如图 2-21 所示。

选择"波纹编辑工具"选项，或按 B 键，即可选择波纹编辑工具，如图 2-22 所示。

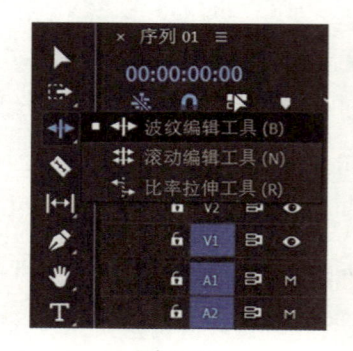

图 2-21

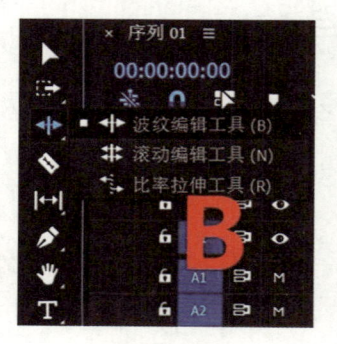

图 2-22

步骤 3

选择波纹编辑工具后，将鼠标指针移动到时间线面板中，待鼠标指针变成后，将鼠标指针移动到第 1 段素材的末尾位置，待鼠标指针变成后，按住鼠标左键并向左拖动鼠标，此时节目监视器中出现两个画面，左侧画面显示的是第 1 段素材的末帧，右侧画面显示的是第 2 段素材的第 1 帧。随着鼠标的不断拖动，左侧画面不断变化，当将鼠标指针移动到两段素材的最佳衔接处时，松开鼠标左键，即可完成剪辑，如图 2-23 所示。

图 2-23

知识点补充：

如果需要对第 2 段素材的第 1 帧进行重新编辑，那么将鼠标指针移动到第 2 段素材的开始位置，待鼠标指针变成向右的黄色箭头时，按住鼠标左键并向右拖动鼠标。

步骤 4

在工具面板中，将鼠标指针移动到"波纹编辑工具"按钮 ⬌ 上并长按鼠标左键，在弹出的波纹编辑工具的隐藏选项中，选择"滚动编辑工具"选项，或按 N 键，即可选择滚动编辑工具，如图 2-24 所示。

步骤 5

选择滚动编辑工具后，将鼠标指针移动到时间线面板中，待鼠标指针变成 后，将鼠标指针移动到两段素材的中间，待鼠标指针变成 后，按住鼠标左键并向左或向右拖动鼠标，此时节目监视器中出现两个画面，左侧画面显示的是第 1 段素材的末帧，右侧画面显示的是第 2 段素材的第 1 帧。随着鼠标的左右拖动，两个画面同时发生变化，当将鼠标指针移动到两段素材的最佳衔接处时，松开鼠标左键，即可完成剪辑，如图 2-25 所示。

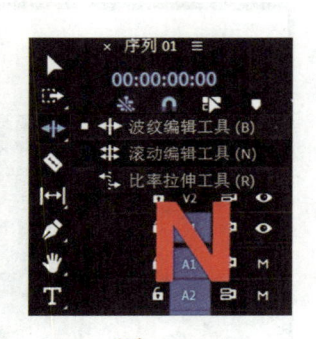

图 2-24

图 2-25

▶ **讨论与交流**

1. 使用波纹编辑工具进行剪辑后，相邻素材的长度有没有发生变化？
2. 使用滚动编辑工具进行剪辑后，对整个画面的时长有没有影响？

任务 4　关键帧的使用

▶ **任务重点**

1. 了解关键帧的含义。
2. 对"效果控件"窗口的位置、缩放、旋转等属性进行基础的效果动画操作。

任务设计效果

本实例操作中的效果如图 2-26 所示。

图 2-26

任务实施

步骤 1

双击项目面板中的空白处，在打开的"导入"对话框中选择所需的文件，单击"打开"按钮，如图 2-27 所示。

待导入素材后，按住鼠标左键，将素材拖动到时间线面板中的相应轨道上，如图 2-28 所示。

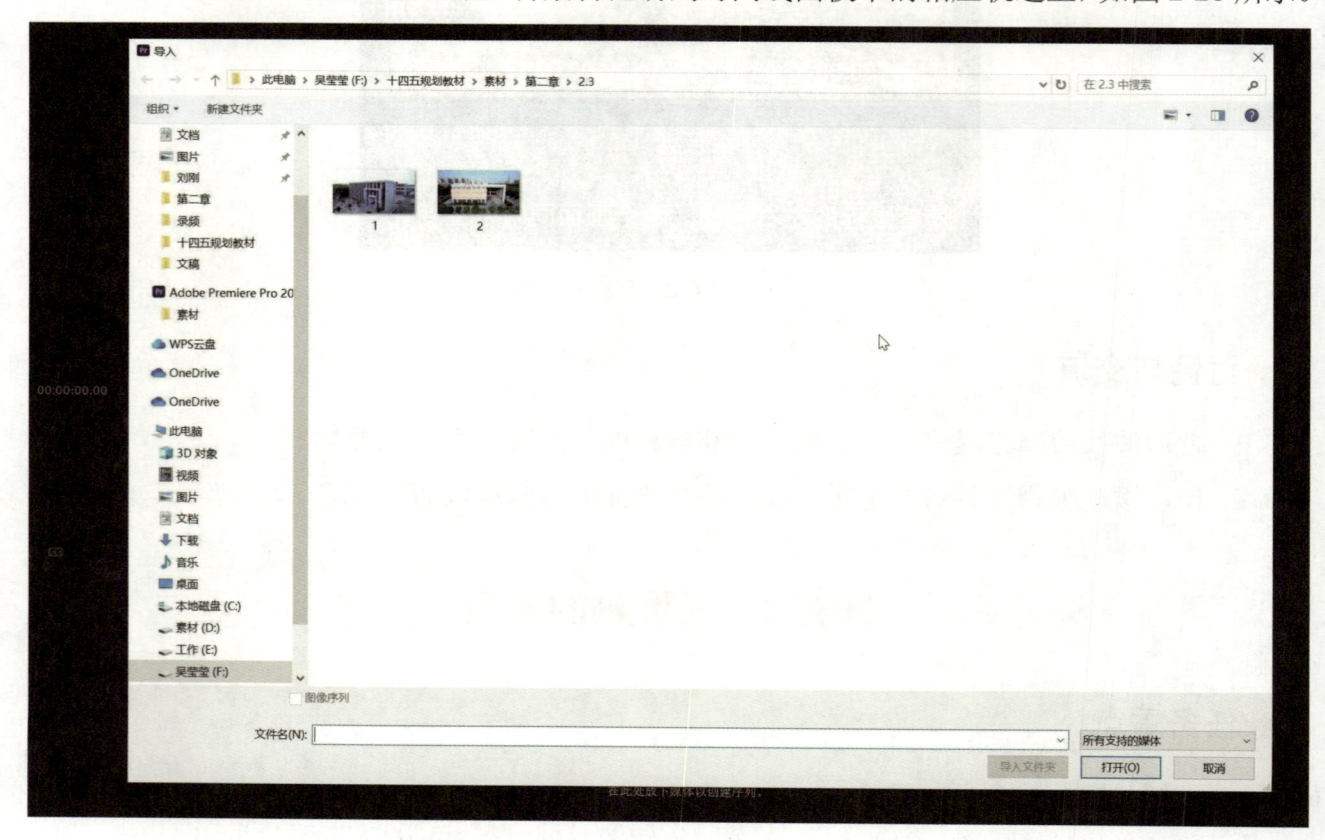

图 2-27

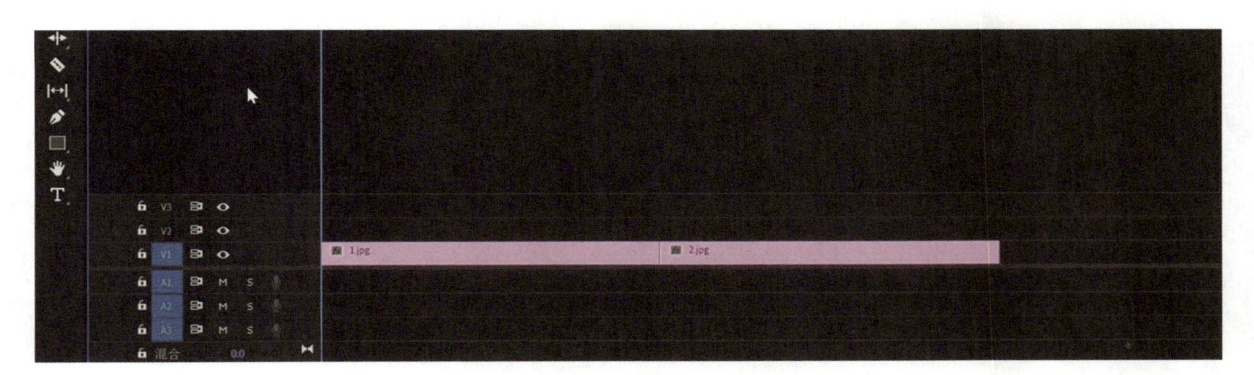

图 2-28

步骤 2

在时间线面板中,将滑块移动到素材第 1 帧的位置,打开"效果控件"窗口,选择位置属性,单击位置属性前面的"关键帧"按钮 ○（切换动画）激活位置属性的关键帧,位置属性包含两个参数,横向参数用来调整画面的横向（X 轴）位置,纵向参数用来调整画面的纵向（Y 轴）位置,如图 2-29 所示。

通过调整位置属性的横向参数将画面移除,如图 2-30 所示。

图 2-29

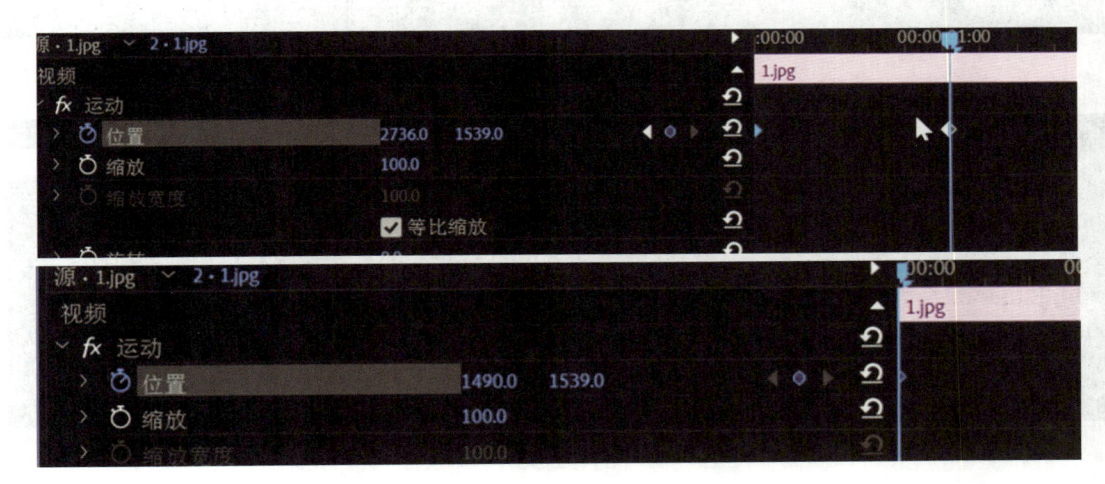

图 2-30

步骤 3

将滑块向后移动到第 1 秒的位置,对该位置的横向参数进行调整,直到将素材完全放到画面中为止，或单击位置属性末端的"参数复位"按钮，如图2-31所示。此时，素材的位移动画设置完成。

图2-31

步骤4

将滑块向后移动5帧或按快捷键Shift+→，单击旋转属性前面的"关键帧"按钮，激活旋转属性的关键帧，如图2-32所示。

将滑块向后移动到第2秒15帧的位置（可直接在时间线面板中的时间显示区更改），将旋转属性的参数设置为180.0°，如图2-33所示。此时，素材的旋转动画设置完成。

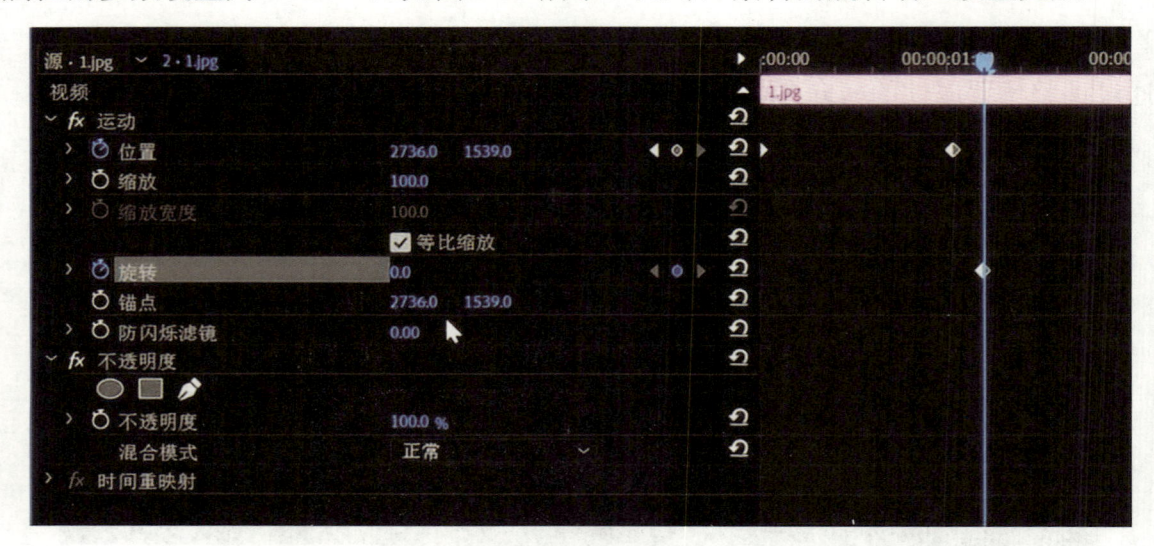

图2-32

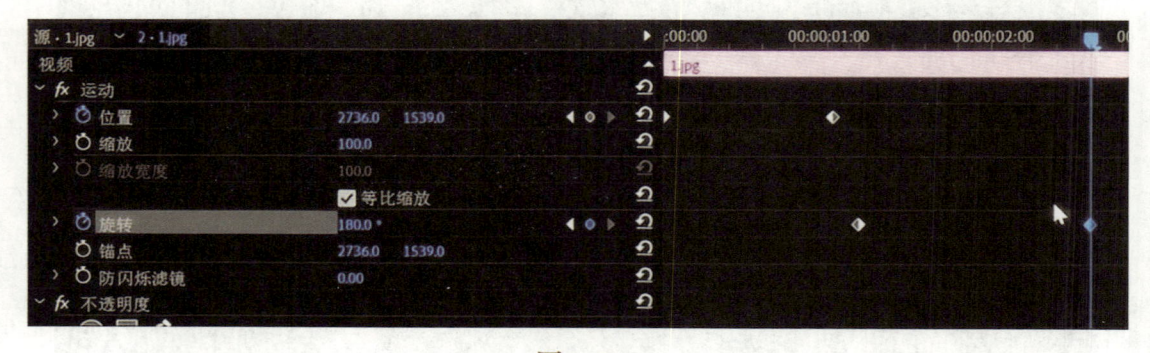

图2-33

▶▶ 讨论与交流

如何使用缩放属性、锚点属性、不透明度属性的关键帧？

任务 5 蒙版的使用

▶ **任务重点**

1. 了解层级的概念。
2. 了解蒙版的含义及使用方法。
3. 能够混合运用蒙版及关键帧进行粗剪。

▶ **任务设计效果**

本实例操作中的效果如图 2-34 所示。

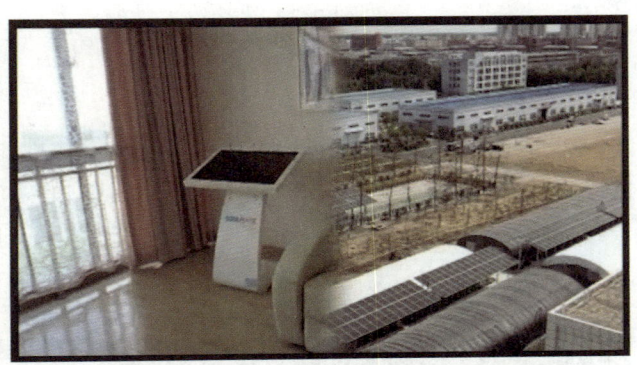

图 2-34

▶ **任务实施**

步骤 1

在项目面板中导入素材，分别将素材拖动到时间线面板中的 V1 轨道、V2 轨道上，使其靠左对齐，如图 2-35 所示。

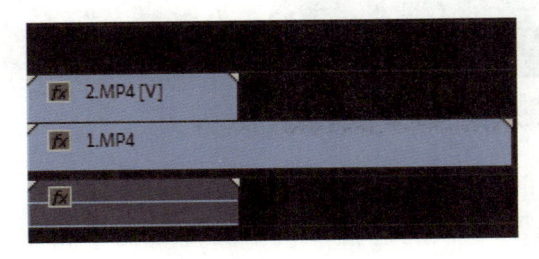

图 2-35

知识点补充：

在时间线面板中，以 V 开头的视频轨道用于存放视频、图片、文字等素材，以 A 开头的音频轨道用于存放音频、音频效果等素材。

同一类轨道之间存在层级关系，当视频轨道全部处于可视状态下时，节目监视器中只能显示最上层视频轨道中的素材，如图2-36和图2-37所示。

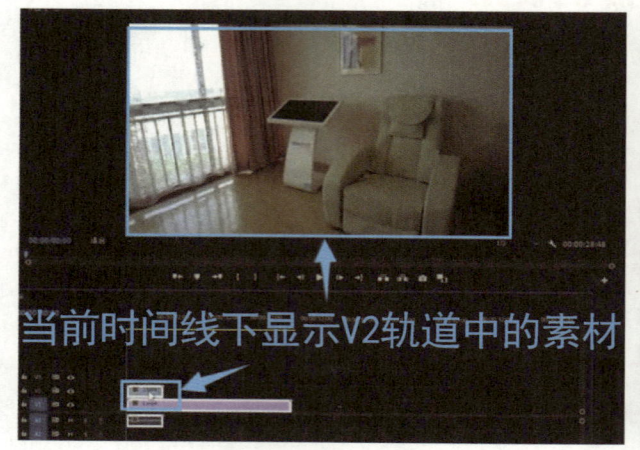

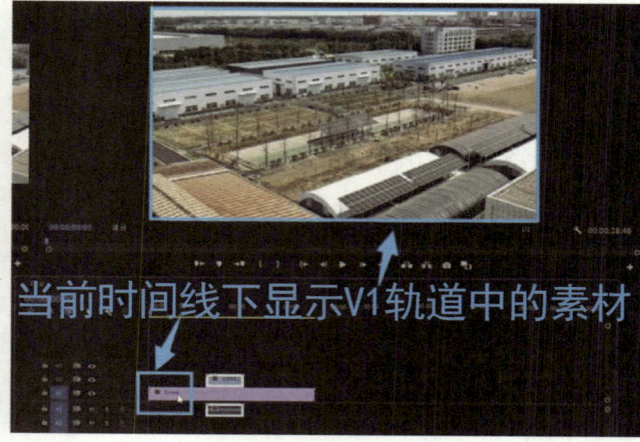

图2-36

图2-37

步骤2

选择V2轨道中的素材，"效果控件"窗口的不透明度属性中有3个创建蒙版的按钮，即 ○ □ ✎，单击 □ 按钮，即可在不透明度属性中创建一个蒙版，如图2-38所示。

此时，观察节目监视器，可以发现V2轨道中的素材只在矩形框内显示，矩形框外显示的是V1轨道中的素材，如图2-39所示。

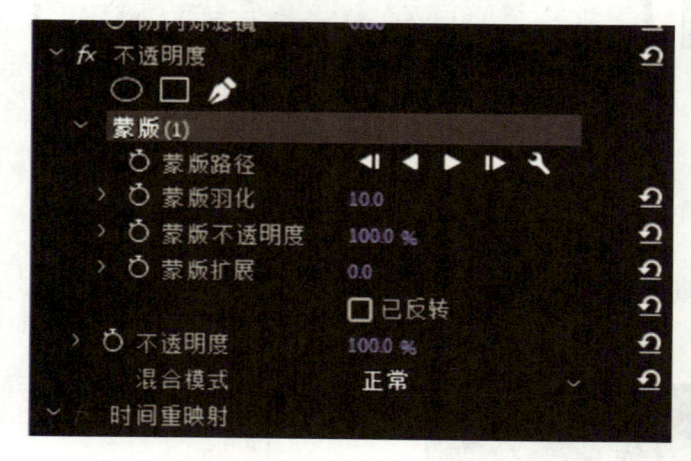

图2-38

图2-39

步骤3

将滑块移动到视频轨道第1帧的位置，在节目监视器中将鼠标指针移动到蒙版以内，待鼠标指针变成 ✋ 时，向左移动蒙版的位置，直到移出画面，之后调整蒙版的边角位置，使蒙版高于节目监视器中的画面，并激活蒙版路径属性的关键帧，如图2-40所示。

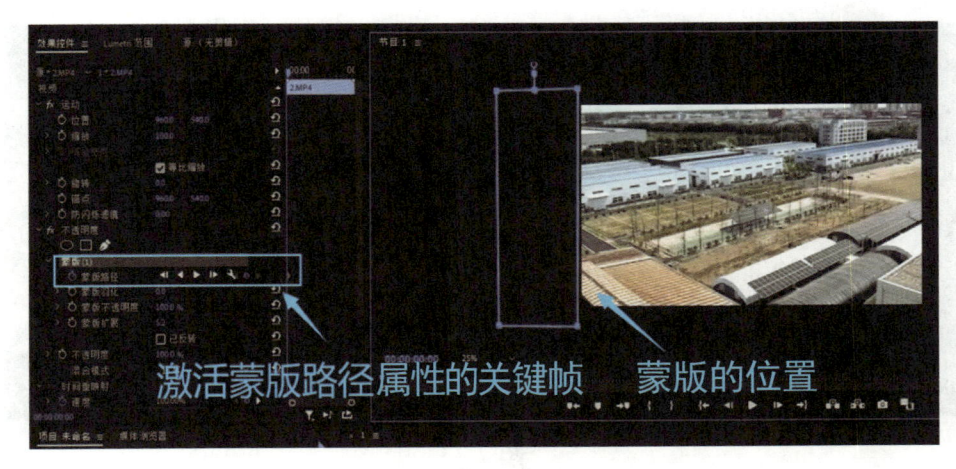

图 2-40

步骤 4

将滑块向右移动 4 秒，在节目监视器中选择蒙版右上方的顶点，将其向后拖动，直到盖住画面为止，如图 2-41 所示。

选择蒙版右下方的顶点，将其向后拖动，直到盖住画面为止，如图 2-42 所示。

此时，实现两段素材的切换效果。

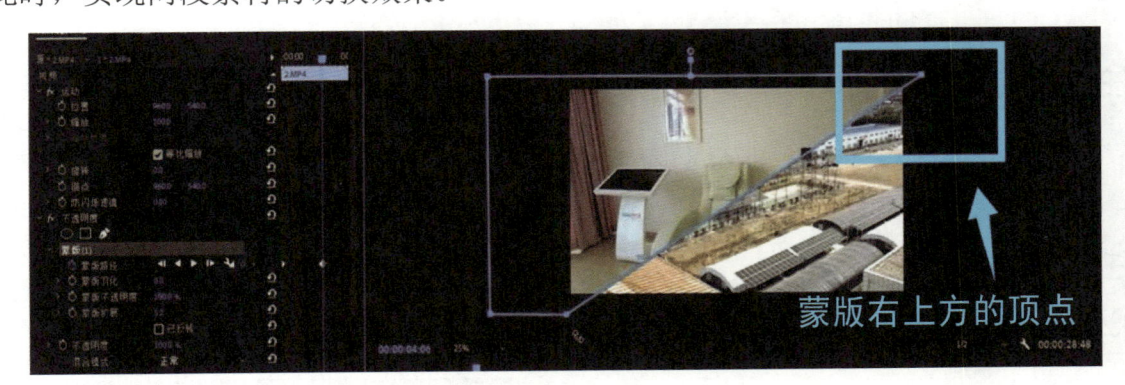

图 2-41

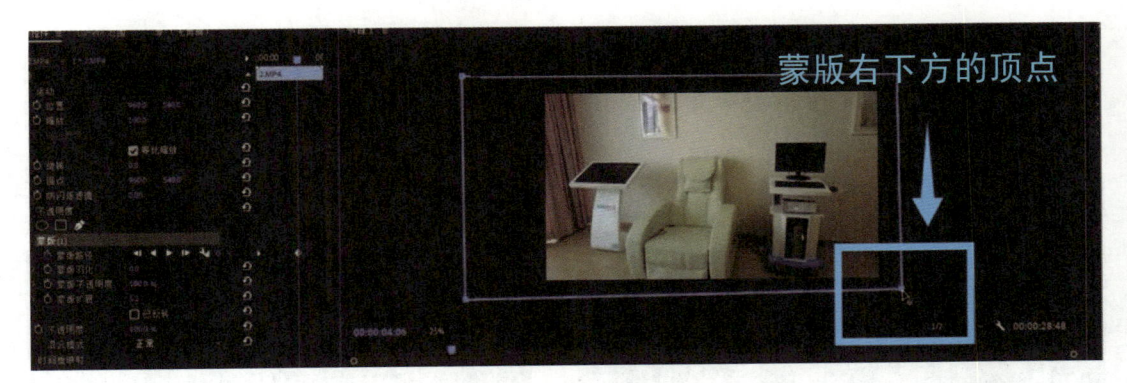

图 2-42

步骤 5

选择 V2 轨道中的素材，在"效果控件"窗口中调整蒙版羽化属性的参数为 88.0，使蒙版边缘柔和，如图 2-43 所示。

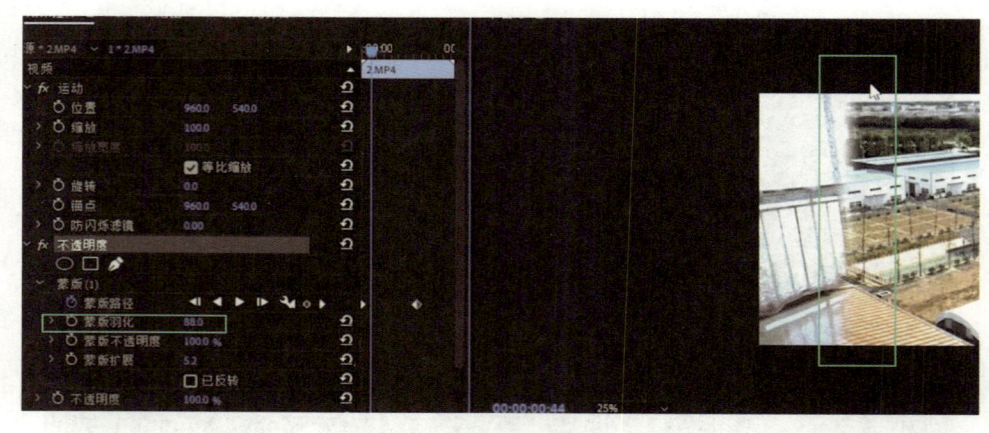

图 2-43

▶▶ 讨论与交流

1. 如何绘制出有弧度的蒙版？
2. 如何增加或减少蒙版的顶点？

任务 6　视频与音频的淡入淡出

▶▶ 任务重点

1. 掌握不透明度属性的使用方法。
2. 了解音频关键帧的使用方法。

▶▶ 任务设计效果

本实例操作中的效果如图 2-44 所示。

图 2-44

▶▶ 任务实施

步骤 1

在项目面板中导入一段音频和一段视频，如图 2-45 所示。

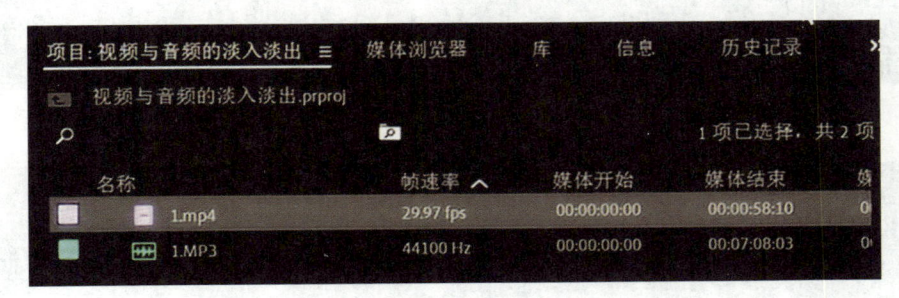

图 2-45

步骤 2

在项目面板中双击视频，在源监视器中浏览视频，选择合适的画面标记出入点，如图 2-46 所示。单击"仅拖动视频"按钮，将选择的画面拖动到视频轨道上，新建序列。

图 2-46

步骤 3

将滑块移动到第 1 帧的位置，在"效果控件"窗口中激活不透明度属性的关键帧。

将不透明度属性的参数调整为 0.0%，如图 2-47 所示。

将滑块移动到第 2 秒 13 帧的位置，将不透明度属性的参数恢复至 100.0%，如图 2-48 所示。

此时，视频实现淡入效果。

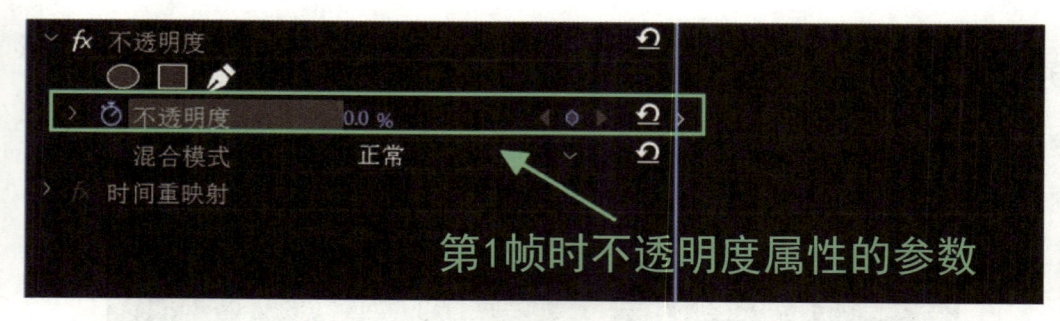

图 2-47 第1帧时不透明度属性的参数

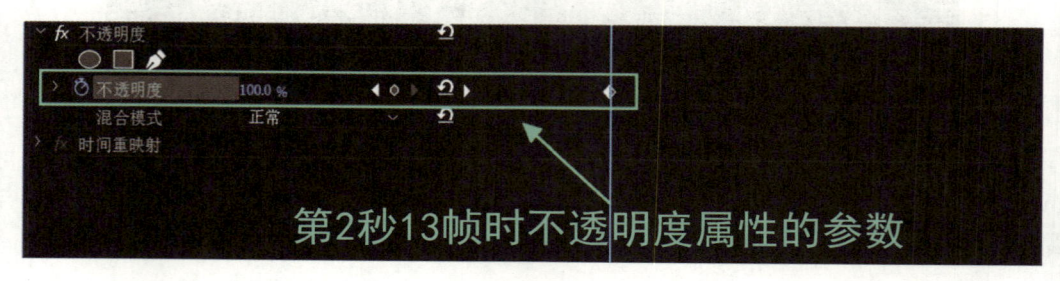

图 2-48 第2秒13帧时不透明度属性的参数

步骤 4

将滑块移动到第 8 秒 21 帧的位置，单击不透明度属性后面的"添加/移除关键帧"按钮，如图 2-49 所示。

将滑块移动到画面的末尾位置，将不透明度属性的参数调整为 0.0%，如图 2-50 所示。此时，视频实现淡出效果。

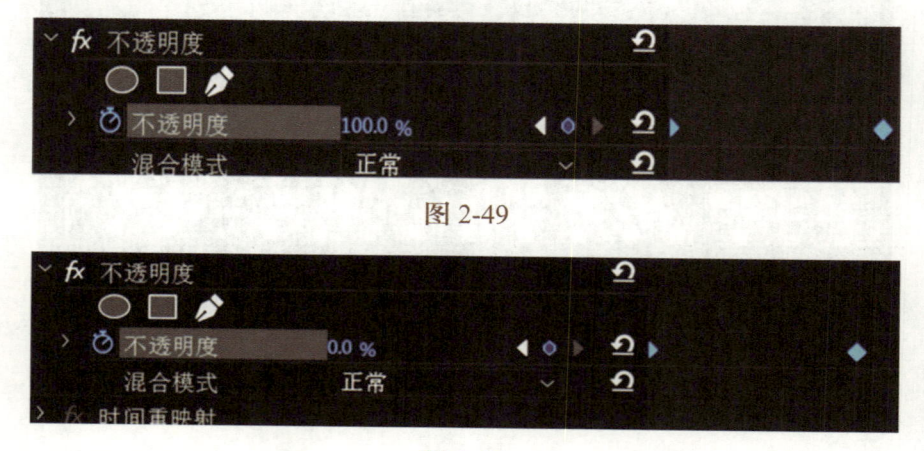

图 2-49

图 2-50

步骤 5

将音频导入音频轨道，切割多余的部分并删除，如图 2-51 所示。

将滑块移动到第 1 秒 28 帧的位置，在"效果控件"窗口中激活音量级别属性的关键帧，如图 2-52 所示。

将滑块移动到第 1 帧的位置，将音量级别属性的参数调小，直至听不到声音为止，如图 2-53 所示。

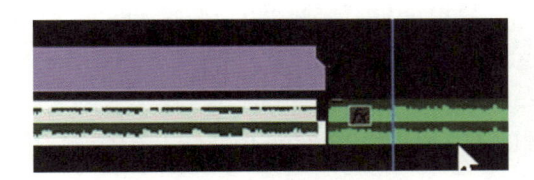

图 2-51

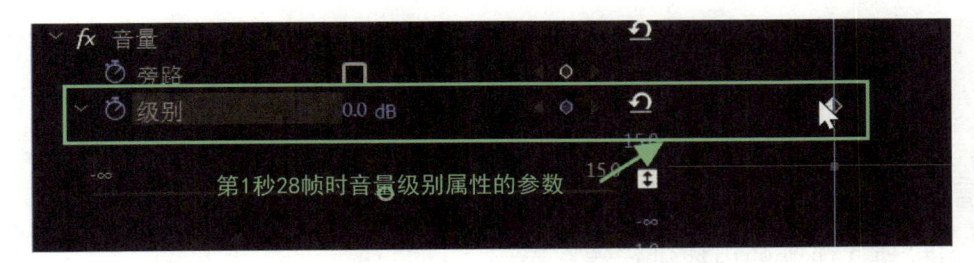

图 2-52（第1秒28帧时音量级别属性的参数）

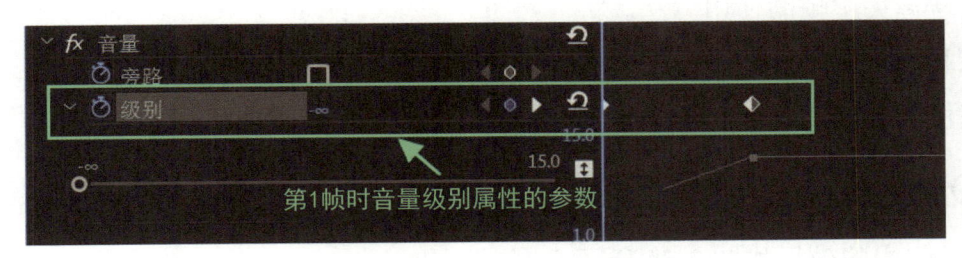

图 2-53（第1帧时音量级别属性的参数）

此时，音频实现淡入效果。

步骤 6

将滑块移动到第 8 秒 11 帧的位置，单击音量级别属性后面的"添加/移除关键帧"按钮，如图 2-54 所示。

将滑块移动到画面的末尾位置，将音量级别属性的参数调小，直至听不到声音为止，如图 2-55 所示。

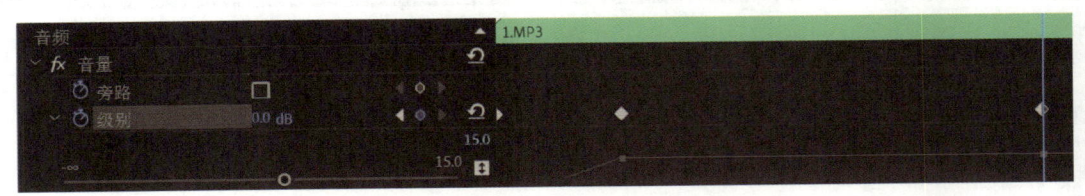

图 2-54

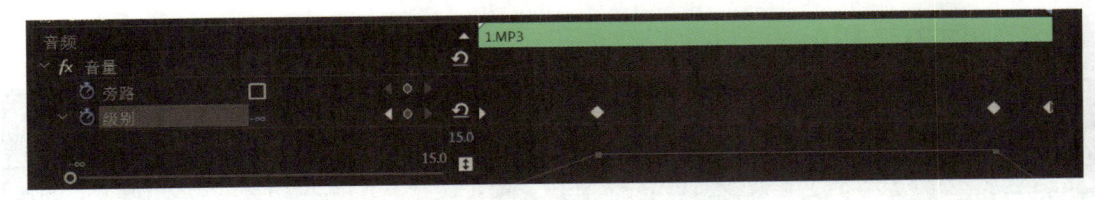

图 2-55

此时，音频实现淡出效果。

▶ 讨论与交流

1. 音量大小在哪个范围时是合适的？
2. 如何使用钢笔工具调整音量大小？

拓展任务 2　制作宣传片头

▶ 任务重点

1. 能够对模块 2 所学的内容进行综合运用。
2. 重点掌握关键帧的使用方法。
3. 熟练掌握位置属性和不透明度属性的使用方法。
4. 熟练使用剃刀工具和波纹编辑工具。

▶ 任务设计效果

本实例操作中的效果如图 2-56 所示。

图 2-56

▶ 任务实施

步骤 1

在项目面板中导入素材，并在源监视器中选择合适的素材，将其拖动到时间线面板中的相应轨道上，如图 2-57 所示。

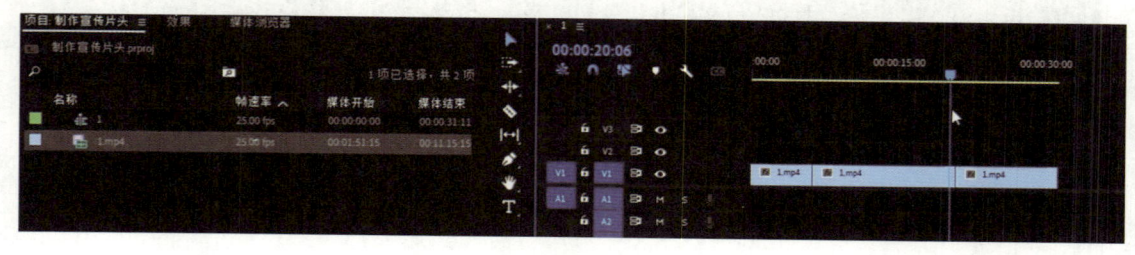

图 2-57

步骤 2

在工具面板中单击"波纹滚动工具"按钮，对第 3 段素材的开始位置进行调整，使第 3 段素材只保留一个从下到上的摇镜头，如图 2-58 所示。

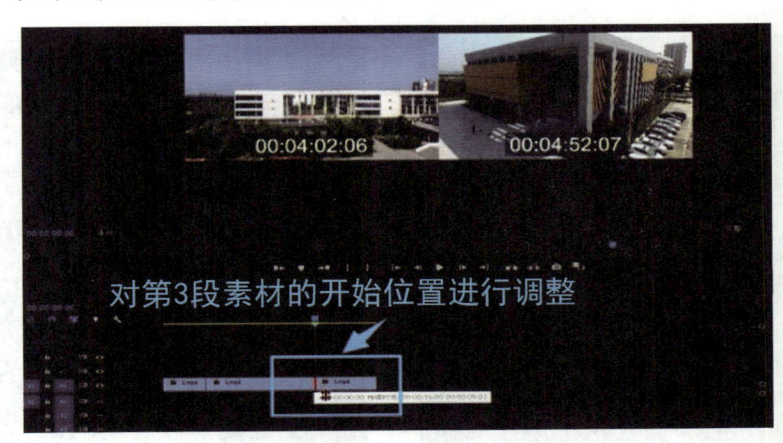

图 2-58

步骤 3

将滑块移动到第 1 帧的位置，在"效果控件"窗口中激活不透明度属性的关键帧，将不透明度属性的参数设置为 0.0%，如图 2-59 所示。

将滑块移动到第 1 秒的位置，将不透明度属性的参数恢复到 100.0%，如图 2-60 所示。

此时，第 1 段画面有了淡入效果。

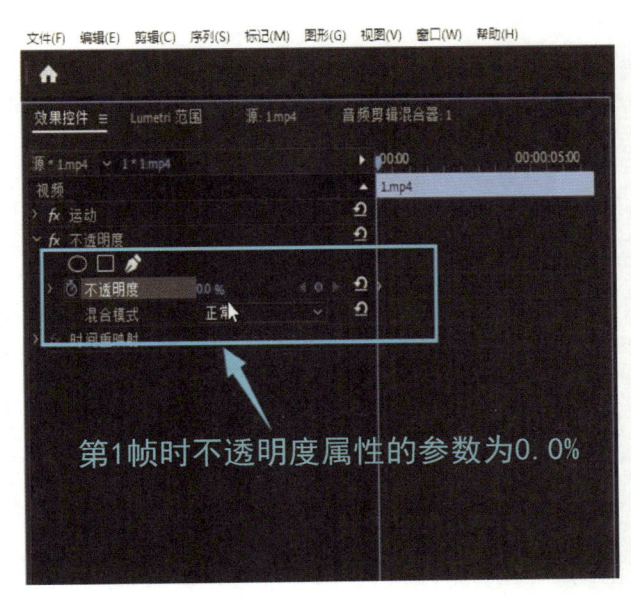

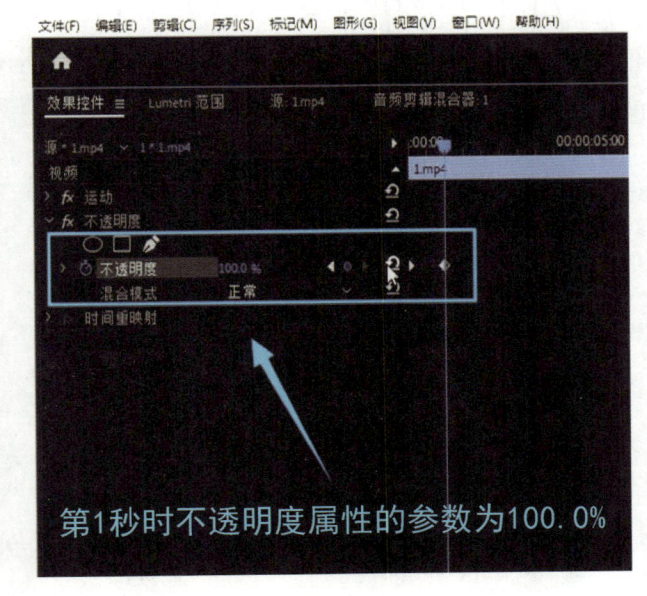

图 2-59

图 2-60

步骤 4

将滑块移动到第 4 秒 19 帧的位置，在"效果控件"窗口中将不透明度属性的参数设置为 100.0%，如图 2-61 所示。

将滑块移动到第 1 段素材末帧的位置，在"效果控件"窗口中将不透明度属性的参数设置为 0.0%，如图 2-62 所示。

此时，第 1 段画面有了淡出效果。

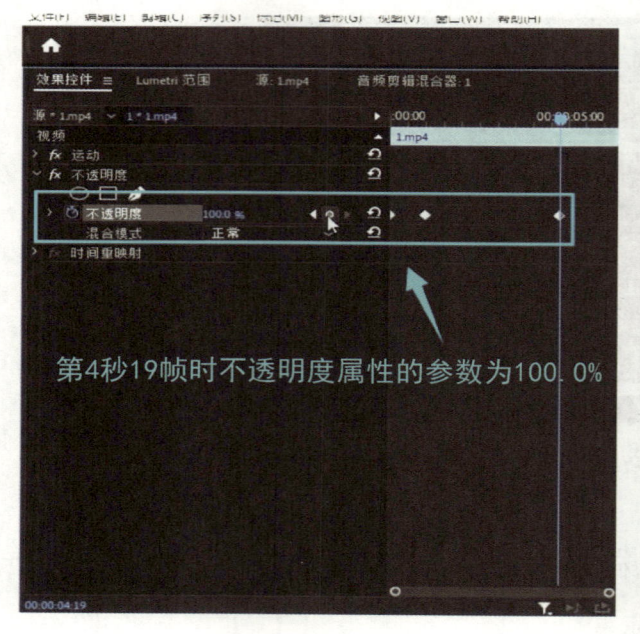

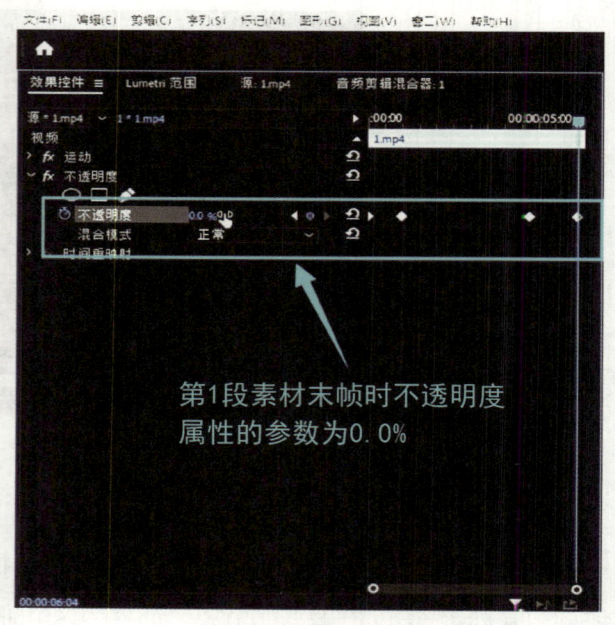

图 2-61

图 2-62

步骤 5

将第 1 段素材向上移动到 V2 轨道上，如图 2-63 所示。

将滑块移动到 V2 轨道的第 1 段素材的不透明度属性的第 3 个关键帧上，并将 V1 轨道上的第 1 段素材向左移动，如图 2-64 所示。

图 2-63

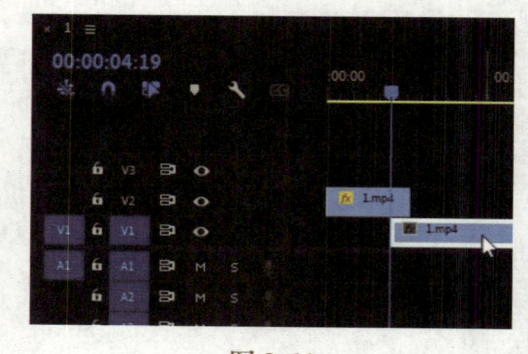

图 2-64

步骤 6

选择 V1 轨道上的第 1 段素材，将滑块移动到该段素材第 1 帧的位置，在"效果控件"窗口中激活不透明度属性的关键帧，将不透明度属性的参数设置为 0.0%，如图 2-65 所示。

将滑块移动到 V1 轨道上第 1 段素材的末尾位置，选择 V2 轨道上的第 1 段素材，将不透明度属性的参数设置为 100.0%，如图 2-66 所示。

此时，两段素材衔接时有了溶解效果。

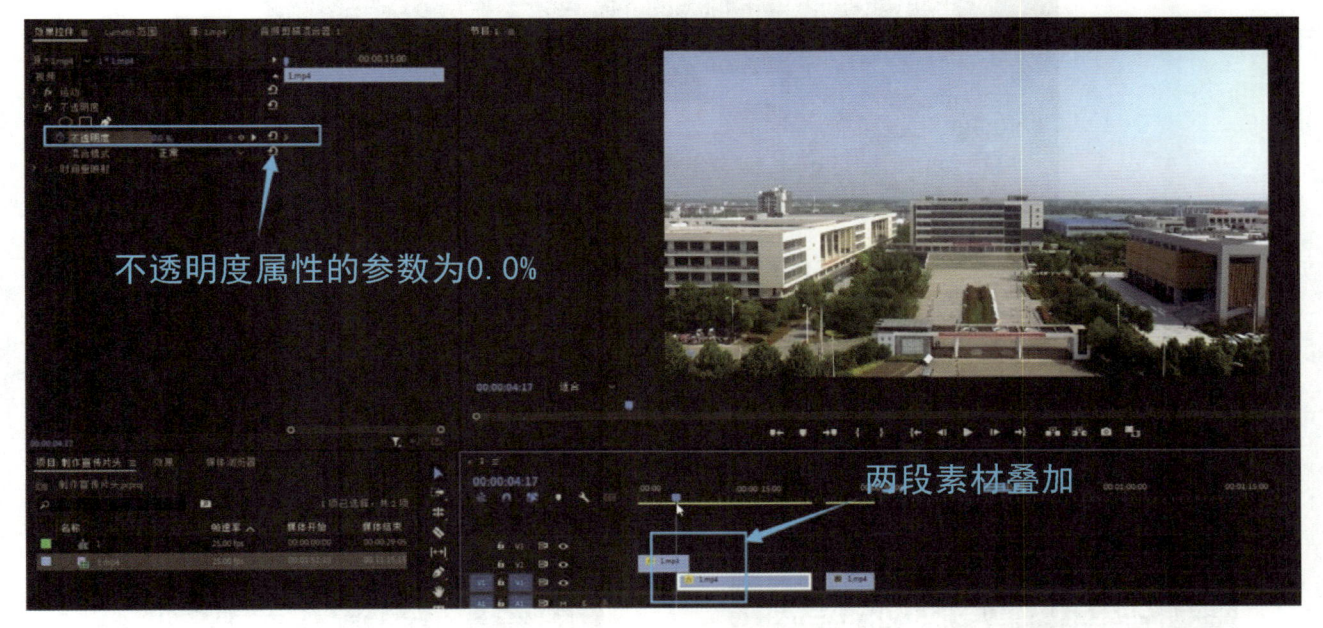

图 2-65

图 2-66

步骤 7

将 V2 轨道上的素材和 V1 轨道上的第 1 段素材同时向上移动一个轨道，如图 2-67 所示。

选择此时 V2 轨道上的第 1 段素材，将滑块移动到第 19 秒 17 帧的位置，在"效果控件"窗口中激活位置属性的关键帧，如图 2-68 所示。

将滑块移动到 V2 轨道上第 1 段素材末帧的位置，将位置属性的横向参数设置为-959.0，将画面向左移出画框，如图 2-69 所示。

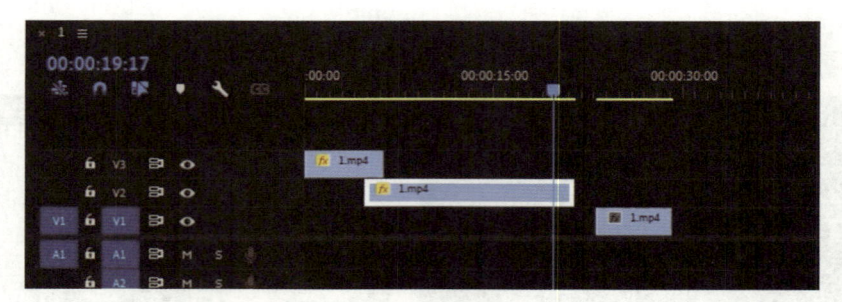

图 2-67

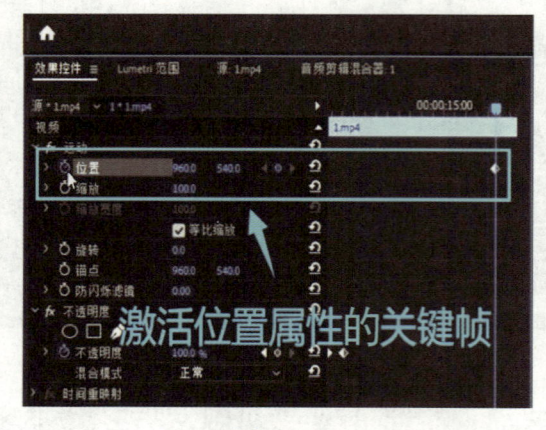

图 2-68

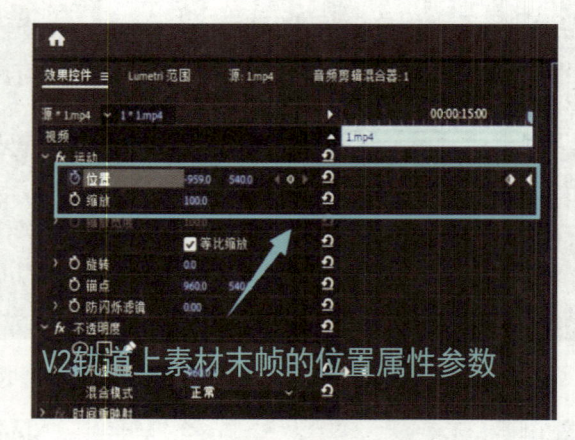

图 2-69

步骤 8

将滑块移动到 V2 轨道上素材位置属性的第 1 个关键帧处，将 V1 轨道上的素材与其对齐。选择 V1 轨道上的素材，在"效果控件"窗口中激活位置属性的关键帧，将位置属性的横向参数调整为 2872.0，将画面向右移出画框，如图 2-70 所示。

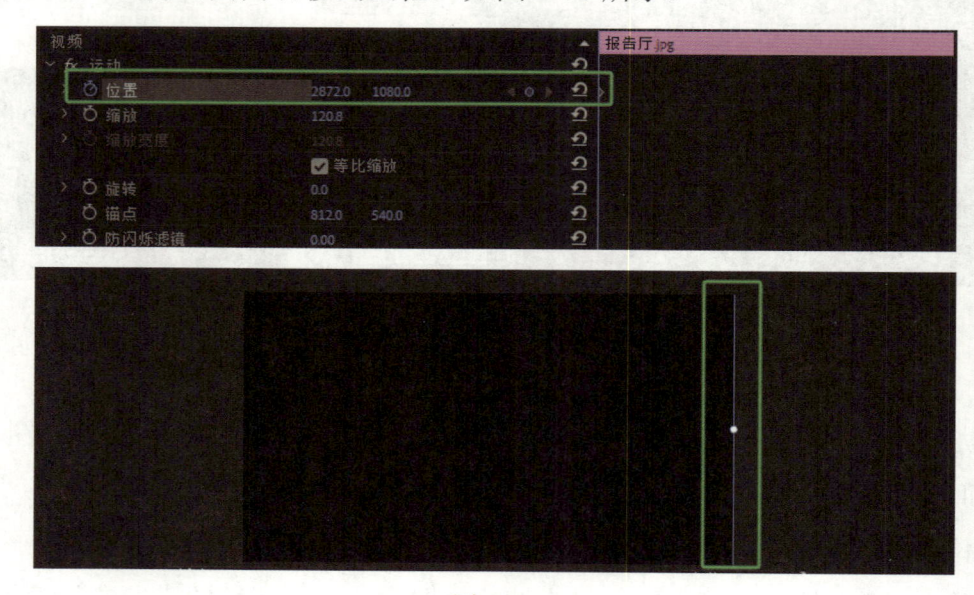

图 2-70

将滑块移动到 V2 轨道上素材最后 1 帧的位置，选择 V1 轨道上的素材，将位置属性的横向参数复位即可，如图 2-71 所示。

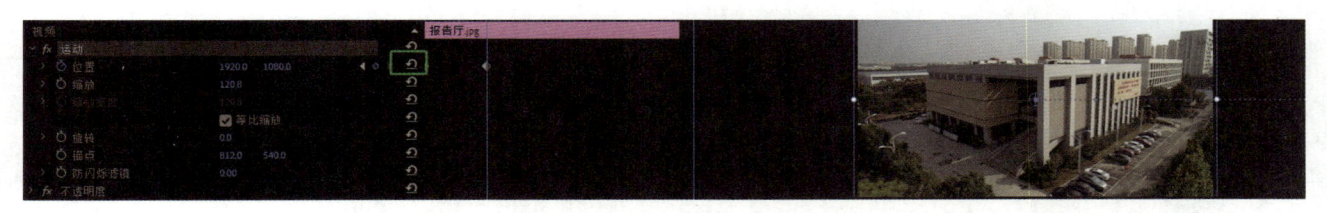

图 2-71

▶▶讨论与交流

在调整素材时,有时需要调整节目监视器中的画框显示范围,如何调整?

模块 3　认识视频剪辑手段与切换效果

在使用 Premiere Pro 进行剪辑时，最小的画面组成单位就是镜头，各镜头包含的画面信息可以是单一的，也可以是相对完整的。剪辑师通过对这些镜头进行二次构图、重新组合、构建排列顺序等剪辑操作，完成对故事、影片、短视频等的叙述，并向观众传达创作者的意图和情感。

各镜头或各组镜头之间的切换过渡又称视频转场，通过不同的切换效果可以实现镜头的快速切换，提高视频的视觉冲击力和吸引力。Premiere Pro 提供了许多内置的切换效果，将其添加到两段视频之间即可实现视频切换。在实际操作中，可以根据视频的主题和风格选择合适的切换效果，以达到最佳的视觉效果。

本模块主要介绍常用的视频剪辑手段与切换效果，融合前两个模块的知识点，并通过实例对嵌套序列的建立、镜头的表现手法、镜头的二次构图等知识点进行讲解，是创作者学习视频剪辑的入门课程。

项目培养目标

- ◇ 了解并掌握镜头的 5 种景别
- ◇ 了解嵌套序列的使用方法
- ◇ 能够添加切换效果，并对 Premiere Pro 内置的切换效果有一定的了解
- ◇ 掌握通用倒计时片头的制作方法
- ◇ 了解通过二次构图重构素材的方法

项目任务解读

本模块通过以下任务整合知识点。

- ◇ 镜头的语言——包含 5 种景别的取景范围、不同景别表现出的不同意境等知识点
- ◇ 嵌套序列——包含建立嵌套序列、更改嵌套序列中的素材等知识点
- ◇ 切换效果——包含 Premiere Pro 内置的切换效果的使用、切换效果参数的调整、交叉溶解效果和翻页效果的使用等知识点
- ◇ 通用倒计时片头——包含通用倒计时的使用、透明倒计时片头的制作等知识点
- ◇ 二次构图——包含拍摄素材的分辨率、帧速率与序列之间的关系等知识点

任务 1　镜头的语言

▶▶ **任务重点**

1. 掌握 5 种景别的取景范围。
2. 了解不同景别表现出的不同意境。

▶▶ **任务设计效果**

本实例操作中的效果如图 3-1 所示。

图 3-1

▶▶ **任务实施**

画面在后期剪辑中占据至关重要的地位。通过不同镜头的表现形式，可以向观众传递不同的情感，展示主体所处的环境，刻画主体的细节等信息。在前期拍摄过程中，要注意画面的取景范围，根据最终要呈现的画面氛围、传递的意图来选择合适的景别。

景别是指因摄像机与被拍摄主体的距离不同，而造成被拍摄主体在画面中呈现的范围大小。常见的景别有 5 种，即远景、全景、中景、近景、特写。接下来分别对这 5 种景别进行讲解。

步骤 1

导入素材，选择一段远景，新建序列。观察远景画面主体呈现的范围，如图 3-2 所示。

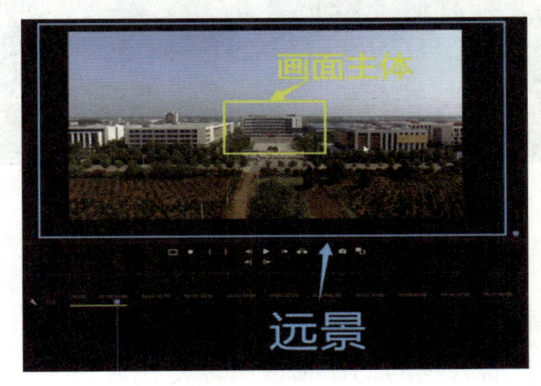

图 3-2

远景一般放在视频的开始位置或末尾位置，用于交代当前画面主体所处的地理环境及社会环境，远景是再现空间范围最大的画面景别。

步骤 2

选择一段全景，将其导入轨道，观察全景画面主体呈现的范围，如图 3-3 所示。

图 3-3

全景用于再现被拍摄主体的总体风貌，被拍摄主体在画面中占据主要空间，主次分明，陪体不可喧宾夺主。

步骤 3

选择一段中景，将其导入轨道，观察中景画面主体呈现的范围，如图 3-4 所示。

图 3-4

中景的取景范围一般为被拍摄主体的重点部分或人物膝盖以上的部分，能够直观、清晰地展现被拍摄主体的手势动作和面部情绪，表现被拍摄主体之间的情感与交流，可以使观众看清被拍摄主体的重要特性，如看清人物的动作和情绪，交代人与人、人与物之间的特定关系。

步骤 4

选择一段近景，将其导入轨道，观察近景画面主体呈现的范围，如图 3-5 所示。

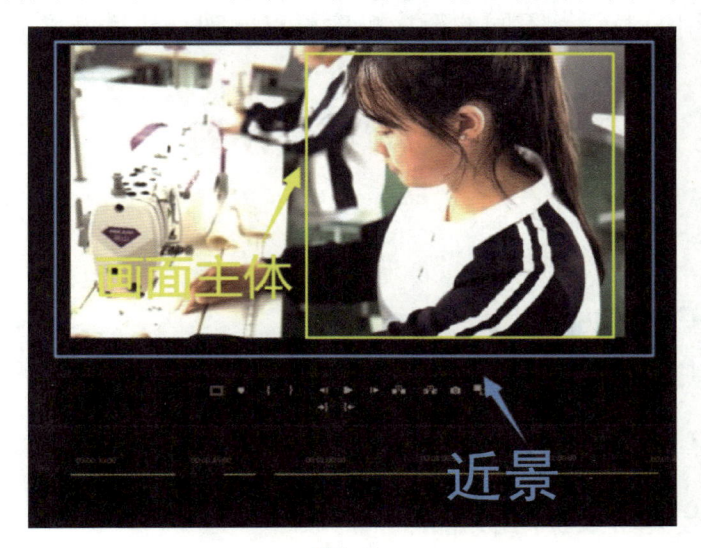

图 3-5

近景的取景范围一般为人物胸部以上的部分，用于再现被拍摄主体的关键局部，有利于表现被拍摄主体的神态，并通过被拍摄主体的神态表现其内心世界，有利于把观众的注意力集中到被拍摄主体的细微动作、表情、语气、语调等上，给观众留下某种特定的印象，从而使被拍摄主体和观众发生情感交流。

步骤 5

选择一段特写，将其导入轨道，观察特写画面主体呈现的范围，如图 3-6 所示。

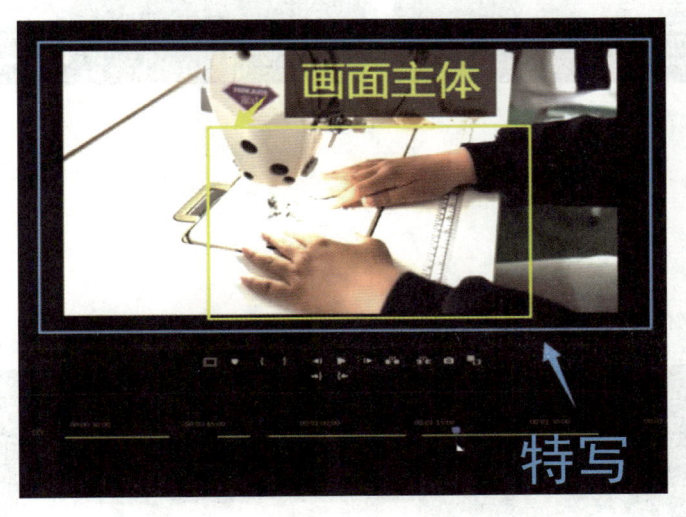

图 3-6

特写不受空间与方向的限制，不用顾全景物或人物的全貌，只需瞄准被拍摄主体的本质特征细节加以强化、放大、渲染即可，用于揭示某种深层的意蕴或情绪，可以给观众带来较为强烈的视觉冲击力，与观众产生情感互动。

讨论与交流

对于上述 5 种常用的景别，不同的衔接顺序可以向观众传递怎样的信息和情绪？

任务 2　嵌套序列

任务重点

1. 掌握建立嵌套序列的方法。
2. 了解更改嵌套序列中素材的方法。

任务设计效果

本实例操作中的效果如图 3-7 所示。

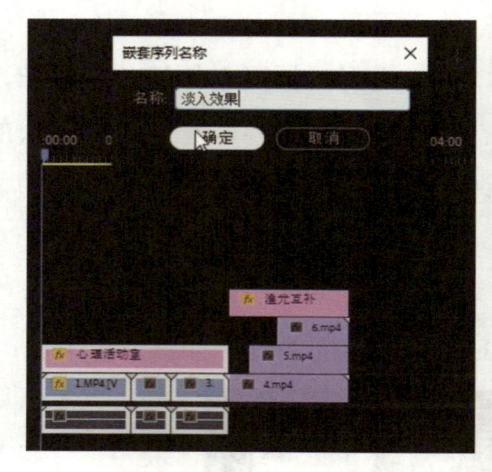

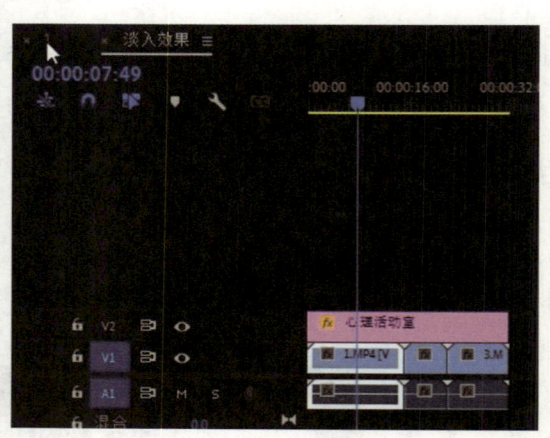

图 3-7

任务实施

步骤 1

导入素材，并制作一段视频，如图 3-8 所示。

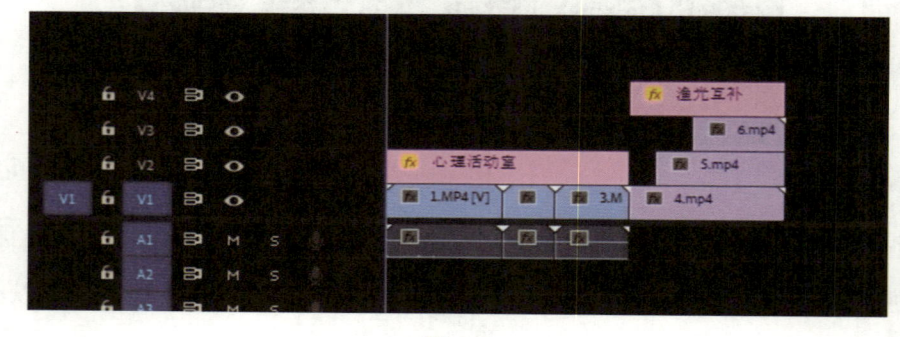

图 3-8

知识点补充：

在后期剪辑中，所有剪辑操作都是在序列中进行的，当需要对其中的几段素材添加统一的效果时，可以使用嵌套序列。

步骤 2

在时间线面板中框选需要建立嵌套序列的素材，这里框选字幕素材和画面素材，如图 3-9 所示。

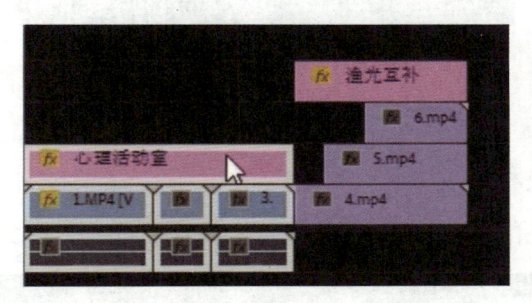

图 3-9

右击框选的素材，在弹出的快捷菜单中选择"嵌套"命令，如图 3-10 所示。

在弹出的对话框中，更改嵌套序列名称，如图 3-11 所示。

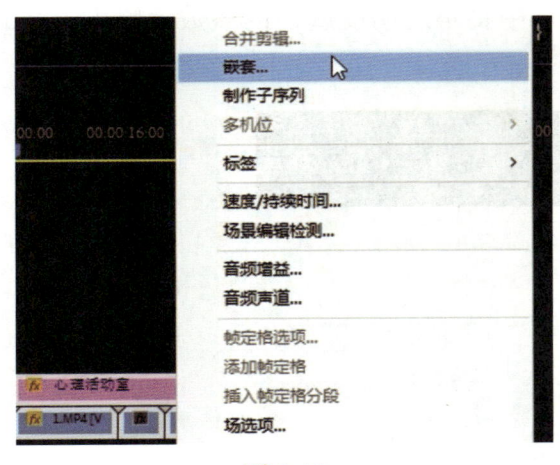

图 3-10

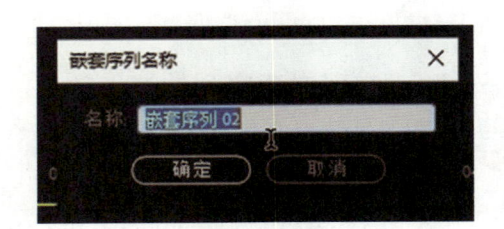

图 3-11

单击"确定"按钮，即可建立一个嵌套序列，如图 3-12 所示。

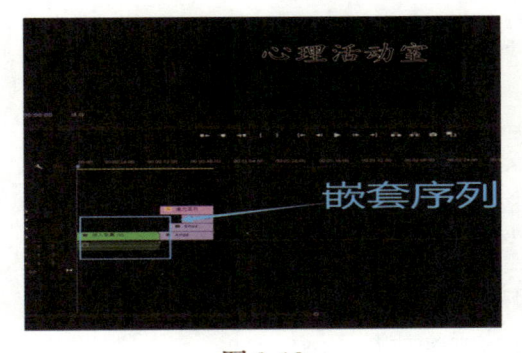

图 3-12

步骤 3

在时间线面板中双击嵌套序列，即可进入嵌套序列中进行素材的更改，如图 3-13 所示。

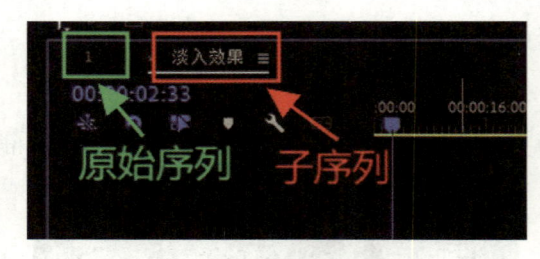

图 3-13

步骤 4

选择嵌套序列，将滑块移动到第 1 帧的位置，在"效果控件"窗口中激活不透明度属性的关键帧，将不透明度属性的参数调整为 0.0%，如图 3-14 所示。

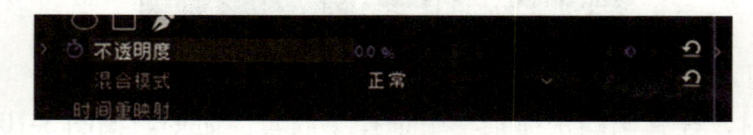

图 3-14

将滑块移动到第 2 秒的位置，在"效果控件"窗口中将不透明度属性的参数调整为 100.0%，如图 3-15 所示。

图 3-15

此时，实现嵌套序列的淡入效果。

▶▶ 讨论与交流

1. 可以对多个嵌套序列再次进行嵌套吗？
2. 要统一对嵌套序列添加效果，会影响子序列中已经添加的效果吗？

任务 3　切换效果

▶▶ 任务重点

1. 了解 Premiere Pro 内置切换效果的使用方法。
2. 掌握切换效果参数的调整方法。
3. 掌握交叉溶解效果和翻页效果的使用方法。

任务设计效果

本实例操作中的效果如图 3-16 所示。

图 3-16

任务实施

步骤 1

导入素材，新建序列，将两段素材移动到时间线面板中的相应轨道上，如图 3-17 所示。

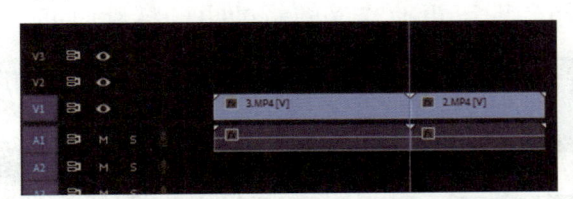

图 3-17

步骤 2

在"效果"窗口中，选择"视频过渡"文件夹下"溶解"文件夹中的交叉溶解效果，如图 3-18 所示。

将交叉溶解效果拖动到轨道上两段素材的中间位置，如图 3-19 所示。

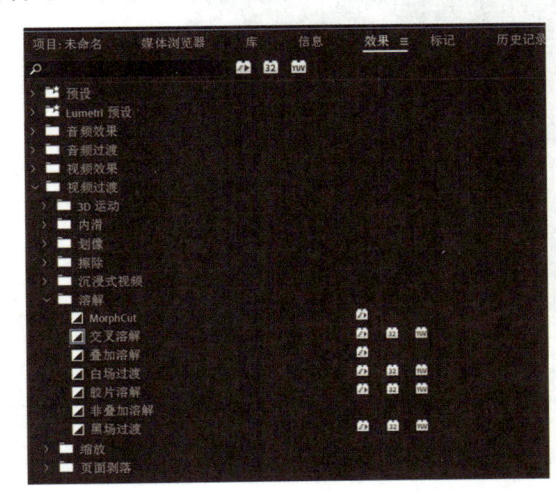

图 3-18

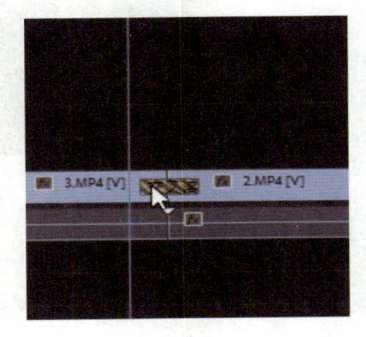

图 3-19

知识点补充：

当轨道上素材的开始位置和末尾位置出现白色三角形时（见图3-20），表示该素材未经切割。此时，添加交叉溶解效果，会弹出如图3-21所示的对话框，可以直接单击"确定"按钮，也可以先对需要添加效果的位置进行切割，再添加交叉溶解效果。

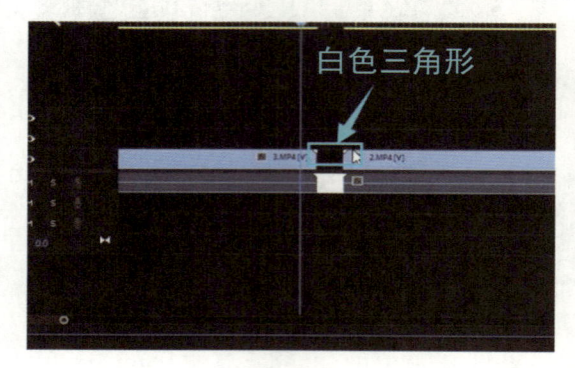

图 3-20

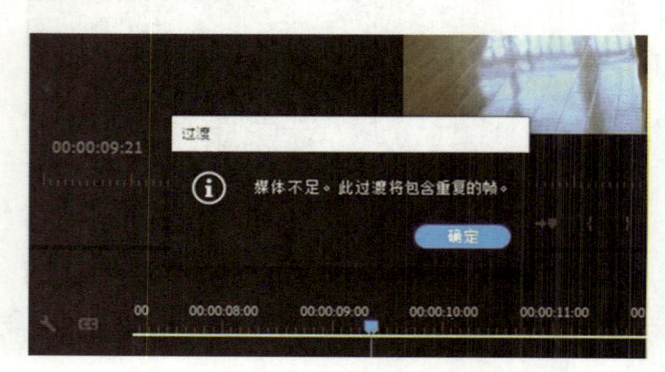

图 3-21

步骤 3

在轨道上双击交叉溶解效果，在弹出的如图3-22所示的对话框中更改交叉溶解效果的持续时间，单击"确定"按钮，即可更改交叉溶解效果的持续时间。

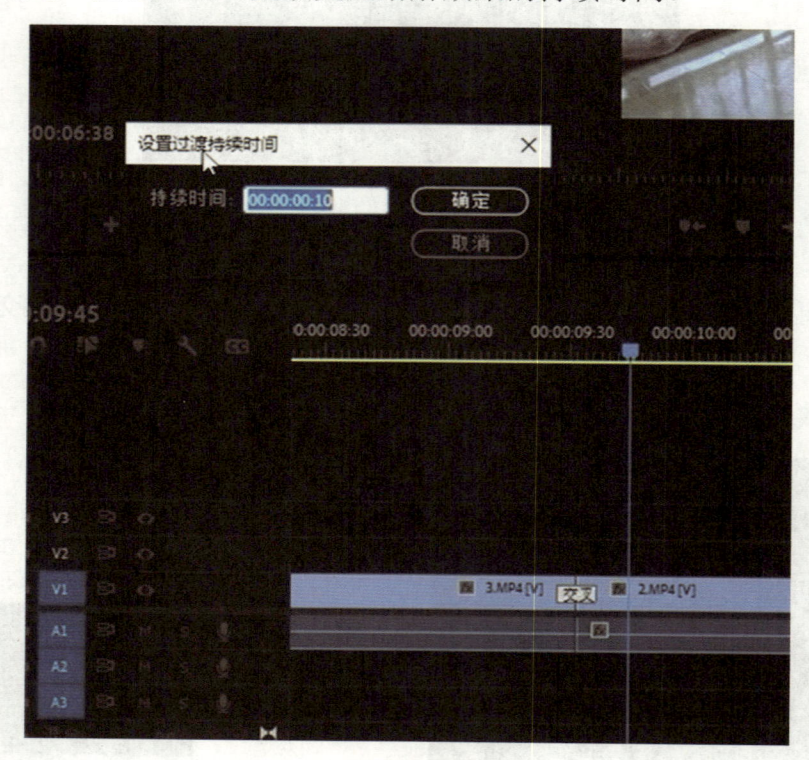

图 3-22

在轨道上单击交叉溶解效果，在"效果控件"窗口中会出现交叉溶解效果的相关参数，如图3-23所示。可以更改相关参数，使交叉溶解效果对画面的衔接更具有表现力。

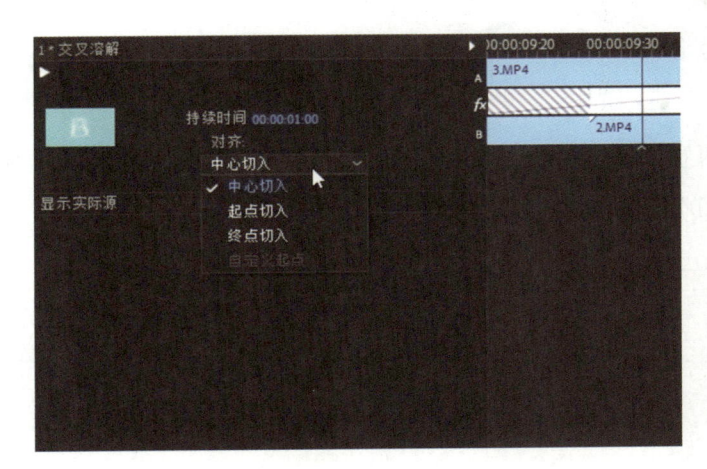

图 3-23

步骤 4

在"效果"窗口中找到翻页效果，将其添加到轨道上，如图 3-24 所示。

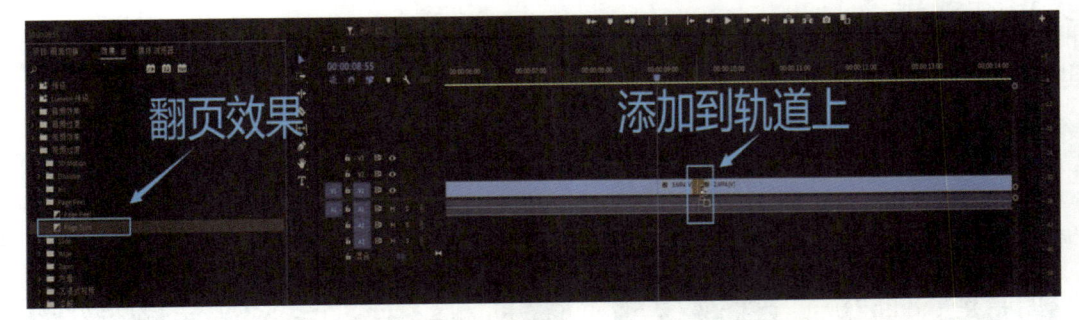

图 3-24

步骤 5

在轨道上单击翻页效果，并在"效果控件"窗口中调整翻页效果的相关参数，观察翻页效果的变化，如图 3-25 所示。

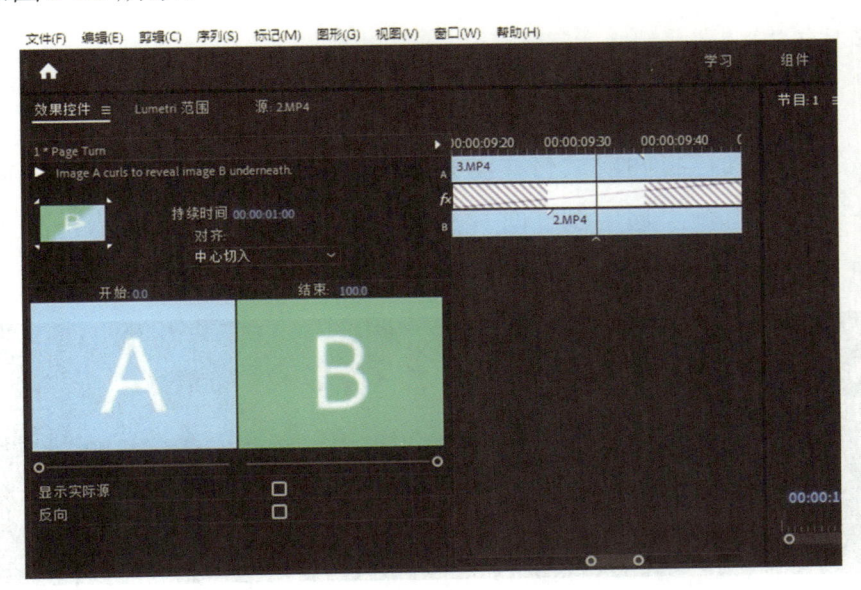

图 3-25

▶▶ 讨论与交流

1. Premiere Pro 内置了许多切换效果，请依次查看各切换效果的使用效果。
2. 能否使用关键帧制作出交叉溶解效果？

任务 4　通用倒计时片头

▶▶ 任务重点

1. 掌握通用倒计时片头的使用方法。
2. 会制作透明倒计时片头。

▶▶ 任务设计效果

本实例操作中的效果如图 3-26 所示。

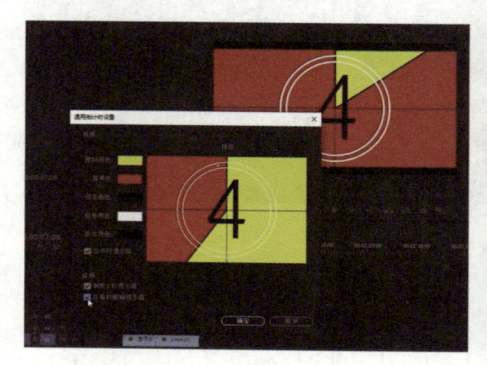

图 3-26

▶▶ 任务实施

步骤 1

导入素材，新建序列，将两段素材移动到时间线面板中的相应轨道上，如图 3-27 所示。选择"文件"→"新建"→"通用倒计时片头"命令，如图 3-28 所示。在弹出的如图 3-29 所示的对话框中对通用倒计时片头的相关参数进行调整。

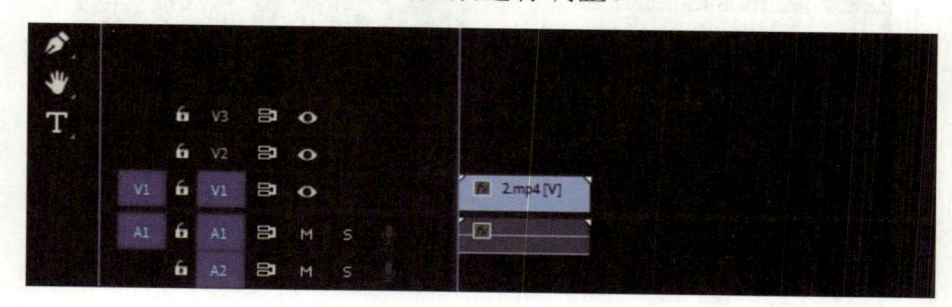

图 3-27

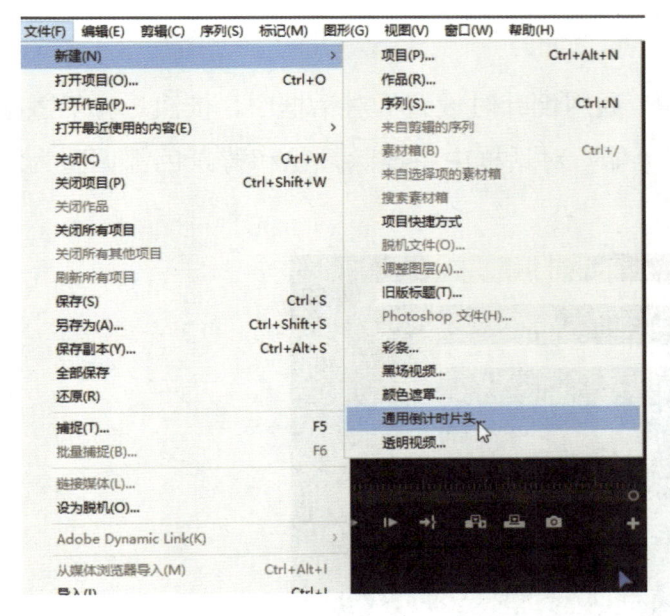

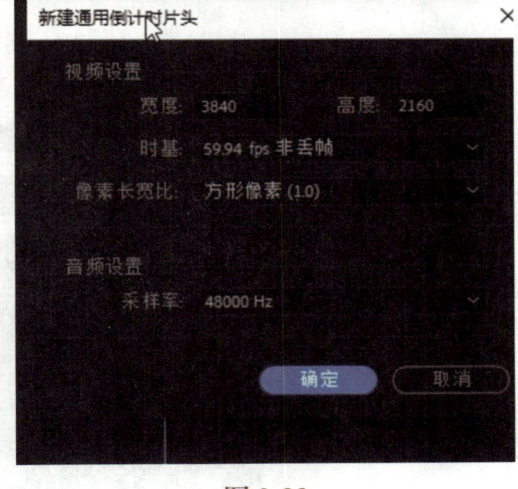

图 3-28

图 3-29

步骤 2

在如图 3-30 所示的对话框中，设置通用倒计时片头的擦除颜色、背景色、线条颜色等，设置完成后，单击"确定"按钮，在项目面板中出现通用倒计时片头，如图 3-31 所示。将其拖动到时间线面板中相应轨道的开始位置，使用剃刀工具将倒计时 5 秒前的画面进行切割及删除，只保留数字 5 后面的部分，如图 3-32 所示。

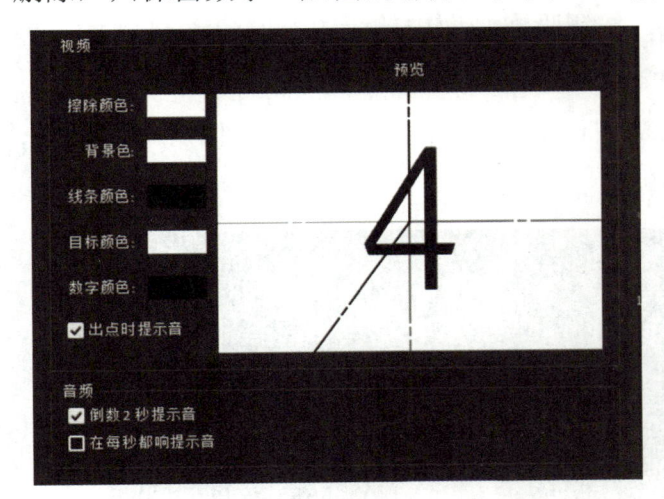

图 3-30

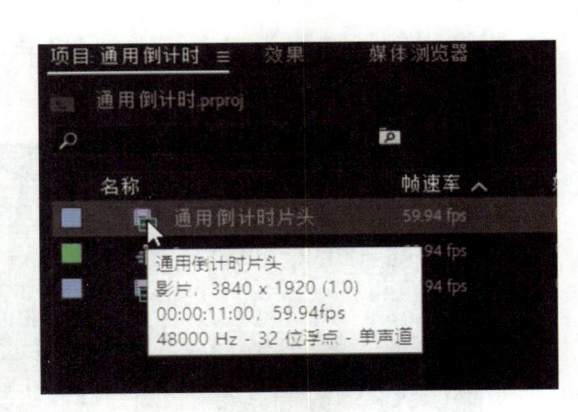

图 3-31

图 3-32

步骤 3

在轨道上双击通用倒计时片头，在打开的"通用倒计时设置"对话框中，依次选择"擦除颜色"选项、"背景色"选项，在打开的"拾色器"对话框中将擦除颜色和背景色都调整为绿色（见图3-33），单击"确定"按钮。

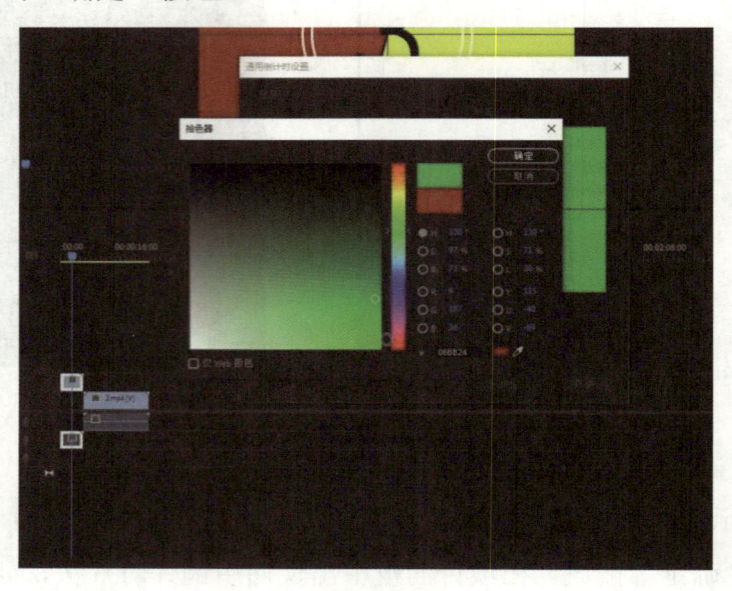

图 3-33

在"效果"窗口中搜索颜色键，将颜色键添加到通用倒计时片头中。在"效果控件"窗口中单击颜色键的主要颜色属性右侧的"吸管"按钮吸取画面中的绿色，如图3-34所示。再次给通用倒计时片头添加颜色键，吸取画面中剩余的绿色，如图3-35所示。

将通用倒计时片头向上移动到V2轨道上，将V1轨道上的素材向左移动到第1帧的位置，如图3-36所示。

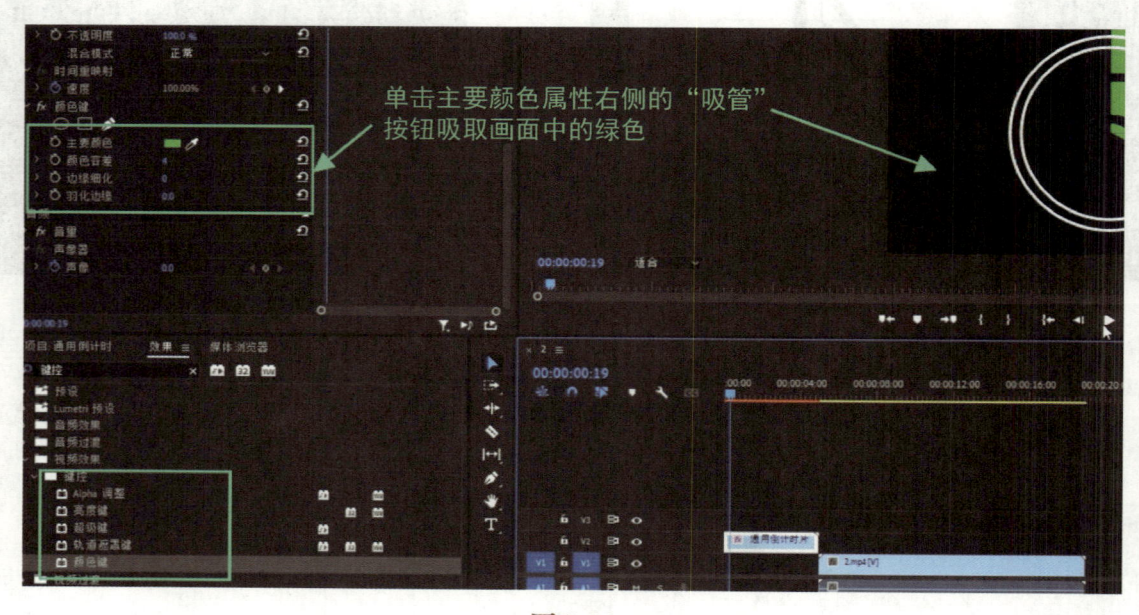

图 3-34

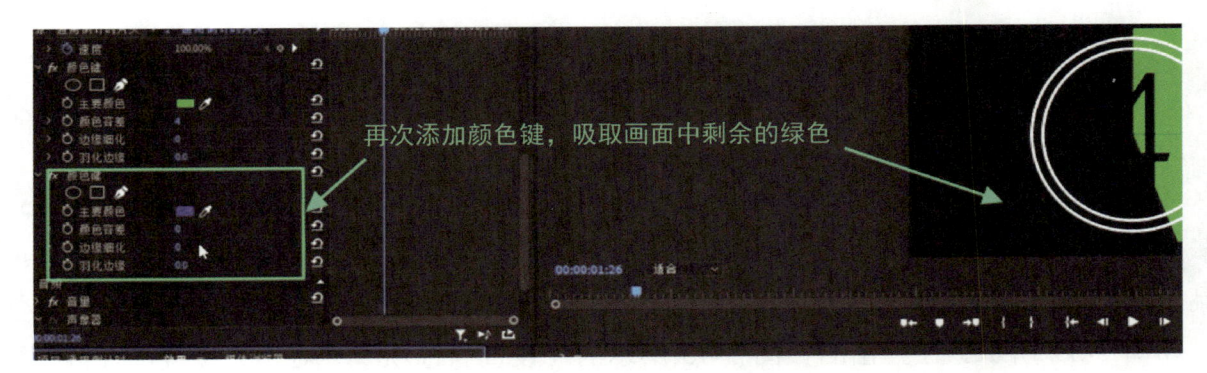

图 3-35

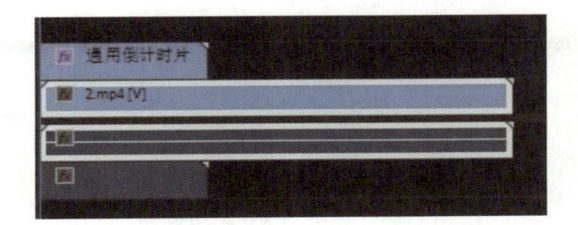

图 3-36

▶▶讨论与交流

如何让通用倒计时片头的每个数字都有提示音？

任务 5　二次构图

▶▶任务重点

1. 了解拍摄素材的分辨率、帧速率与序列之间的关系。
2. 了解取舍画面信息较复杂素材的方法。

▶▶任务设计效果

本实例操作中的效果如图 3-37 所示。

图 3-37

任务实施

步骤 1

在文件夹中找到需要使用的两段素材，对两段素材均进行如下操作：右击素材，在弹出的快捷菜单中选择"属性"命令，并在打开的对话框的"详细信息"选项卡中查看帧宽度、帧高度及帧速率等信息，如图 3-38 所示。导入素材，选择"文件"→"新建"→"序列"命令，如图 3-39 所示。在弹出的如图 3-40 所示的"设置"选项卡中对相关参数进行调整，调整好参数后，单击"确定"按钮即可建立序列。

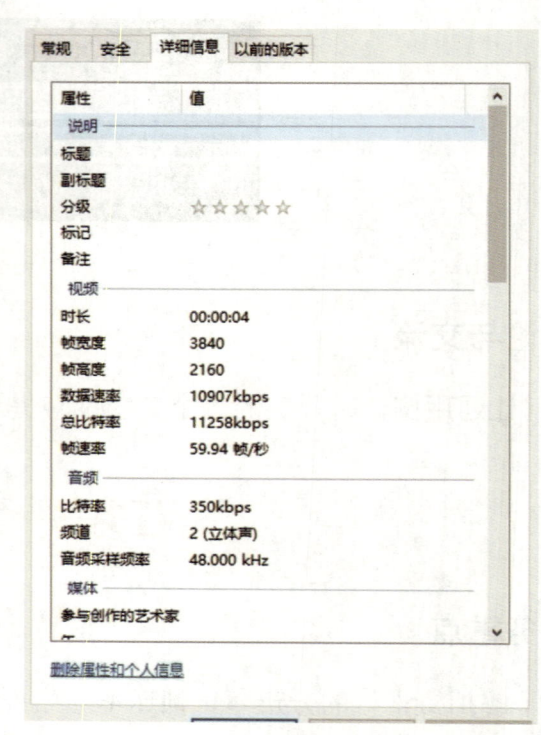

图 3-38

图 3-39

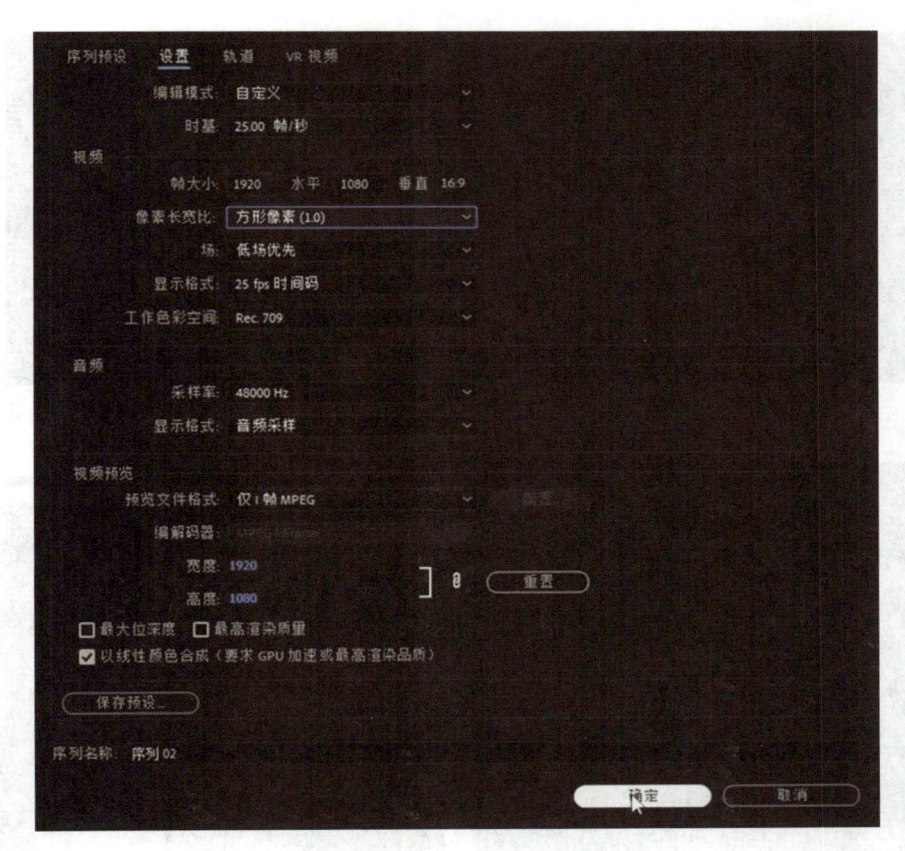

图 3-40

步骤 2

将素材拖动到序列中,弹出如图 3-41 所示的对话框。

知识点补充:

素材的帧大小是 3840 像素×2160 像素,序列的帧大小是 1920 像素×1080 像素,在将素材拖动到序列中时,因二者帧大小不匹配,会提示"此剪辑与序列设置不匹配。是否更改序列以匹配剪辑的设置"。此时,需要根据制作的素材要求来判断,如果要求制作的素材的帧大小为 1920 像素×1080 像素,那么保持现有设置即可。

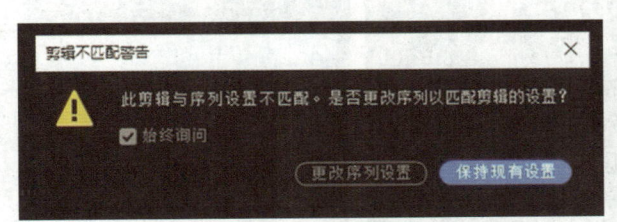

图 3-41

步骤 3

在项目面板中双击素材,在源监视器中查看素材,与在节目监视器中的素材进行对比,此时二者显示的画面大小不同,如图 3-42 所示。在轨道上选择当前素材,在"效果控件"窗口中,将缩放属性的参数调整为 50.0,序列上的画面被全部放到画框内,如图 3-43 所示。

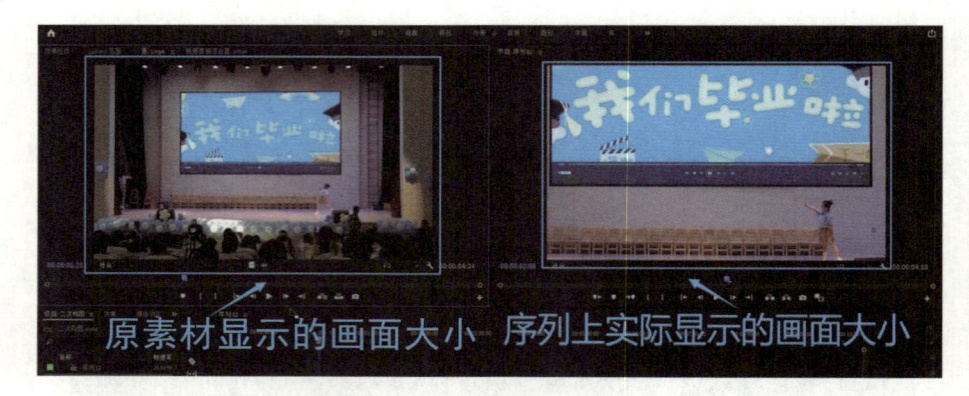

图 3-42

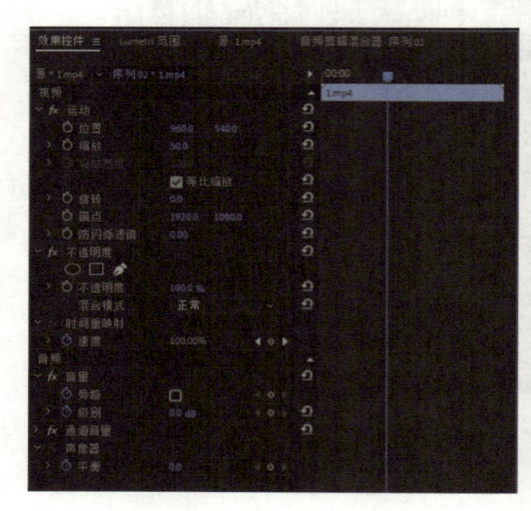

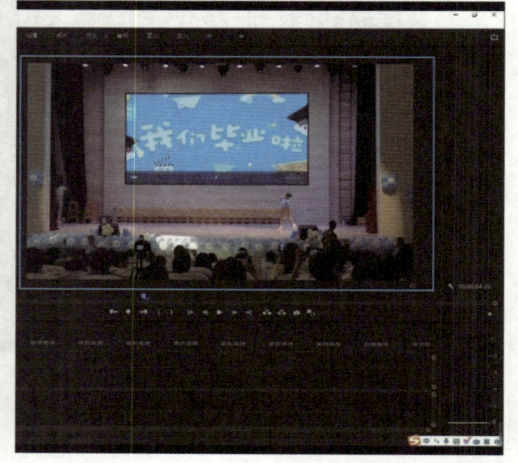

图 3-43

步骤 4

浏览轨道上的素材，在"效果控件"窗口中调整位置属性的参数、缩放属性的参数，将画面中杂乱的信息移出画框，如图 3-44 所示。通过对画面进行以上两次构图的调整，使最终保留在画框内的画面能够展现人物的动作。

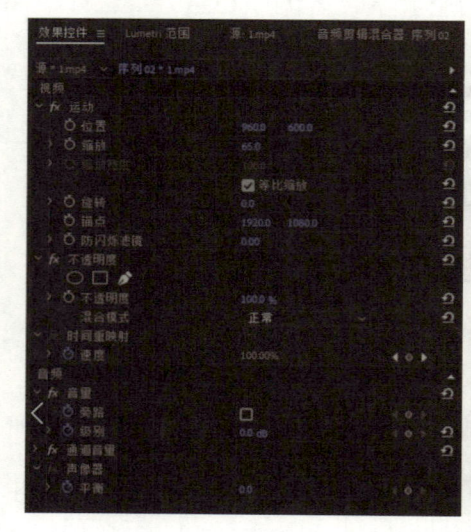

图 3-44

▶ 讨论与交流

1. 动手拍摄并制作视频，思考剪辑中哪种类型的画面是可以被删除的。
2. 如果一个画面中只有部分信息需要被保留，那么应如何操作？

拓展任务 3　制作风光短片

▶ 任务重点

1. 掌握更改嵌套序列中素材的方法，并能够对嵌套序列添加效果。
2. 学会使用稳定效果，以提高抖动画面的稳定性。
3. 掌握二次构图的进阶使用方法。

▶ 任务设计效果

本实例操作中的效果如图 3-45 所示。

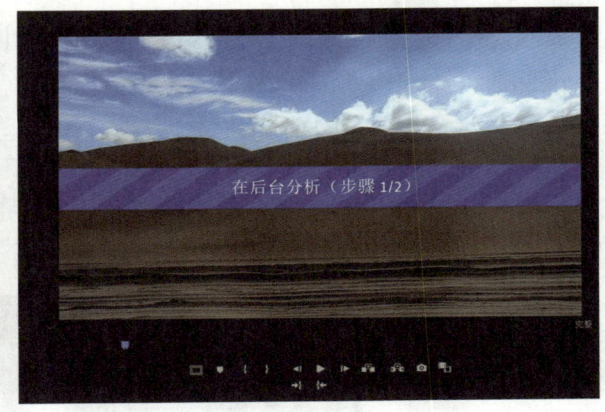

图 3-45

▶ 任务实施

步骤 1

导入素材，在项目面板中新建两个素材文件夹，将其分别命名为"图片"和"视频"，并将图片和视频拖动到对应的素材文件夹中，之后在项目面板中导入一段音频，如图 3-46 所示。

步骤 2

在项目面板中双击素材，在源监视器中选择两段较为平稳的素材，通过标记出入点的方式，将素材拖动到

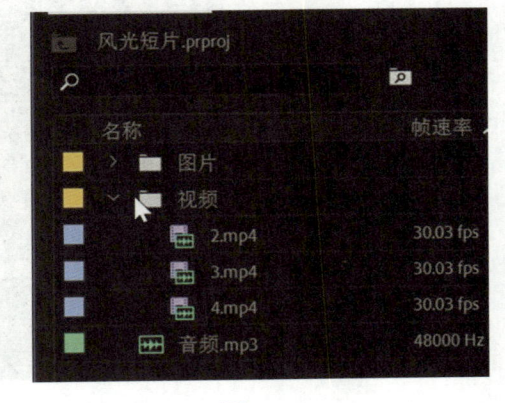

图 3-46

时间线面板中。

在节目监视器中浏览两段素材，调整位置属性的参数、缩放属性的参数，将杂乱的信息移出画框，如图 3-47 所示。

步骤 3

在时间线面板中选择两段素材并右击，在弹出的快捷菜单中选择"取消链接"命令，如图 3-48 所示。选择素材中的音频，执行"删除"命令。将项目面板中的音频导入音频轨道。

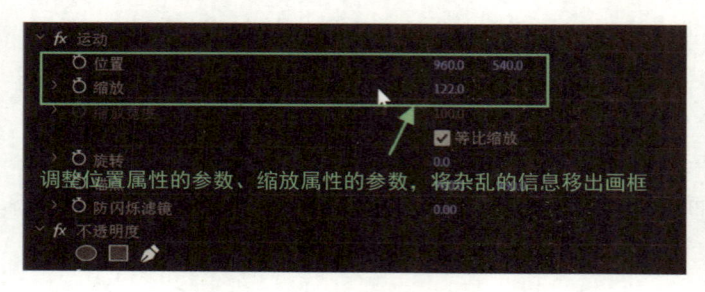

图 3-47　　　　　　　　　　　　　　　图 3-48

步骤 4

在源监视器中浏览其余两段素材，通过标记出入点的方式，将其拖动到 V1 轨道上，依次向后排列。选择该两段素材，在"效果控件"窗口中调整位置属性的参数、缩放属性的参数，将杂乱的信息移出画框。

选择后两段素材，按住 Alt 键的同时按住鼠标左键并向上拖动鼠标，复制该两段素材并将其拖动到 V2 轨道上，如图 3-49 所示。选择 V1 轨道上的第 3 段素材，在"效果控件"窗口中调整缩放属性的参数，直到素材铺满整个屏幕为止，如图 3-50 所示。

图 3-49

调整缩放属性的参数，直到素材铺满整个屏幕为止

图 3-50

步骤 5

选择 V1 轨道上的第 3 段素材，给第 3 段素材添加高斯模糊效果，在"效果控件"窗口中，调整高斯模糊属性的参数，如图 3-51 所示。

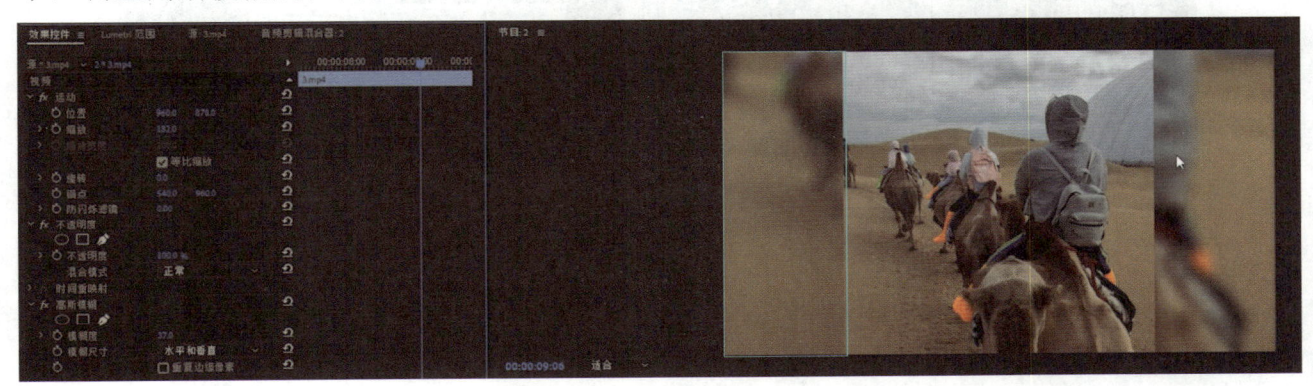

图 3-51

知识点补充：

选择 V1 轨道上的第 3 段素材，在"效果控件"窗口中单击"高斯模糊"和"位置"，执行"复制"命令，选择 V1 轨道上的第 4 段素材，执行"粘贴"命令，即可将 V1 轨道上的第 3 段素材的属性粘贴给第 4 段素材。

步骤 6

给 V1 轨道上的第 1 段素材添加淡入效果，如图 3-52 所示。在"效果"窗口中搜索交叉溶解效果，将其添加到 V1 轨道上的第 1 段素材和第 2 段素材中间，分别给 V1 轨道上的第 3 段素材、第 4 段素材和 V2 轨道上的两段素材添加交叉溶解效果，如图 3-53 所示。

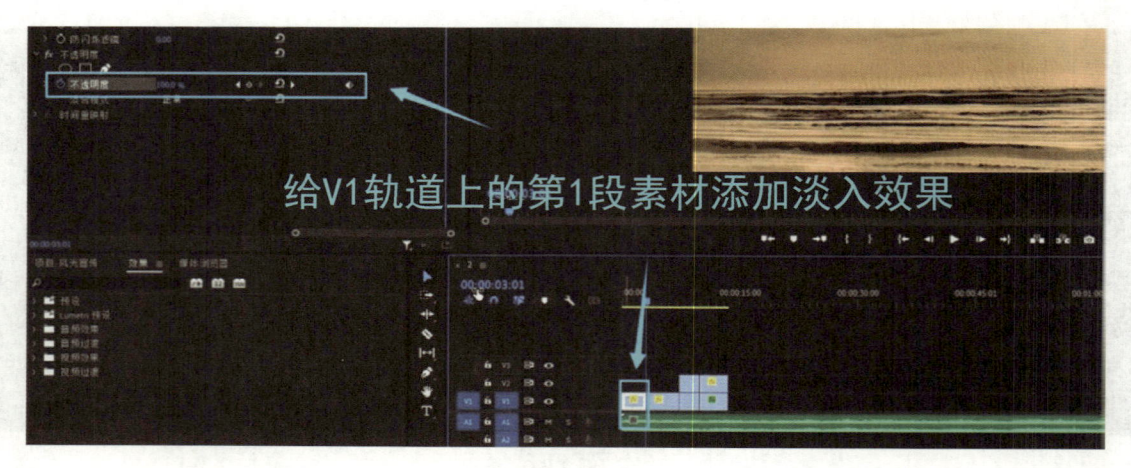

图 3-52

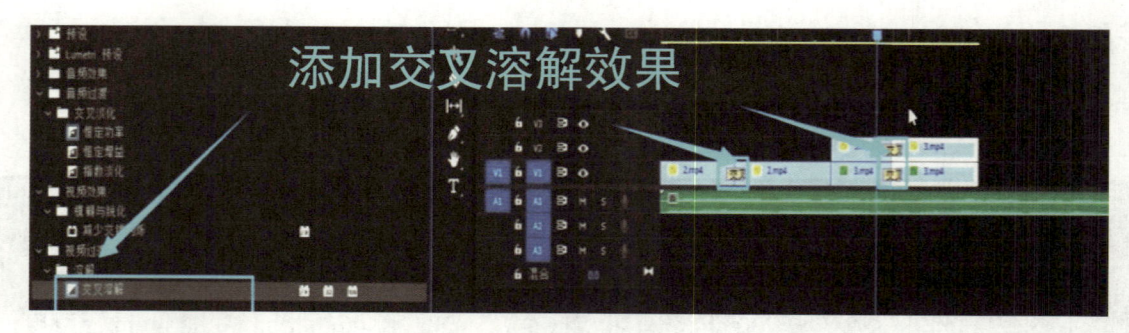

图 3-53

步骤 7

将鼠标指针移动到音频轨道上的空白处，按住 Alt 键的同时滚动鼠标滚轮，放大音频波形图，找到适合结束音频的位置，切割并删除多余音频。在"效果控件"窗口中用级别属性的关键帧给音频的末尾部分制作淡出效果，如图 3-54 所示。

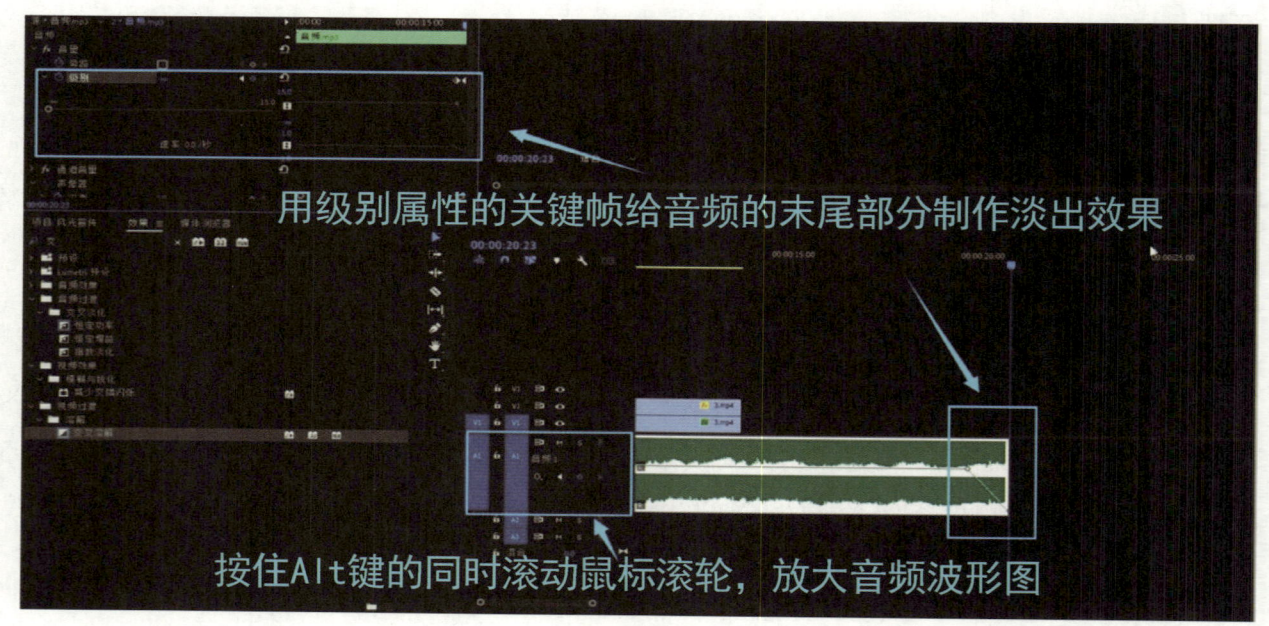

图 3-54

步骤 8

框选视频轨道上的所有素材进行嵌套，如图 3-55 所示。选择嵌套序列并右击，在弹出的快捷菜单中选择"速度/持续时间"命令，如图 3-56 所示。在弹出的如图 3-57 所示的"剪辑速度/持续时间"对话框中设置持续时间，使其与轨道画面的持续时间一致，单击"确定"按钮。

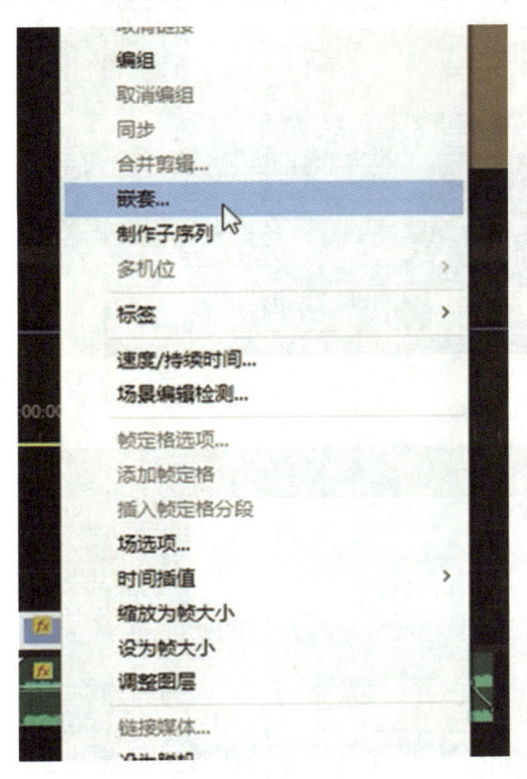

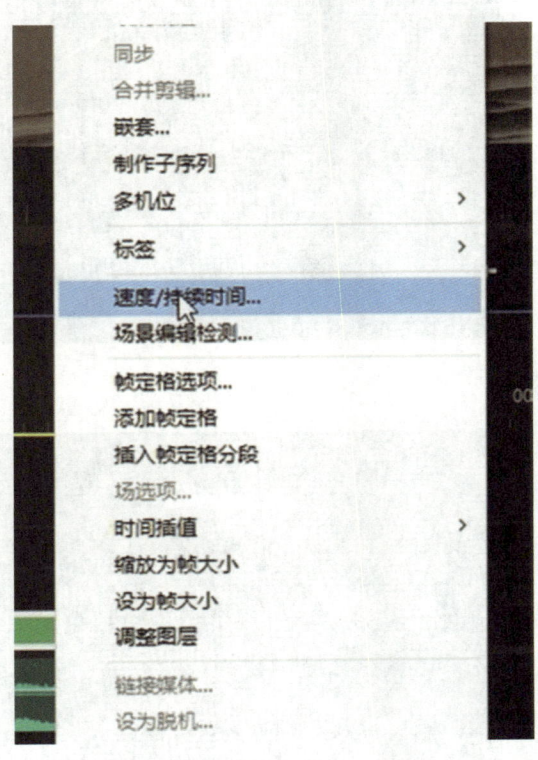

图 3-55

图 3-56

图 3-57

步骤 9

给视频的末尾部分制作淡出效果，如图 3-58 所示。双击嵌套序列进入嵌套序列，选择第

1段素材，在"效果"窗口中搜索稳定变形器效果，将其添加给第 1 段素材；同理，给第 2 段素材添加稳定变形器效果，如图 3-59 所示。

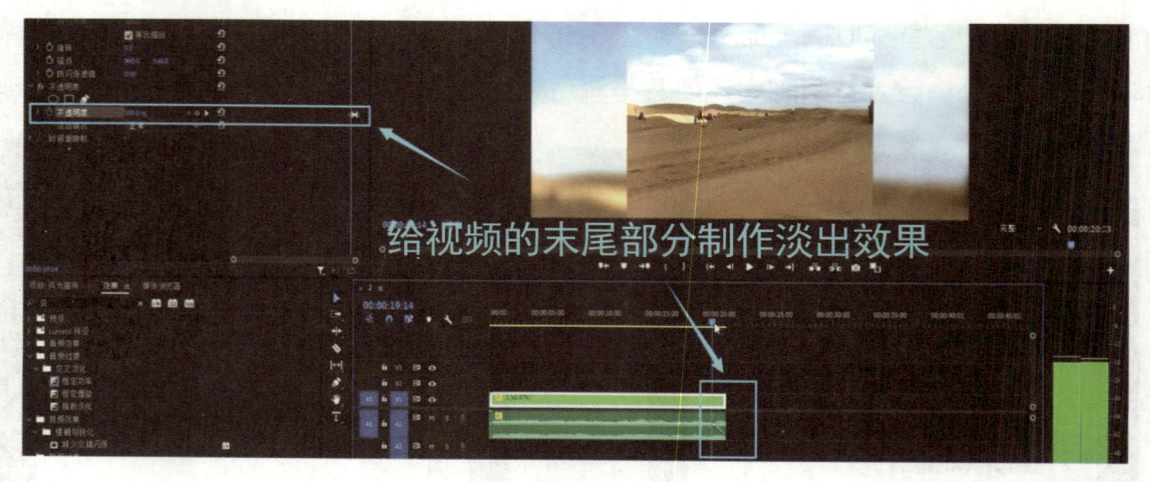

图 3-58

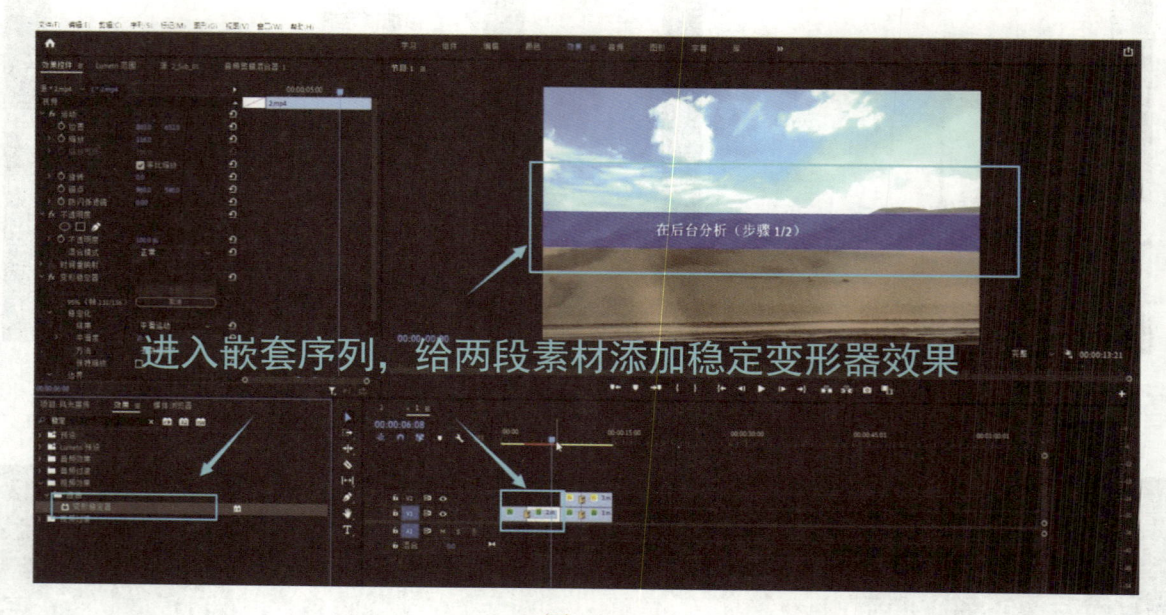

图 3-59

▶▶讨论与交流

在"剪辑速度/持续时间"对话框中，当速度的百分值大于 100%时，速度会发生什么样的变化？

模块 4　视频效果 1

本模块以实例的形式综合展示，将 Premiere Pro 的操作重点集合在常用的实例中。读者通过学习，可以对 Premiere Pro 的相关操作有一个全面的了解，从而进一步提升创作水平。

项目培养目标

- 熟练掌握视频效果的使用方法
- 熟练使用"效果"窗口中的效果参数
- 掌握"效果控件"窗口中属性的参数设置方法

项目任务解读

本模块将通过以下任务整合知识点。

- 马赛克效果——包含"效果"窗口的使用、"效果控件"窗口的使用、蒙版的使用等知识点
- 变形稳定器效果——包含素材的选取、变形稳定器效果的相关参数设置等知识点
- 边角定位效果——包含边角定位效果控制点的调整、边角定位效果的相关参数设置等知识点
- 方向模糊效果——包含方向模糊效果的相关参数设置等知识点
- 旋转扭曲效果——添加关键帧的应用、旋转扭曲效果的相关参数设置等知识点
- 球面化效果——包含球面化效果的相关参数设置、球面化效果与其他特效结合使用等知识点
- 浮雕效果——包含浮雕效果的相关参数设置等知识点
- 查找边缘效果——包含查找边缘效果的相关参数设置等知识点

任务 1　马赛克效果

▶▶ **任务重点**

1. 掌握调整马赛克水平块属性的参数和垂直块属性的参数的方法。
2. 掌握蒙版的使用方法。

▶▶ **任务设计效果**

本实例操作中的效果如图 4-1 所示。

图 4-1

▶▶ **任务实施**

步骤 1

导入素材，将素材拖动到时间线面板中的相应轨道上，如图 4-2 所示。

步骤 2

选择轨道上的素材"人物视频"，在"效果"窗口中选择如图 4-3 所示的"视频效果"文件夹下"风格化"文件夹中的马赛克效果，并将其拖动到视频轨道上。

图 4-2

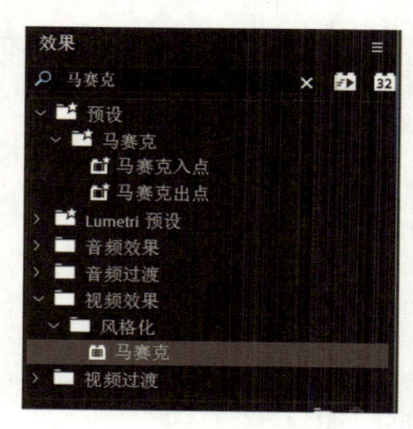

图 4-3

步骤 3

在"效果控件"窗口中单击"马赛克",调整水平块属性的参数、垂直块属性的参数,使用椭圆形蒙版给人物面部打马赛克,如图 4-4 所示。

图 4-4

步骤 4

在"效果控件"窗口中,单击马赛克属性中的"钢笔工具"按钮创建蒙版,绘制蒙版区域,并调整蒙版扩展属性的参数和蒙版羽化属性的参数,以实现所需的效果,如图 4-5 所示。

图 4-5

步骤 5

在"效果控件"窗口中根据需要单击蒙版路径属性右侧的跟踪按钮，这里单击"向前跟踪所选蒙版"按钮，系统自动跟踪物体，并更新马赛克效果覆盖的位置，如图 4-6 所示。

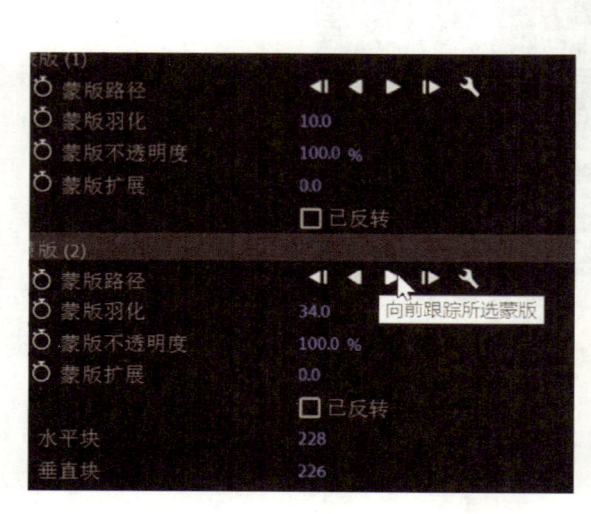

图 4-6

步骤 6

至此，实现马赛克效果，如图 4-7 所示。

图 4-7

▶▶ 讨论与交流

1. 如何改变马赛克效果的形状和大小？
2. 当马赛克效果的跟踪应用不能准确覆盖目标区域时应该怎样处理？

任务 2　变形稳定器效果

▶▶ **任务重点**

1. 学会选取素材，要选取有一定稳定性的素材，而不是过度抖动或无法修复的素材。
2. 能够对变形稳定器效果的相关参数进行设置。

▶▶ **任务设计效果**

本实例操作中的效果如图 4-8 所示。

图 4-8

▶▶ **任务实施**

步骤 1

导入素材，并将其拖动到时间线面板中的相应轨道上，如图 4-9 所示。

图 4-9

步骤 2

选择 V1 轨道上的素材，按住 Alt 键的同时，拖动 V1 轨道上的素材到 V2 轨道上，即可实现素材的复制，如图 4-10 所示。

数字影音编辑与合成（Premiere Pro 2022）

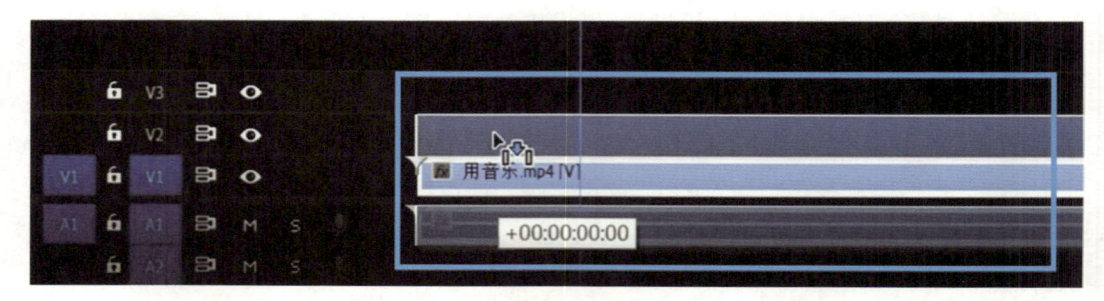

图 4-10

步骤 3

在"效果"窗口中选择"视频效果"文件夹下"扭曲"文件夹中的变形稳定器效果，将变形稳定器效果拖动到 V2 轨道的素材上，同时关闭 V1 轨道上的切换视频输出功能，如图 4-11 所示。

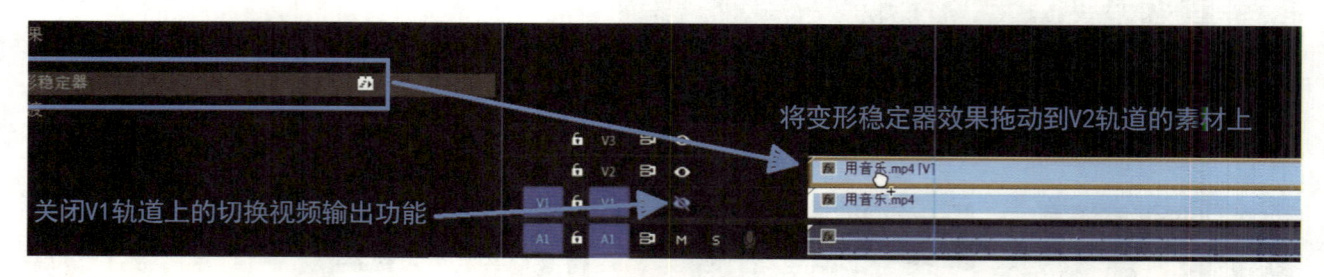

图 4-11

步骤 4

添加变形稳定器效果后，后台会立即开始分析视频，项目面板中会显示分析进度，如图 4-12 所示。

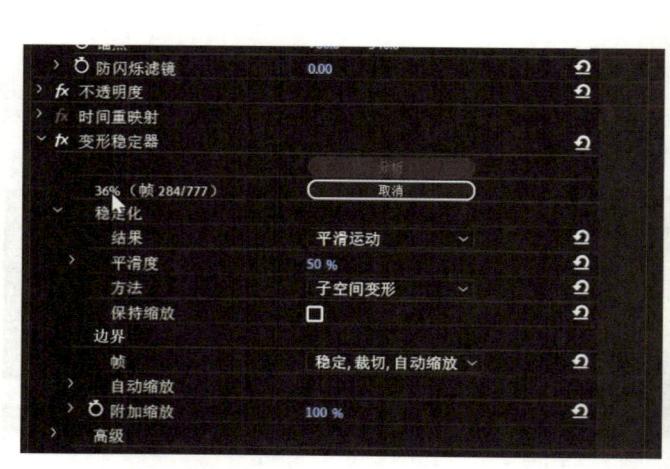

图 4-12

步骤 5

在"效果控件"窗口中，调整变形稳定器效果的参数，以提高稳定性，如图 4-13 所示。

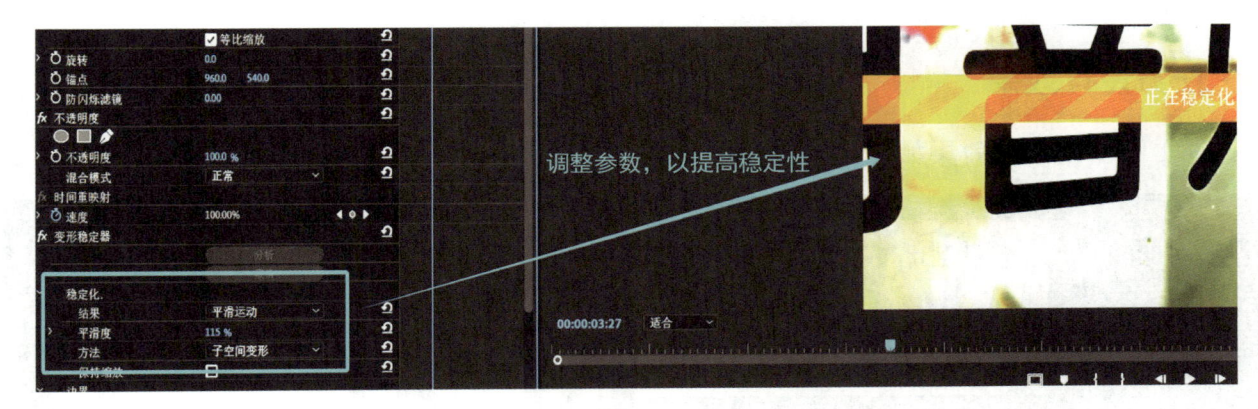

图 4-13

步骤 6

观看添加了变形稳定器效果的视频,将其和原视频进行比较,查看最终效果,如图 4-14 所示。

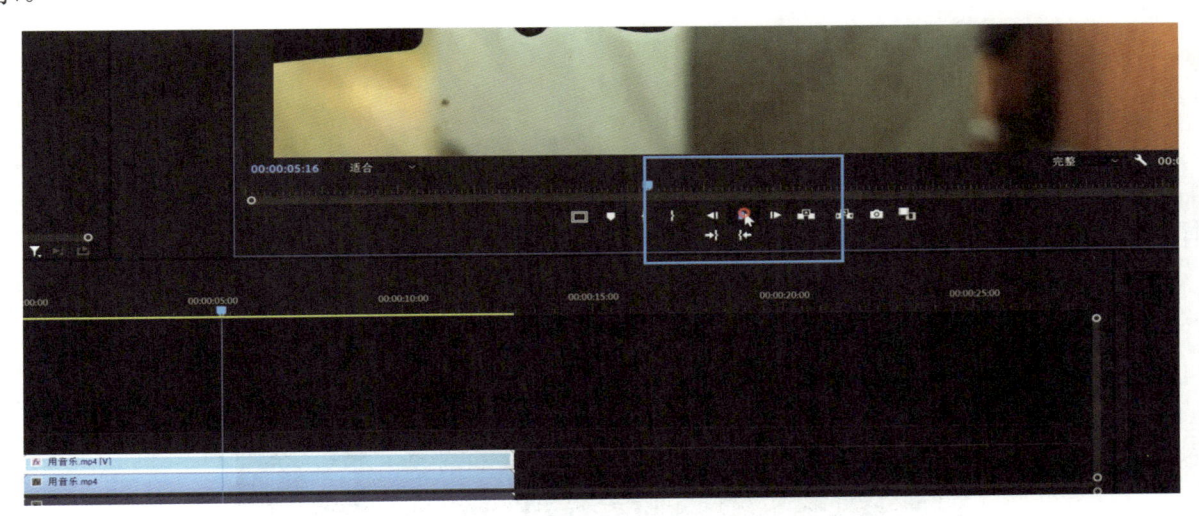

图 4-14

▶讨论与交流

1. Premiere Pro 中较长的视频使用变形稳定器效果分析和处理的时间较长,有什么优化技巧呢?

2. 如何通过拍摄技巧来减少对后期变形稳定器效果的依赖,同时保证画面质量?

任务 3 边角定位效果

▶任务重点

1. 能够根据实际需要调整边角定位效果的控制点。
2. 熟悉边角定位效果的相关参数设置。

▶▶ 任务设计效果

本实例操作中的效果如图4-15所示。

图4-15

▶▶ 任务实施

步骤1

导入素材，将项目面板中的"电脑"素材和"人物视频"素材分别拖动到V1轨道、V2轨道上，如图4-16所示。

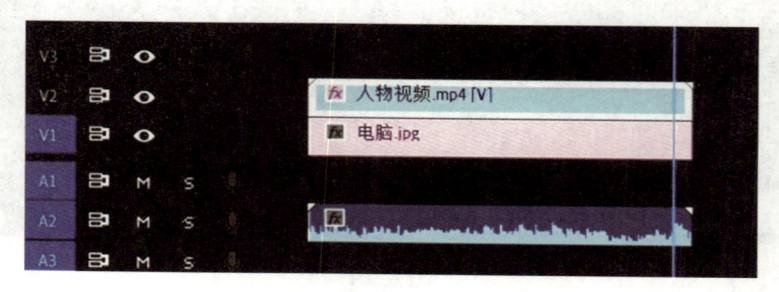

图4-16

步骤2

先选择V2轨道上的"人物视频"素材，然后在"效果"窗口中选择"视频效果"文件夹下"扭曲"文件夹中的边角定位效果，将边角定位效果拖动到"人物视频"素材上，如图4-17所示。

图4-17

步骤3

在"效果控件"窗口中，单击"边角定位"，调整相关参数（左上、右上、左下、右下），如图 4-18 所示。也可以通过拖动 4 个控制点的位置，将素材放到合适的位置。

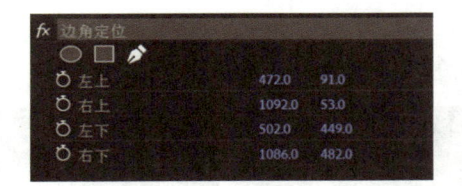

图 4-18

步骤 4

调整好 4 个控制点的位置后，浏览其效果，如图 4-19 所示。

图 4-19

▶ 讨论与交流

1. 在进行边角定位时，怎样避免画面内容被裁剪或画面变形，以保持画面的完整性和美感？

2. 如何结合其他特效（模糊、调色等）与边角定位效果，创造出独特的视觉效果？

任务 4　方向模糊效果

▶ 任务重点

1. 明确使用方向模糊效果的目的。
2. 熟练掌握方向模糊效果的相关参数设置。

89

任务设计效果

本实例操作中的效果如图 4-20 所示。

图 4-20

任务实施

步骤 1

导入素材，将其拖动到时间线面板中的相应轨道上，如图 4-21 所示。

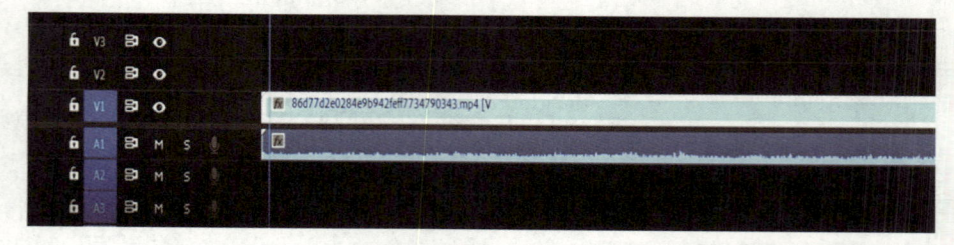

图 4-21

步骤 2

在"效果"窗口中选择"视频效果"文件夹下"模糊与锐化"文件夹中的方向模糊效果。选择需要添加效果的素材，将方向模糊效果拖动到该素材上，如图 4-22 所示。

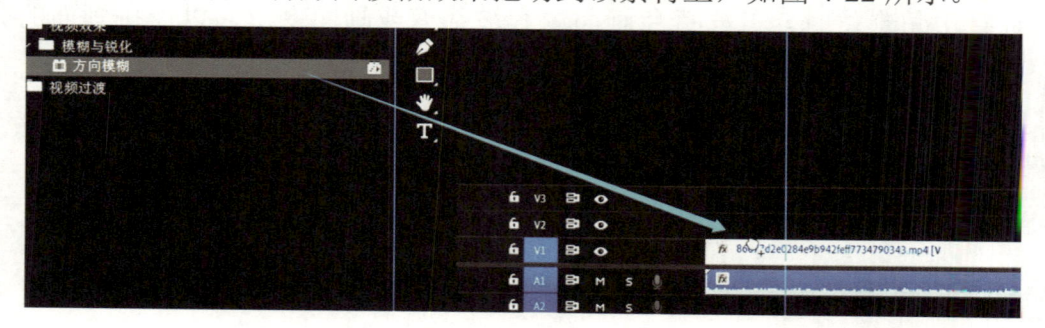

图 4-22

步骤 3

在"效果控件"窗口中，对方向属性的参数、模糊长度属性的参数进行修改，如图 4-23

所示。其中，方向属性的参数以角度为单位，可以设置在哪个方向上进行模糊；模糊长度属性用于控制模糊程度，其参数越大，模糊效果越明显。

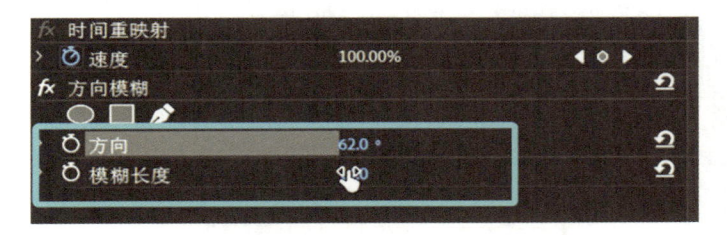

图 4-23

步骤 4

在"效果控件"窗口中单击方向模糊属性中的"创建椭圆形蒙版"按钮，给素材绘制椭圆形蒙版，并将椭圆形蒙版拖动到合适的大小，如图 4-24 所示。

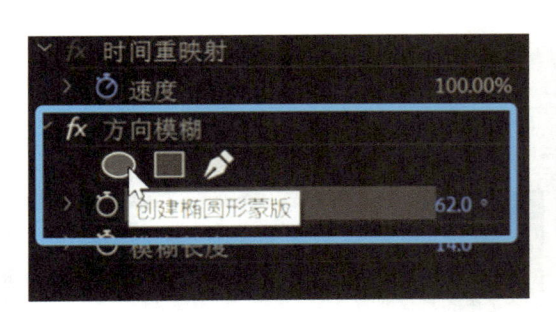

图 4-24

步骤 5

在"效果控件"窗口中单击"方向模糊"，勾选"已反转"复选框，"已反转"复选框用于使模糊方向与原来的设置相反。同时，设置蒙版羽化属性的参数为 79.0。此时，查看最终效果，如图 4-25 所示。

图 4-25

▶▶ 讨论与交流

1. 如何根据不同的视频场景准确选择方向模糊效果的方向和角度，以实现最佳视觉效果？
2. 怎样平衡方向模糊效果的强度，避免因过度模糊而导致主体不突出或画面失真？
3. 在处理运动镜头时，怎样运用方向模糊效果增强运动感和速度感？

任务 5　旋转扭曲效果

▶▶ 任务重点

1. 熟练掌握添加关键帧的应用。
2. 熟悉旋转扭曲效果的相关参数设置。

▶▶ 任务设计效果

本实例操作中的效果如图 4-26 所示。

图 4-26

▶▶ 任务实施

步骤 1

导入素材，将其拖动到时间线面板中的相应轨道上。如图 4-27 所示。

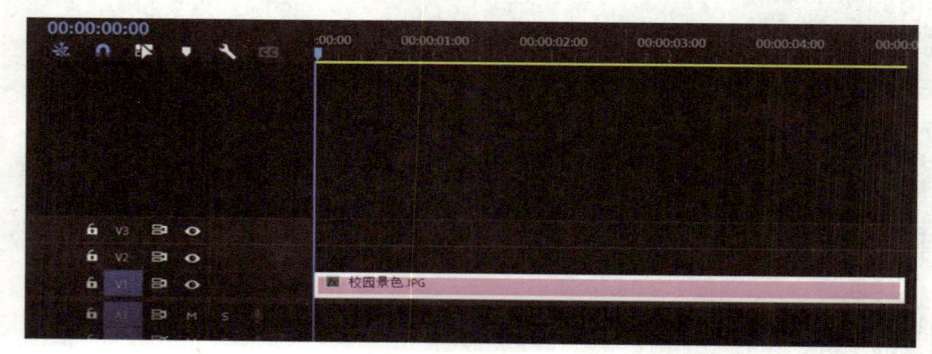

图 4-27

步骤 2

在"效果"窗口中选择"视频效果"文件夹下"扭曲"文件夹中的旋转扭曲效果,并将其拖动到相应素材上,如图 4-28 所示。

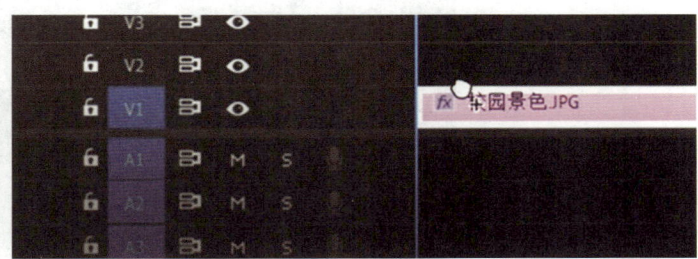

图 4-28

步骤 3

在"效果控件"窗口中可以调整旋转扭曲效果的参数,如"角度"用于设置素材旋转的角度,"旋转扭曲半径"用于控制素材旋转的半径,"旋转扭曲中心"用于控制素材旋转的中心点的坐标。设置参数,观察画面效果,如图 4-29 所示。

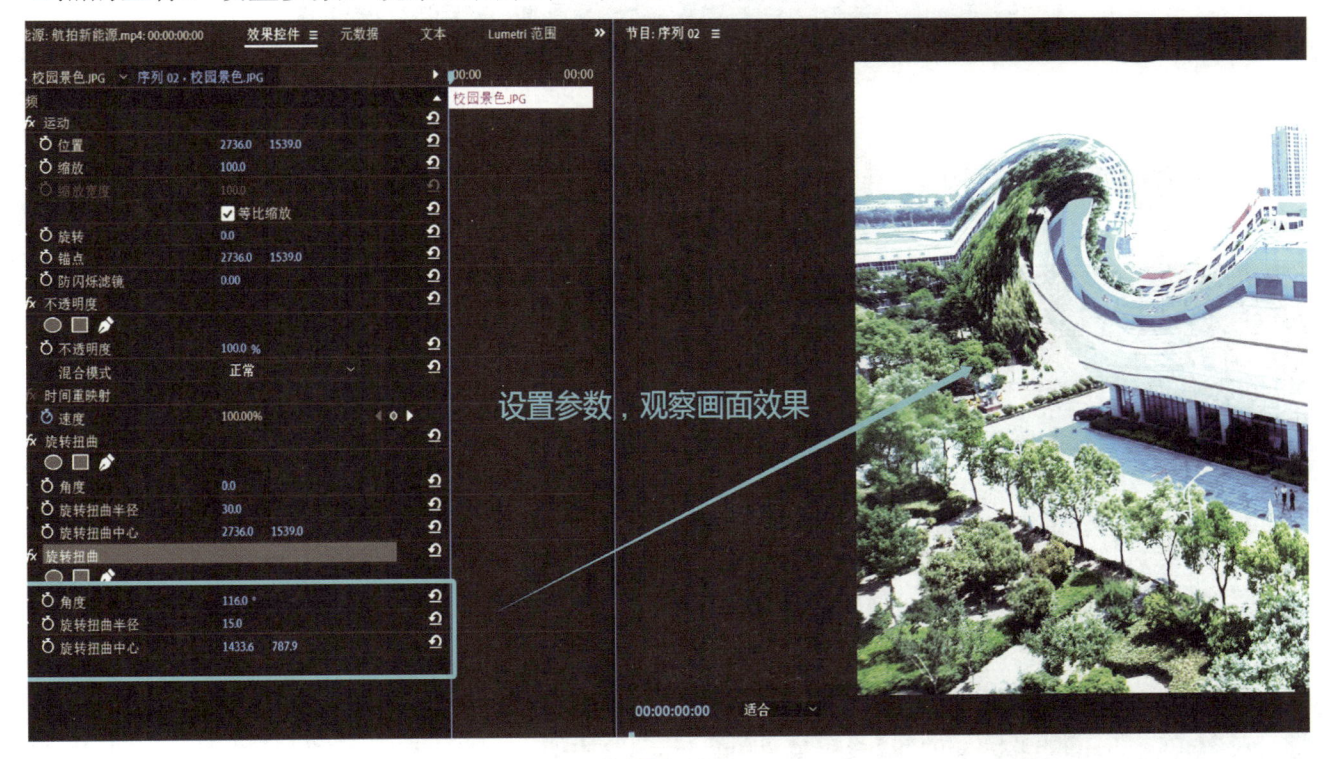

图 4-29

步骤 4

要让旋转扭曲效果更加生动,可以在"效果控件"窗口中添加关键帧。为旋转扭曲中心添加关键帧,以控制旋转扭曲效果的变化过程,如图 4-30 所示。

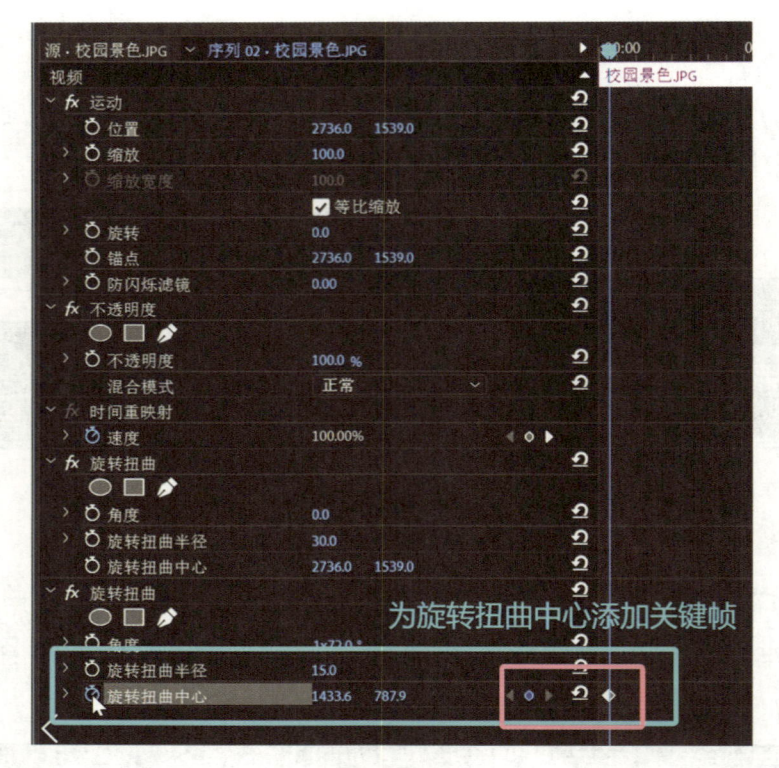

图 4-30

步骤 5

添加完旋转扭曲效果和关键帧后，可以预览效果。如果不满意，那么可以继续调整参数，如图 4-31 所示。

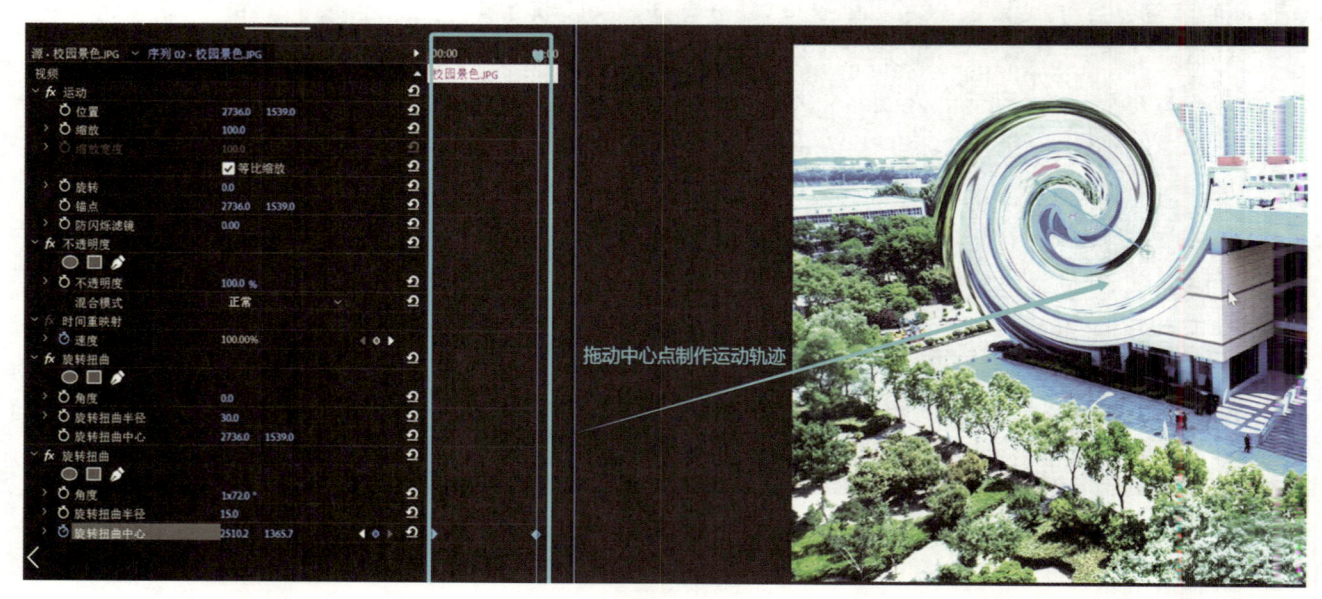

图 4-31

步骤 6

调整好效果后，选择"文件"→"导出"→"媒体"命令，导出视频文件。最终效果如图 4-32 所示。

图 4-32

▶▶ 讨论与交流

1. 在制作旋转扭曲效果时如何保证画面的流畅性？
2. 如何让旋转扭曲效果与视频的整体风格相匹配？

任务 6　球面化效果

▶▶ 任务重点

1. 掌握球面化效果的关键参数，能够控制球面化的程度和范围。
2. 能够将球面化效果与其他特效结合使用。

▶▶ 任务设计效果

本实例操作中的效果如图 4-33 所示。

图 4-33

任务实施

步骤 1

导入素材，将项目面板中的素材拖动到时间线面板中的相应轨道上，如图 4-34 所示。

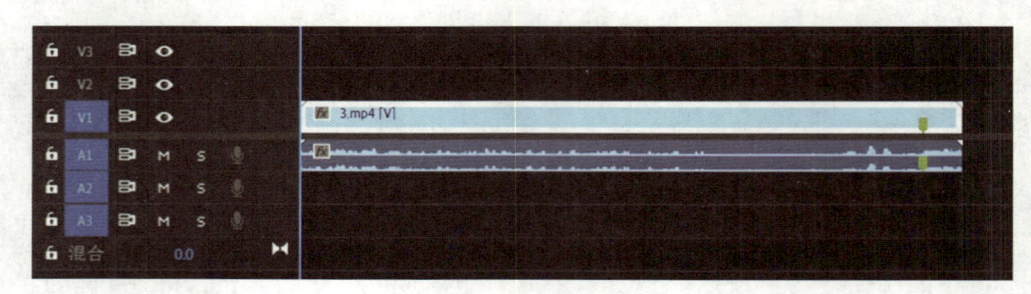

图 4-34

步骤 2

选择素材，单击工具面板中的"剃刀工具"按钮，截取用于制作效果的视频片段，如图 4-35 所示。

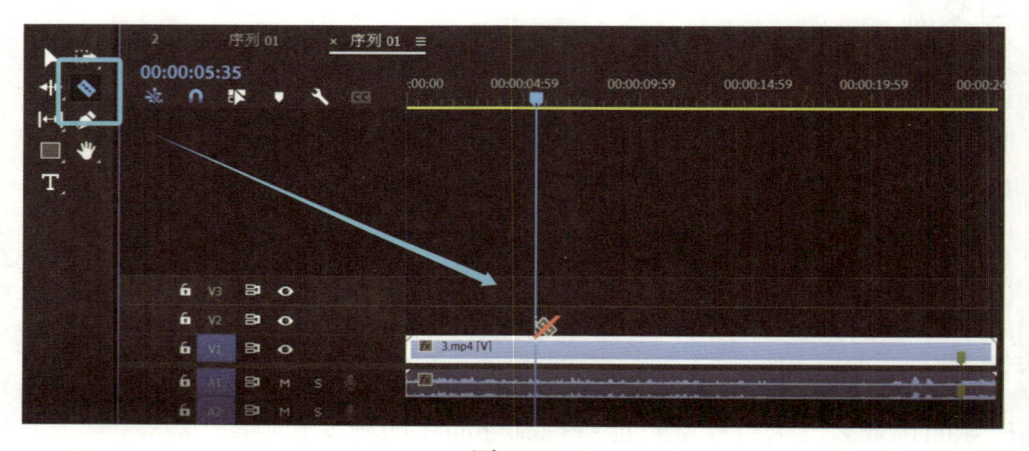

图 4-35

步骤 3

在"效果"窗口中选择"视频效果"文件夹下"扭曲"文件夹中的球面化效果，将球面化效果拖动到相应轨道的视频片段上，如图 4-36 所示。

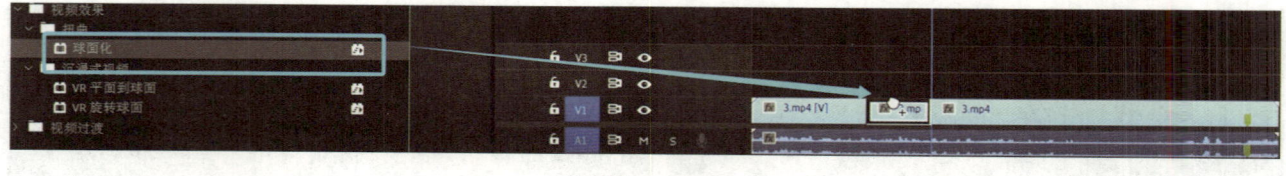

图 4-36

步骤 4

在"效果控件"窗口中单击"球面化"，通过设置球面中心属性的参数来确定变形球体中心点的坐标，同时对半径属性的参数进行相应的设置，如图 4-37 所示。

图 4-37

步骤 5

先选择素材，然后在"效果"窗口中选择"球面化"文件夹中的半径效果，并激活关键帧。先在"效果控件"窗口中设置半径属性的参数为 0.0，然后将滑块后移几帧，设置半径属性的参数为 154.0，如图 4-38 所示。

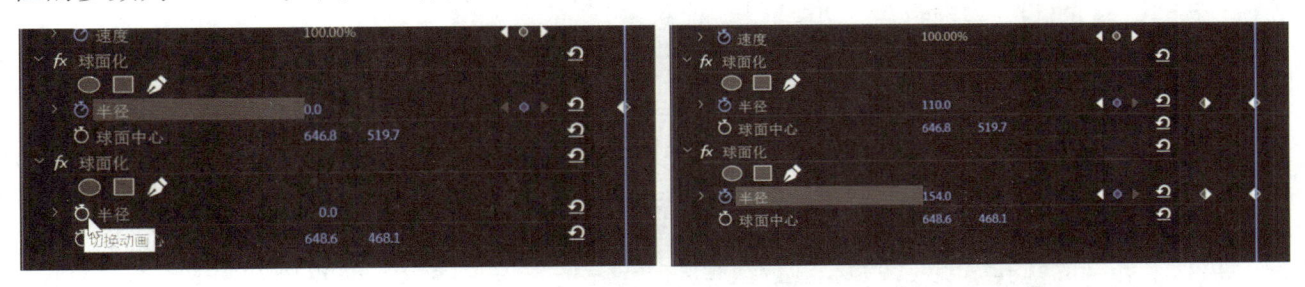

图 4-38

最终效果如图 4-39 所示。

图 4-39

▶ 讨论与交流

1. 球面化效果最适合应用在何种类型的视频中？
2. 如何调整球面化效果的参数以达到理想的视觉效果？

任务 7　浮雕效果

▶ 任务重点

1. 能够适当提高素材的对比度，以突出明暗差异，使浮雕效果的层次感更明显。
2. 熟练掌握浮雕效果的参数，如方向、起伏等。

▶ 任务设计效果

本实例操作中的效果如图 4-40 所示。

图 4-40

▶ 任务实施

步骤 1

导入素材，将项目面板中的素材拖动到时间线面板中的相应轨道上，如图 4-41 所示。

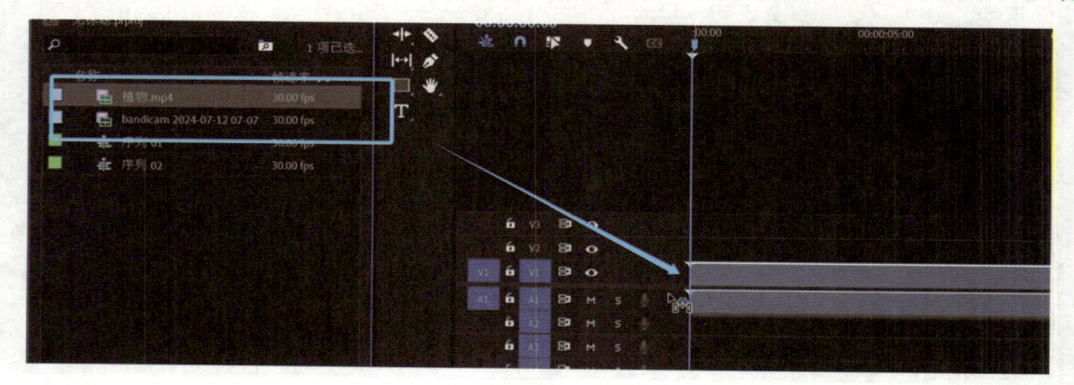

图 4-41

步骤 2

在"效果"窗口中选择"视频效果"文件夹下"图像控制"文件夹中的黑白效果，将黑白效果拖动到相应轨道的素材上，如图 4-42 所示。

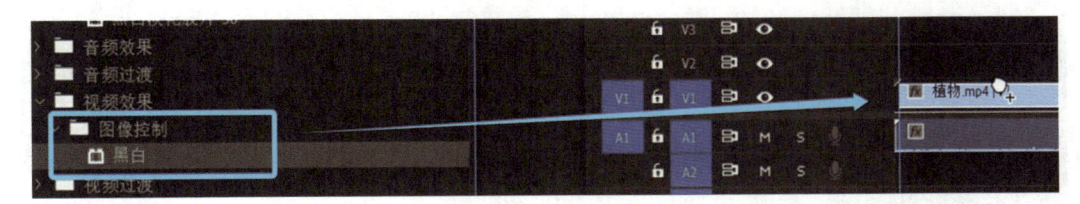

图 4-42

步骤 3

在"效果"窗口中选择"视频效果"文件夹下"过时"文件夹中的浮雕效果，将浮雕效果拖动到相应轨道的素材上，如图 4-43 所示。

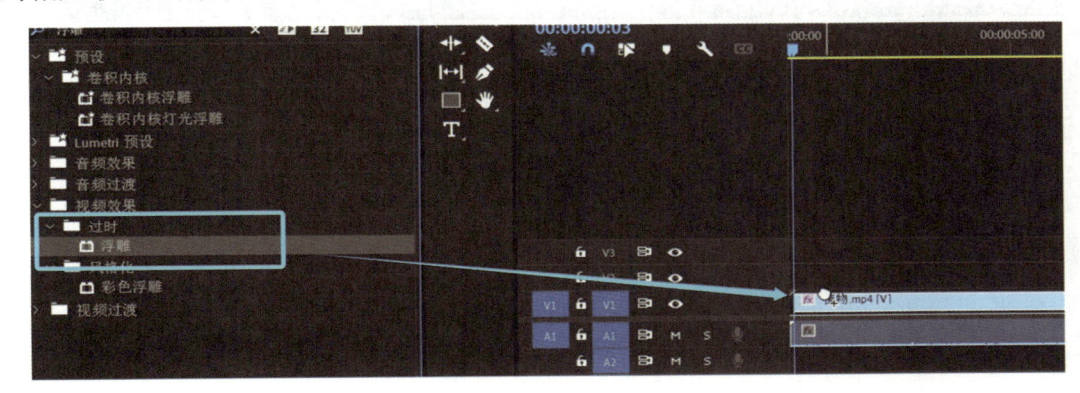

图 4-43

步骤 4

在"效果控件"窗口中单击"浮雕"，对浮雕效果的相关参数进行调整，如图 4-44 所示。其中，"方向"用于决定浮雕效果的光影方向；"起伏"用于控制浮雕效果的凸起程度，其参数越大，浮雕效果越明显；"对比度"用于调整浮雕效果的明暗对比程度，增加对比度会使浮雕效果更清晰和突出。

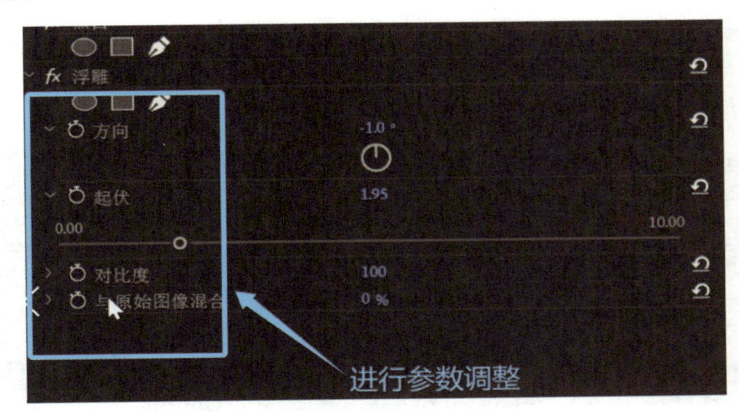

图 4-44

步骤 5

调整完成后,输出最终的视频效果,如图 4-45 所示。

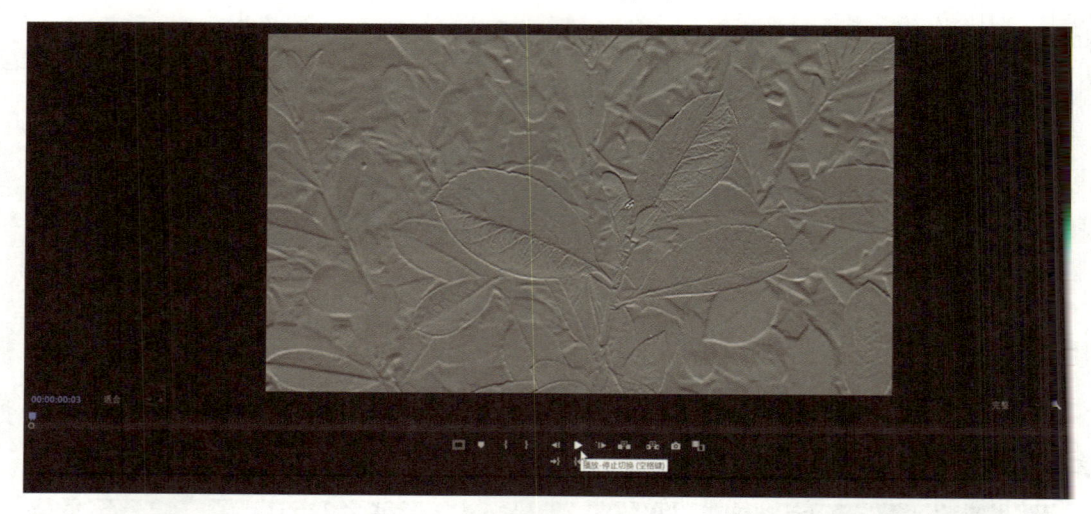

图 4-45

▶▶ 讨论与交流

1. 如何根据不同的素材类型选择合适的浮雕效果的参数?
2. 浮雕效果在营造特定风格的视频中起到了怎样的作用?
3. 怎样平衡浮雕效果的强度,以避免画面过于夸张或不自然?

任务 8　查找边缘效果

▶▶ 任务重点

1. 理解查找边缘效果的概念,能够选择合适的素材。
2. 熟练掌握查找边缘效果的相关参数设置。

▶▶ 任务设计效果

本实例操作中的效果如图 4-46 所示。

图 4-46

任务实施

步骤 1

导入素材，将项目面板中的素材拖动到时间线面板中的相应轨道上，如图 4-47 所示。

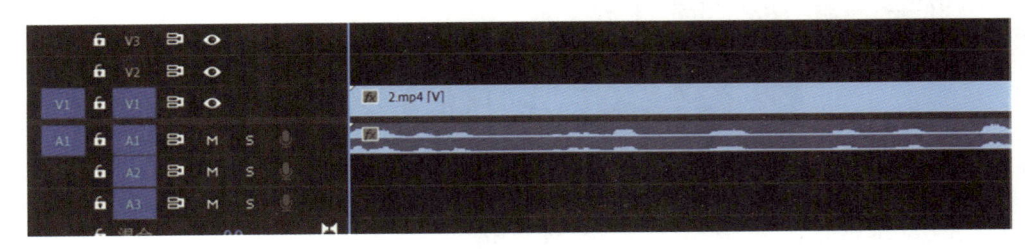

图 4-47

步骤 2

先选择素材，然后在工具面板中单击"剃刀工具"按钮，截取用于制作查找边缘效果的视频片段，如图 4-48 所示。

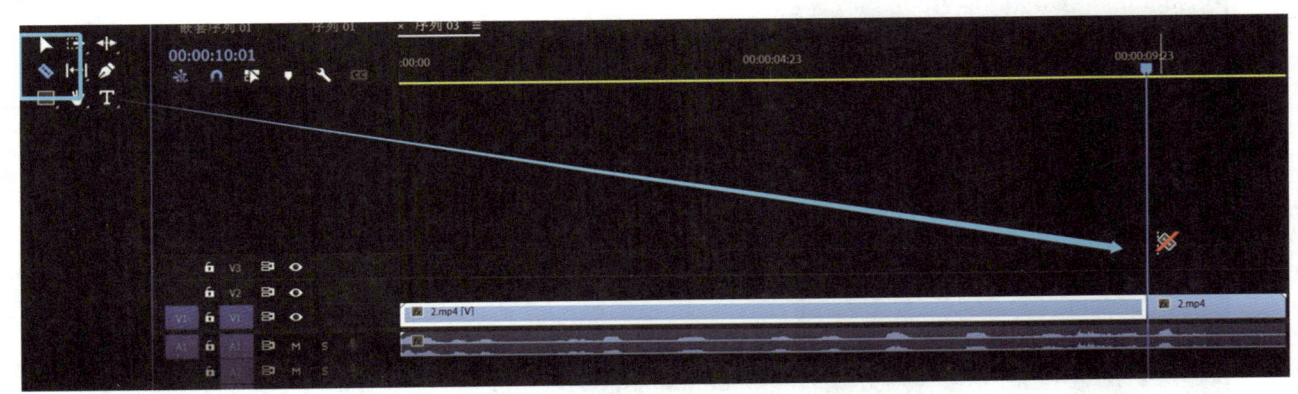

图 4-48

步骤 3

在"效果"窗口中选择"视频效果"文件夹下"风格化"文件夹中的查找边缘效果，并将查找边缘效果拖动到相应轨道的素材上，如图 4-49 所示。

图 4-49

步骤 4

选择用于制作查找边缘效果的视频片段，根据需要确定是否勾选"效果控件"窗口中的"反转"复选框（这里不勾选此复选框），同时对与原图像混合属性的参数进行适当调整（参数越大，与原图越接近），如图 4-50 所示。

图 4-50

步骤 5

调整完成后，输出最终的视频效果，如图 4-51 所示。

图 4-51

▶▶ 讨论与交流

1. 怎样让查找边缘效果在视频中保持稳定？
2. 在制作查找边缘效果时应注意哪些问题？

拓展任务 4　制作户外广告牌替换效果

▶▶ 任务重点

1. 了解并掌握"效果"窗口中各效果的特点。
2. 熟练掌握查找边缘效果及边角定位效果的参数。

任务设计效果

本实例操作中的效果如图 4-52 所示。

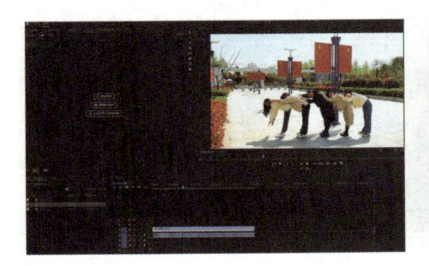

图 4-52

任务实施

步骤 1

在桌面上双击"Premiere Pro"图标，进入 Premiere Pro 欢迎界面，单击"新建项目"按钮，设置项目名、项目位置（见图 4-53），单击"创建"按钮。

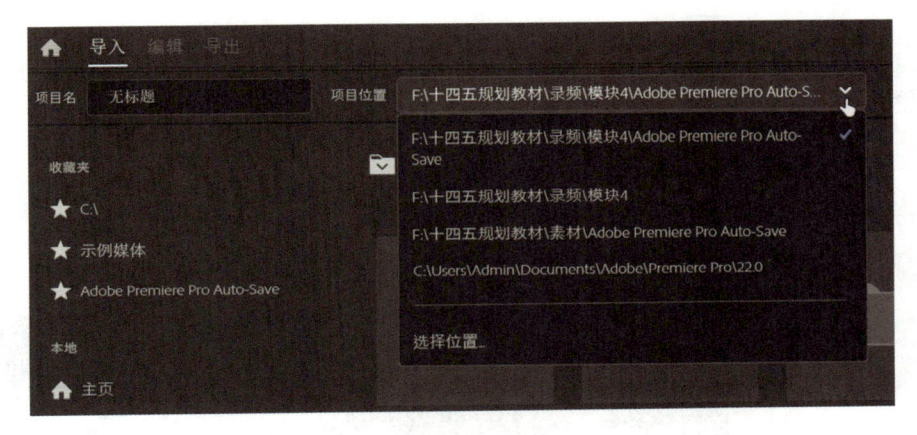

图 4-53

步骤 2

在项目面板中的空白处双击，在打开的"导入"对话框中选择所需的文件，单击"打开"按钮，即可将所需的素材导入，如图 4-54 所示。

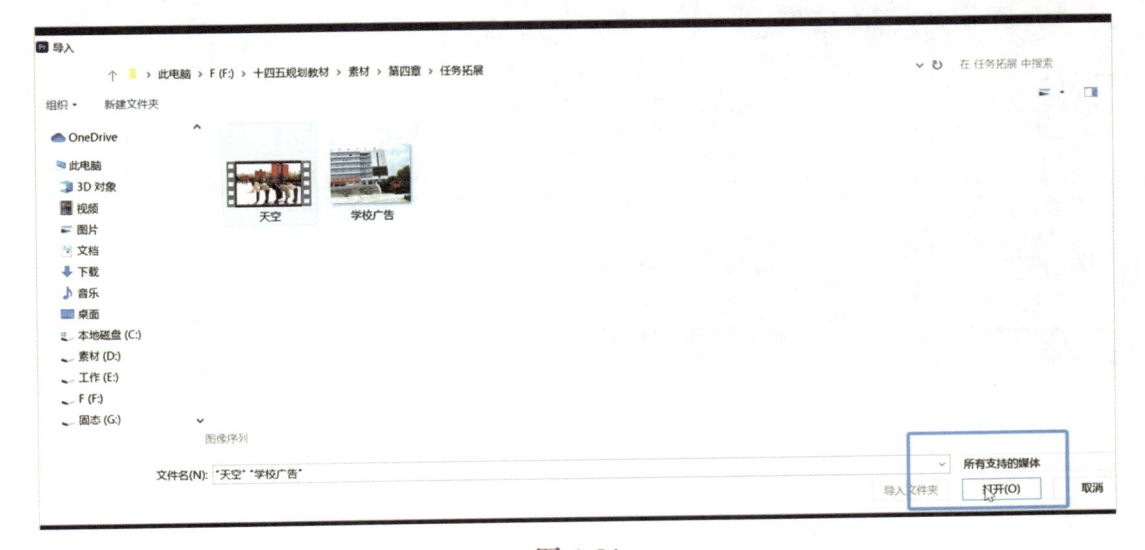

图 4-54

步骤3

将项目面板中的"天空"素材拖动到时间线面板中的 V1 轨道上，如图 4-55 所示。

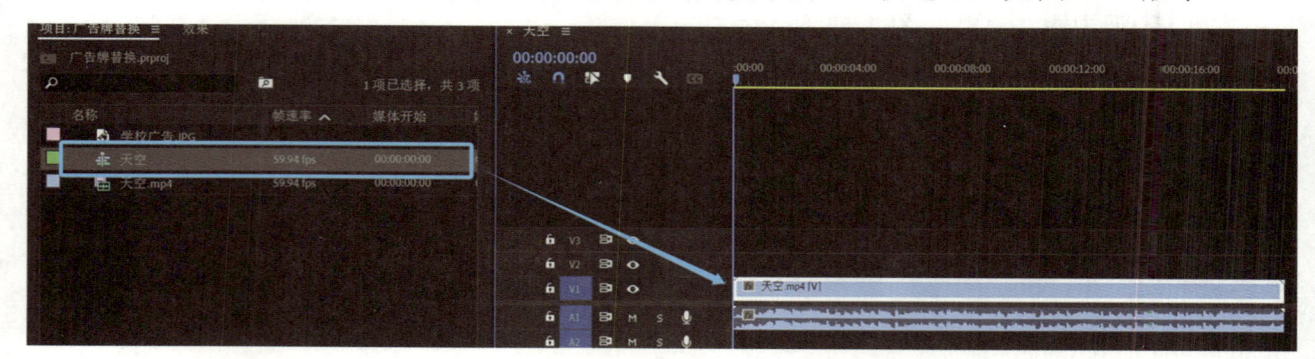

图 4-55

步骤4

单击工具面板中的"剃刀工具"按钮，截取视频片段。在"效果"窗口中选择"视频效果"文件夹下"风格化"文件夹中的查找边缘效果，将查找边缘效果拖动到相应轨道的素材上，同时在"效果"窗口中选择"视频过渡"文件夹下"溶解"文件夹中的交叉溶解效果，将交叉溶解效果拖动到两段素材的衔接处，如图 4-56 所示。这样可以使两段素材过渡流畅，减少卡顿的次数，让画面融合在一起。

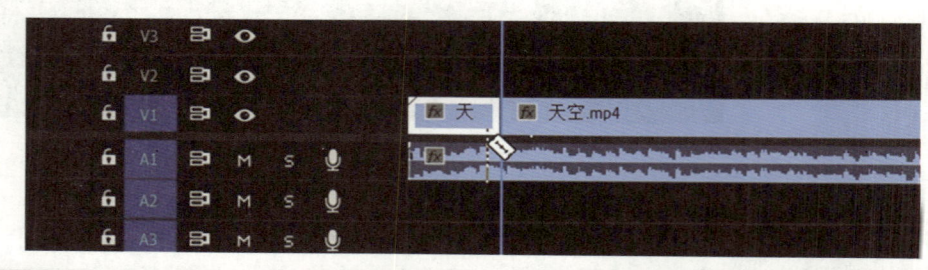

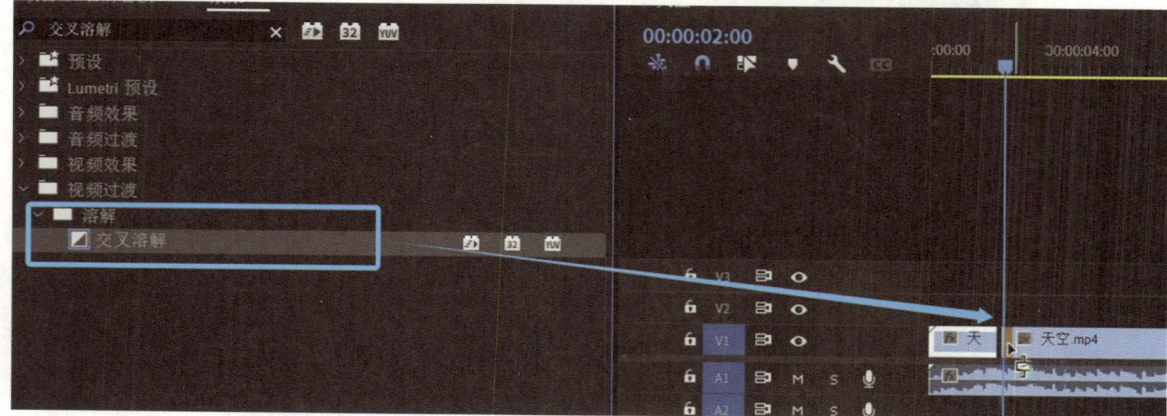

图 4-56

步骤5

在"效果控件"窗口中单击"查找边缘"，勾选"反转"复选框，并将与原始图像混合属性的参数设置为 30%，如图 4-57 所示。

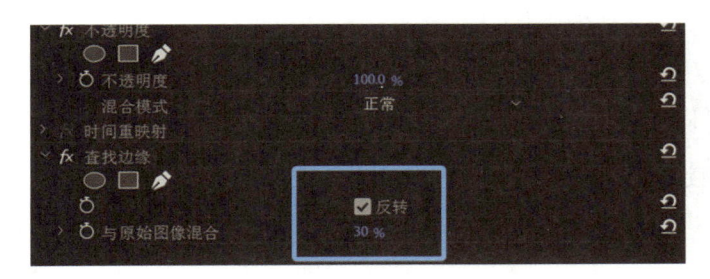

图 4-57

步骤 6

按住 Alt 键的同时，将第 2 段素材向上复制一层，依次添加查找边缘效果、变换效果和色彩效果，如图 4-58 所示。

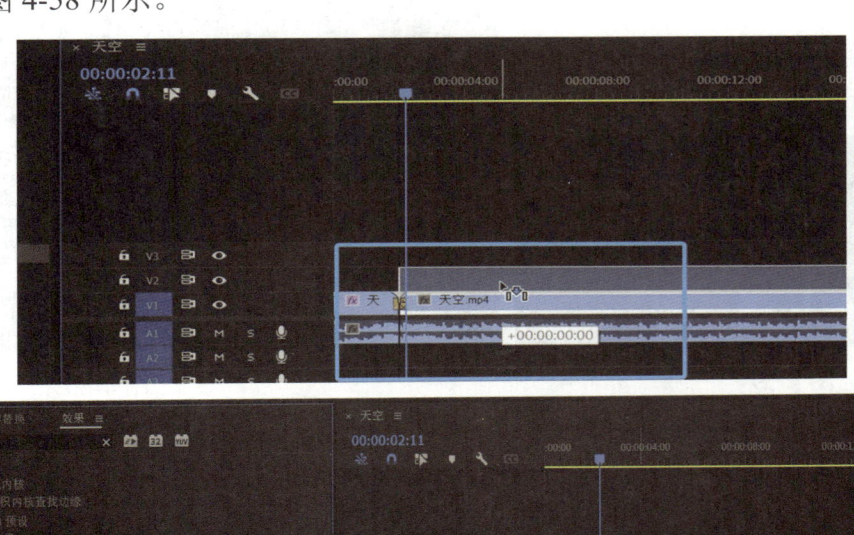

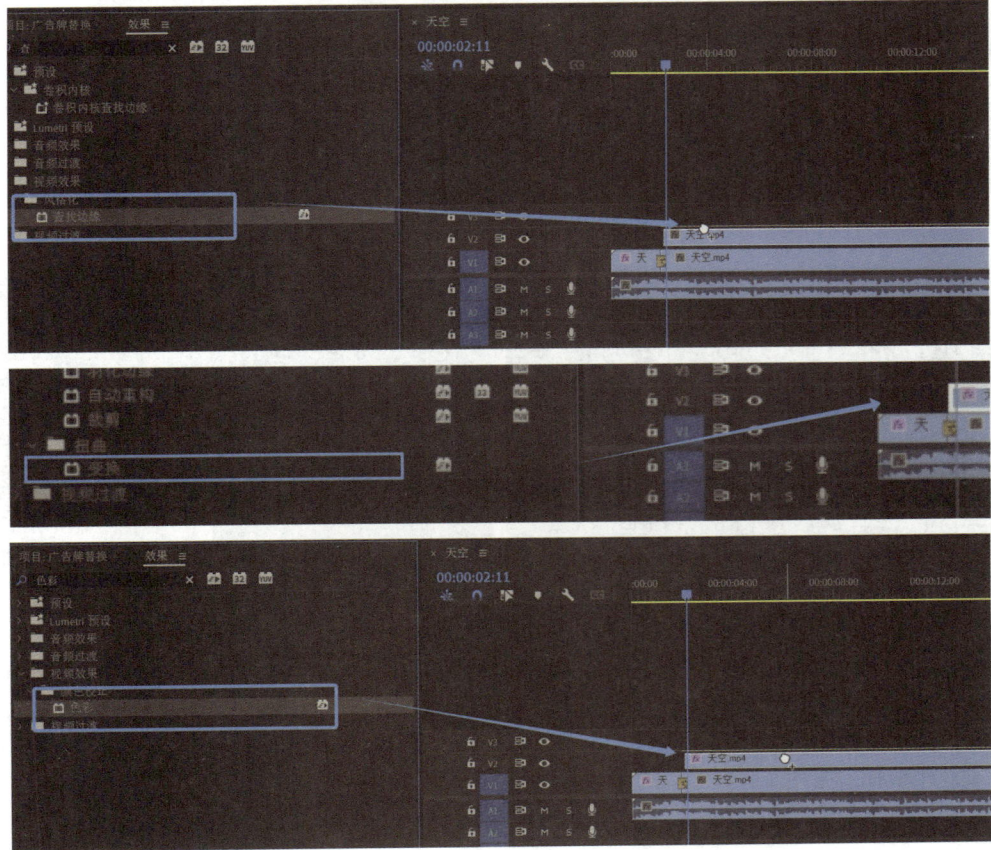

图 4-58

步骤 7

在"效果控件"窗口中单击"不透明度",将混合模式属性的参数改为"线性减淡(添加)";单击"查找边缘",勾选"反转"复选框,如图4-59所示。

步骤 8

选择V2轨道上的视频,将滑块移动到第2秒24帧的位置,在"效果控件"窗口中单击"变换",为缩放属性和不透明度属性各添加一个关键帧,并将不透明度属性的参数设置为0.0,如图4-60所示。

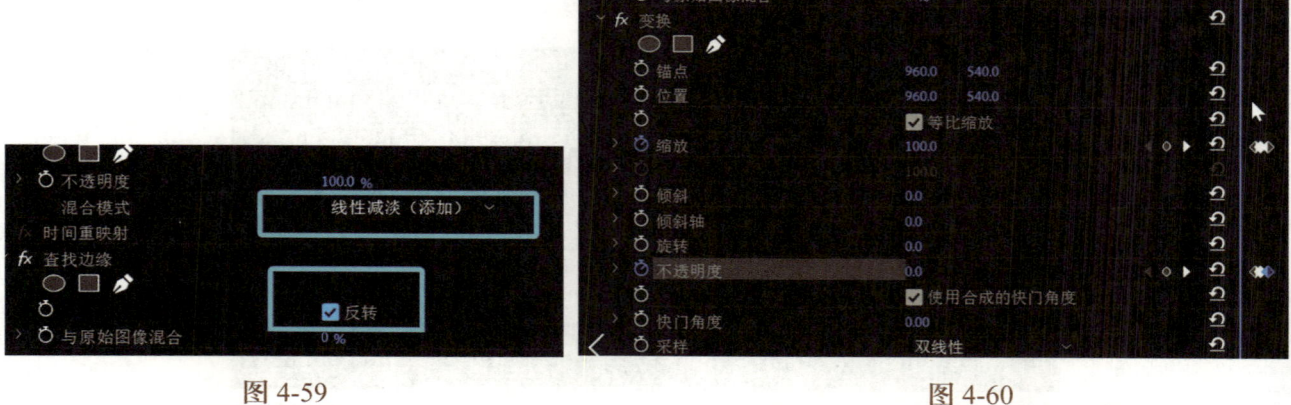

图 4-59

图 4-60

步骤 9

先向后移动滑块,在"效果控件"窗口中单击"变换",将缩放属性的参数调整为150.0,同时将不透明度属性的参数调整为100.0,然后继续向后移动滑块,将缩放属性的参数调整为100.0,同时将不透明度属性的参数调整为0.0,如图4-61所示。

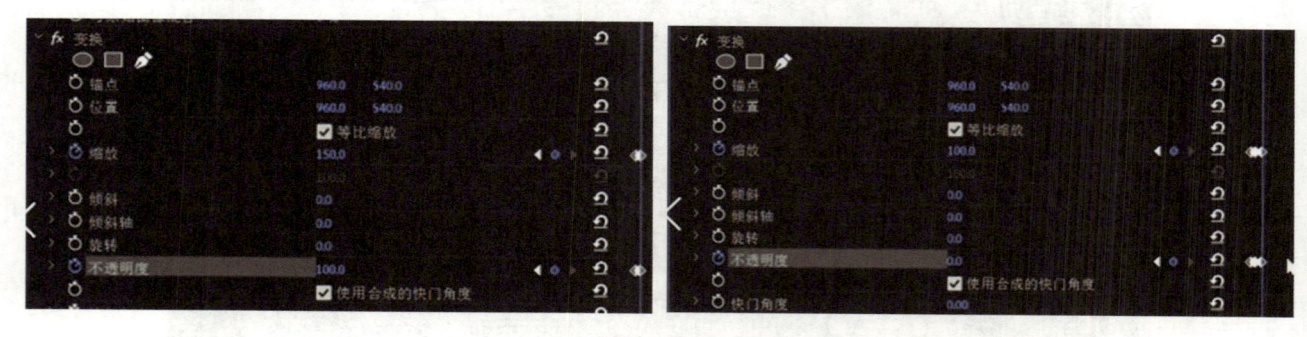

图 4-61

步骤 10

在"效果控件"窗口中单击"色彩",单击将白色映射到属性右侧的"吸管"按钮,进行颜色替换,如图4-62所示。

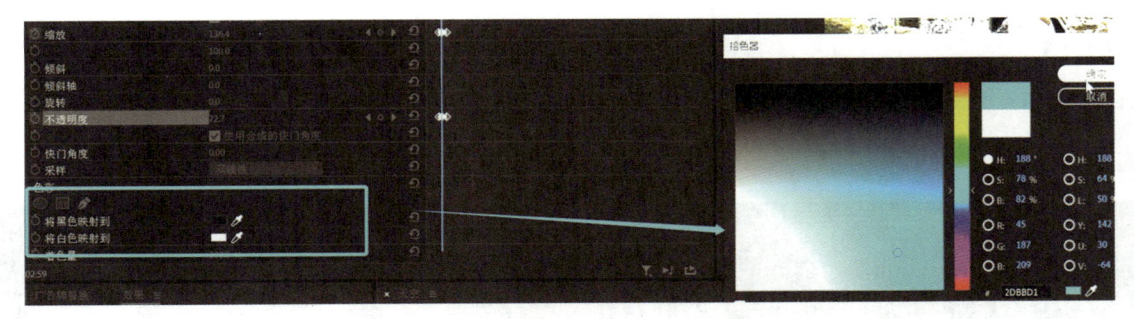

图 4-62

步骤 11

在时间线面板中选择所有关键帧，按快捷键 Ctrl+C 复制关键帧，向后移动滑块，选择视频中的动作节点，按快捷键 Ctrl+V 粘贴关键帧，可以多次进行复制与粘贴，如图 4-63 所示。

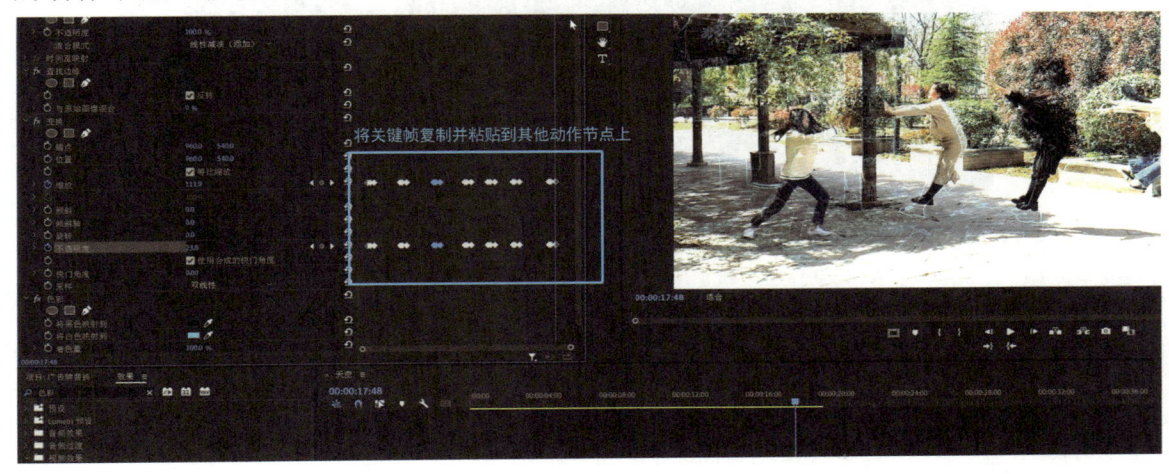

图 4-63

步骤 12

选择 V1 轨道和 V2 轨道上的视频并右击，在弹出的快捷菜单中选择"嵌套"命令，在弹出的对话框中更改嵌套序列名称，单击"确定"按钮，如图 4-64 所示。

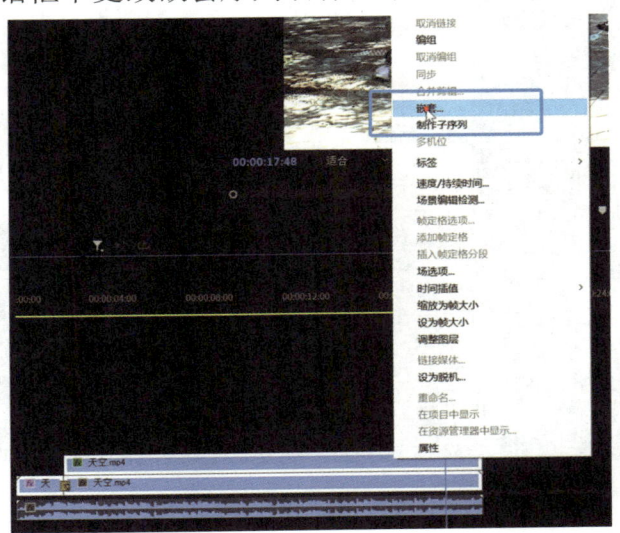

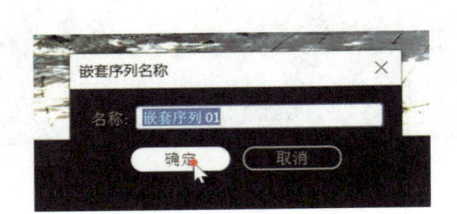

图 4-64

步骤 13

将项目面板中的"学校广告"素材拖动到 V1 轨道上,在"效果控件"窗口中调整缩放属性的参数,如图 4-65 所示。

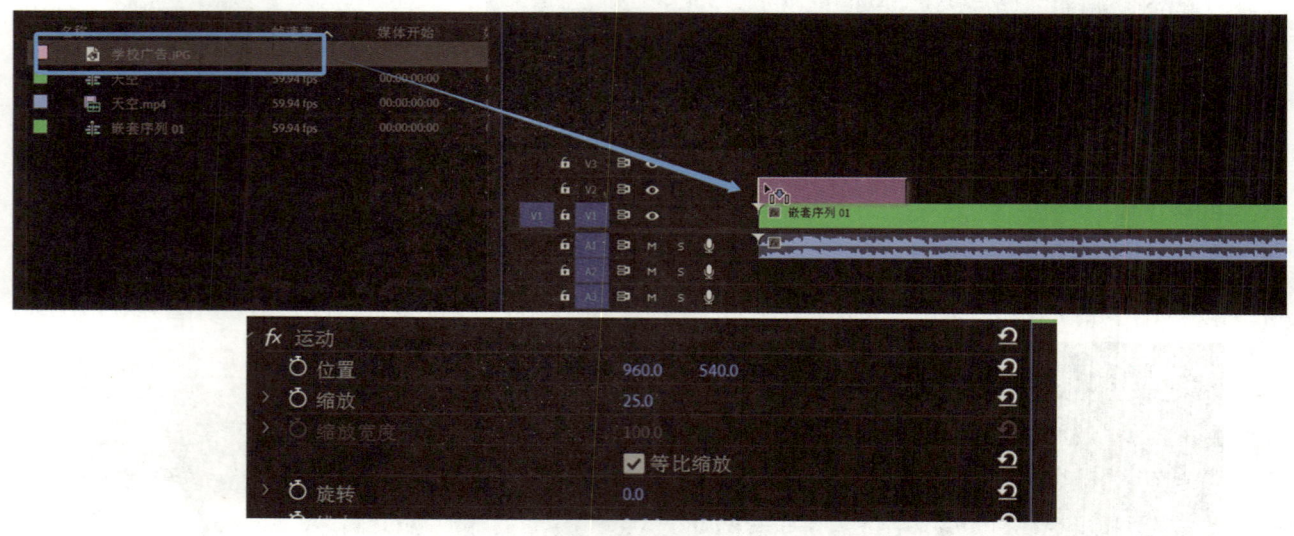

图 4-65

步骤 14

在"效果"窗口中选择"视频效果"文件夹下"扭曲"文件夹中的边角定位效果,将其拖动到 V2 轨道上,在"效果控件"窗口中单击"边角定位",设置 4 个控制点的位置,如图 4-66 所示。

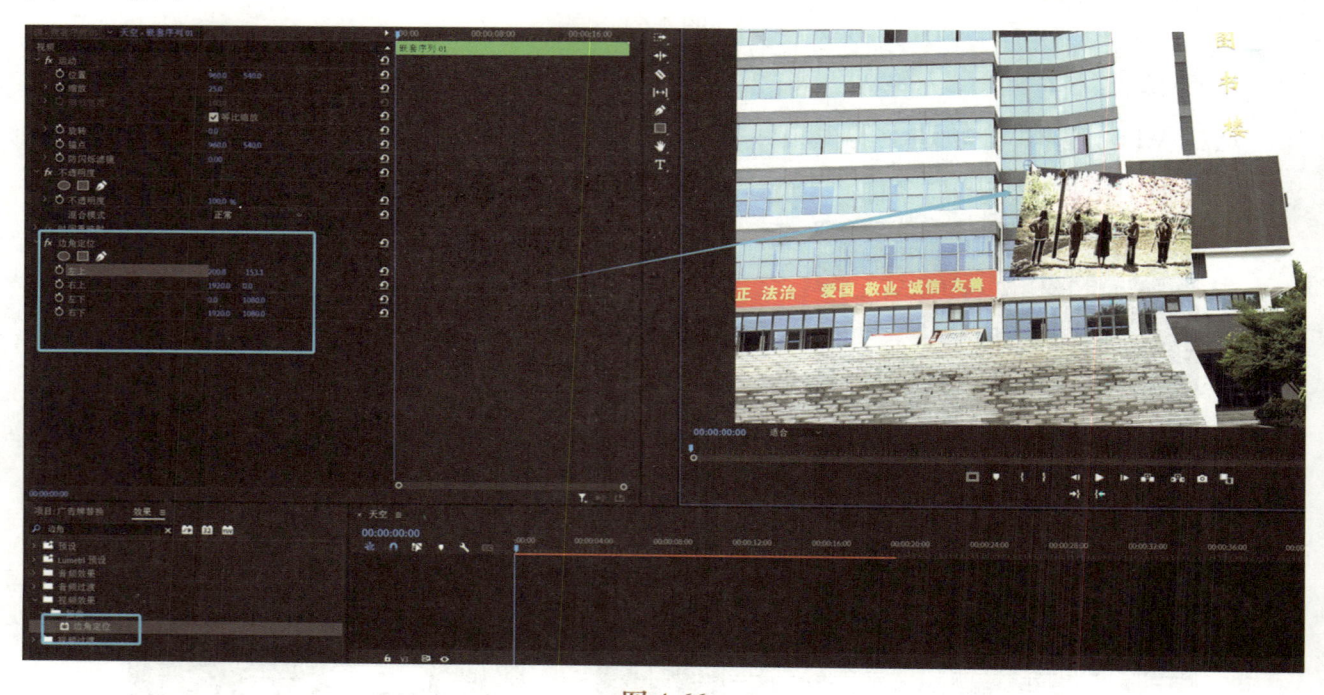

图 4-66

步骤 15

在"效果控件"窗口中单击"不透明度",将不透明度属性的参数调整为 95.0%,使广告牌中的视频更自然,查看最终效果,如图 4-67 所示。

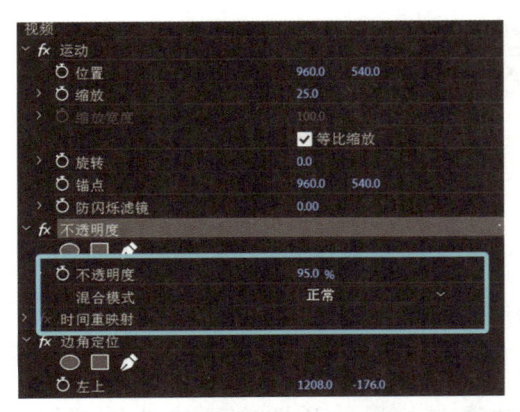

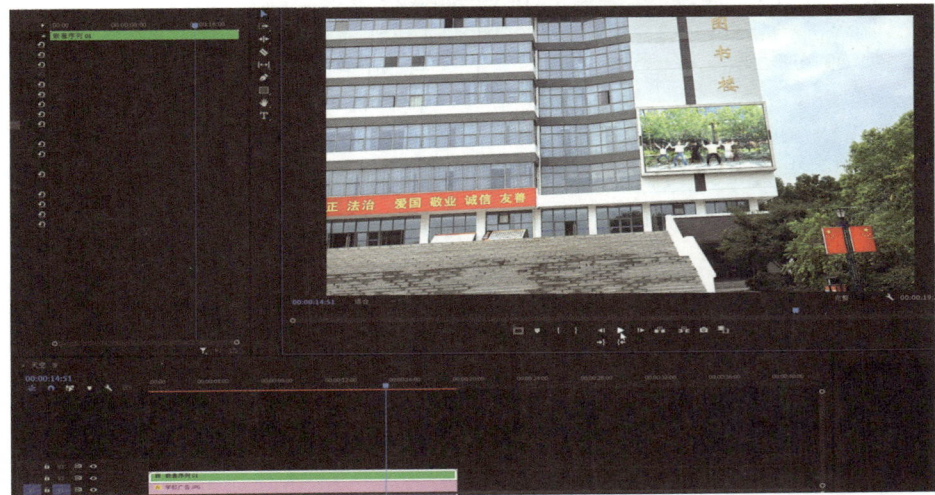

图 4-67

▶▶讨论与交流

1. 在制作户外广告牌替换效果时如何利用好视频效果?
2. 在制作户外广告牌替换效果时需要使用哪些工具?

模块 5 视频效果 2

Premiere Pro 中提供给用户的视频效果非常多，这在视频剪辑中起着至关重要的作用。使用它们可以大大增强视频的视觉效果，使视频内容更加吸引人。

本模块主要介绍视频效果中的轨道遮罩键、颜色键、帧定格、粗糙边缘效果和时间码效果的使用方法，并通过实例对这些效果的原理及操作进行讲解。使用不同的视频效果可以制作出不同风格、质感的视频。

项目培养目标

- ◇ 熟练掌握视频效果中的轨道遮罩键、颜色键、帧定格、粗糙边缘效果和时间码效果的使用
- ◇ 提高对视频剪辑的兴趣和热情，激发创新精神和创造力
- ◇ 提高团队协作能力和沟通能力，能够与其他成员共同完成大型项目
- ◇ 提高解决问题的能力，面对视频剪辑过程中的技术难题和创意瓶颈时能够迅速找到解决方案
- ◇ 提高职业素养，遵守行业规范和法律法规
- ◇ 培养自我学习和自我更新的能力，以适应新媒体行业的快速发展和变化

项目任务解读

本模块将通过以下任务整合知识点。

- ◇ 轨道遮罩键——包含轨道遮罩键的使用、Alpha 遮罩、亮度遮罩等知识点
- ◇ 颜色键——包含颜色键的使用、颜色键参数的设置等知识点
- ◇ 帧定格——包含帧定格的设置、帧定格功能的使用等知识点
- ◇ 粗糙边缘效果——包含粗糙边缘效果的使用等知识点
- ◇ 时间码效果——包含时间码效果的设置、时间码效果的使用场景等知识点

任务 1　轨道遮罩键

▶▶ **任务重点**

1. 轨道遮罩键的使用。

2. Alpha 遮罩。

3. 亮度遮罩。

▶▶ **任务设计效果**

本实例操作中的效果如图 5-1 所示。

图 5-1

▶▶ **任务实施**

步骤 1

新建项目，在项目面板中的空白处右击，在弹出的快捷菜单中选择"导入"命令，在打开的"导入"对话框中选择所需的文件，单击"打开"按钮（见图 5-2），将所需的素材导入。

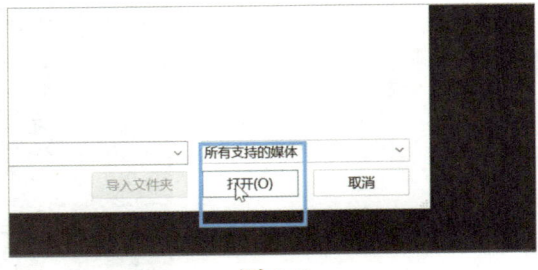

图 5-2

步骤 2

将素材拖动到时间线面板中的 V1 轨道上，如图 5-3 所示。适当缩放时间线的显示比例，以便对素材帧进行操作。

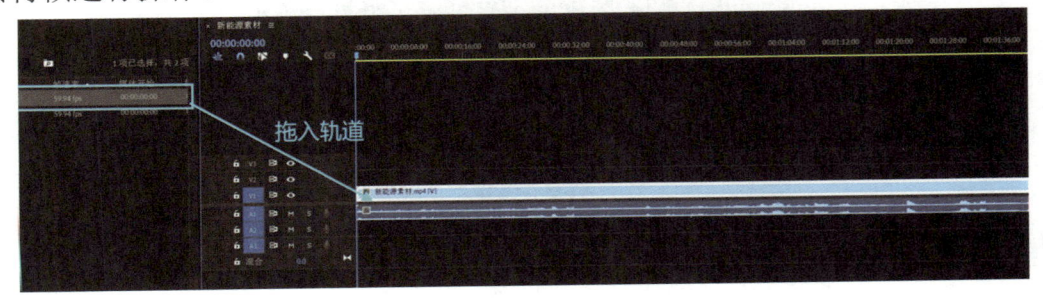

图 5-3

步骤3

单击工具面板中的"文字工具"按钮，在节目监视器中输入文字，此时在 V2 轨道上添加了文字。选择文字，将鼠标指针移动到其右边缘，当鼠标指针变为向左的箭头时，拖动文字使其与 V1 轨道上的素材的持续时间一致，如图 5-4 所示。

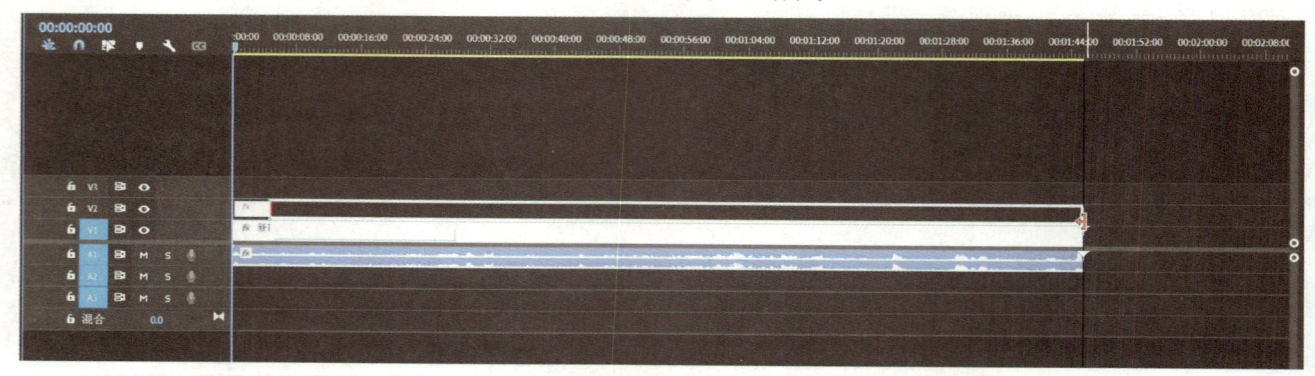

图 5-4

步骤4

单击工具面板中的"选择工具"按钮，在节目监视器中选择文字，在基本图形面板的"编辑"区域中对选择的文字格式进行设置，如图 5-5 所示。

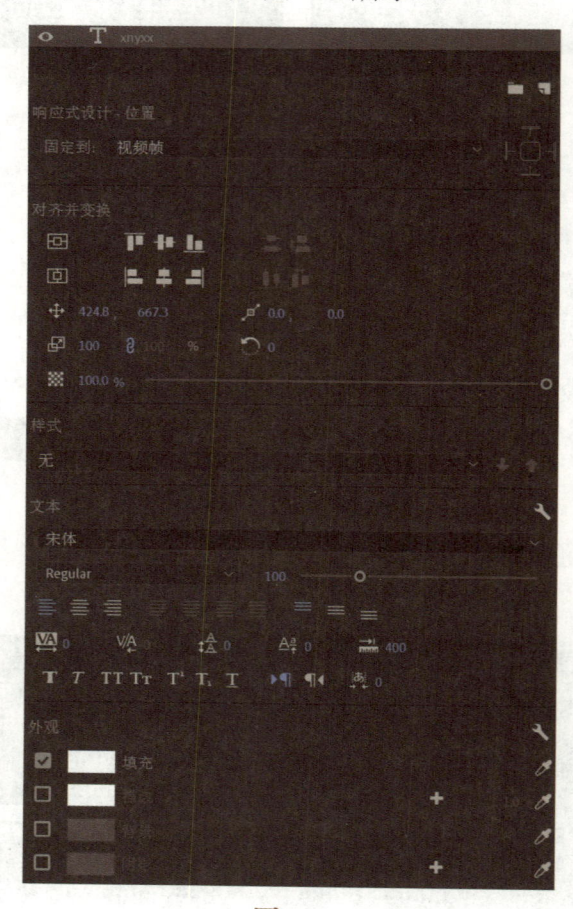

图 5-5

步骤 5

在"效果"窗口中选择"视频效果"文件夹下"键控"文件夹中的轨道遮罩键,也可以在搜索框中输入"轨道遮罩键",按回车键,Premiere Pro 会自动过滤并查找所需的效果。找到后,将该效果直接拖动到被遮罩的素材所在的轨道上,这里将其拖动到视频轨道上,如图 5-6 所示。

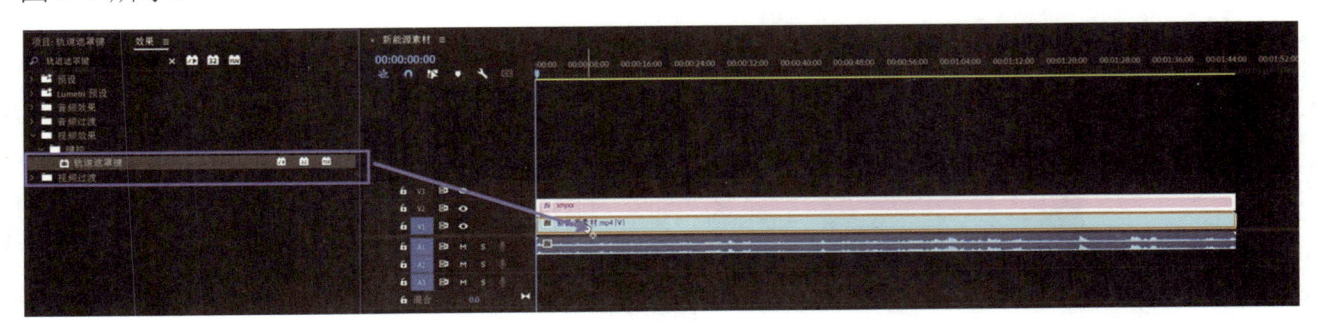

图 5-6

步骤 6

在"效果控件"窗口中单击"轨道遮罩键",将遮罩属性的参数设置为"视频 2",将合成方式属性的参数设置为"Alpha 遮罩",如图 5-7 所示。

图 5-7

调整 V2 轨道上文字的不透明度属性的参数,如图 5-8 所示。

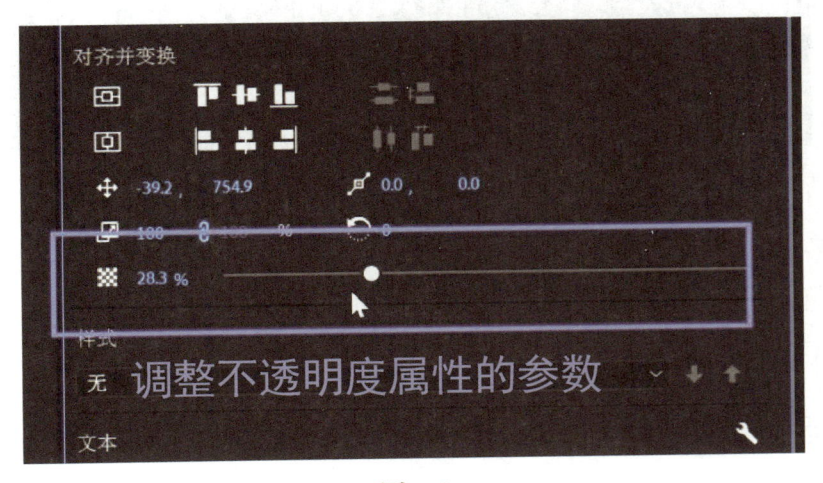

图 5-8

知识点补充：

Alpha 遮罩会根据不透明度来决定遮罩层中是否完全清晰地显示被遮罩层中的内容。

步骤 7

在"效果控件"窗口中单击"轨道遮罩键"，将合成方式属性的参数设置为"亮度遮罩"，如图 5-9 所示。

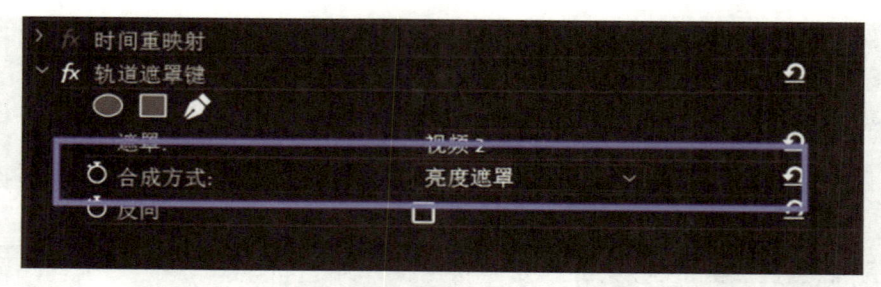

图 5-9

调整文字颜色，如图 5-10 所示。

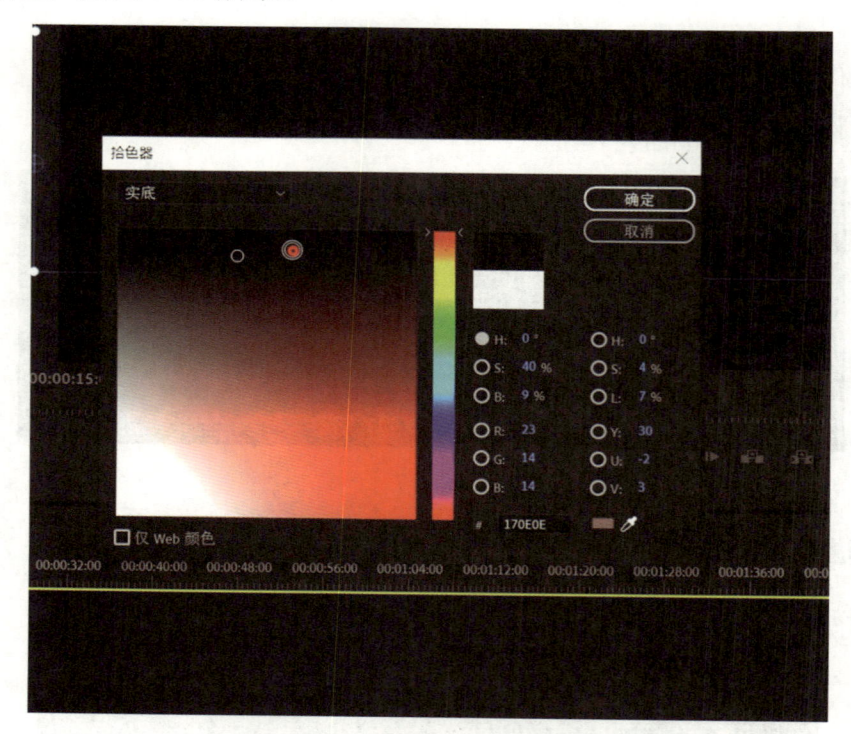

图 5-10

知识点补充：

遮罩层中黑色部分下的被遮罩层不显示，白色部分下的被遮罩层显示，灰色部分下的被遮罩层以一定的不透明度显示；遮罩层外的部分被视为黑色。

▶▶ 讨论与交流

Alpha 遮罩和亮度遮罩的区别是什么？

任务 2　颜色键

▶▶ **任务重点**

1. 颜色键的使用。
2. 颜色键参数的设置。

▶▶ **任务设计效果**

本实例操作中的效果如图 5-11 所示。

图 5-11

▶▶ **任务实施**

步骤 1

在桌面上双击"Premiere Pro"图标，进入 Premiere Pro 欢迎界面，单击"新建项目"按钮，设置项目名、项目位置，单击"创建"按钮，如图 5-12 所示。

图 5-12

步骤 2

在项目面板中的空白处右击，在弹出的快捷菜单中选择"导入"命令，在打开的"导入"

对话框中选择所需的文件，单击"打开"按钮，将所需的素材导入，如图 5-13 所示。

图 5-13

步骤 3

将项目面板中的素材拖动到时间线面板中的相应轨道上，其中，将视频拖动到 V1 轨道上，将图片拖动到 V2 轨道上，单击 V2 轨道上的素材，将鼠标指针移动到其右边缘，当鼠标指针变为向左的箭头时，拖动素材使其与 V1 轨道上的素材的持续时间相同，如图 5-14 所示。

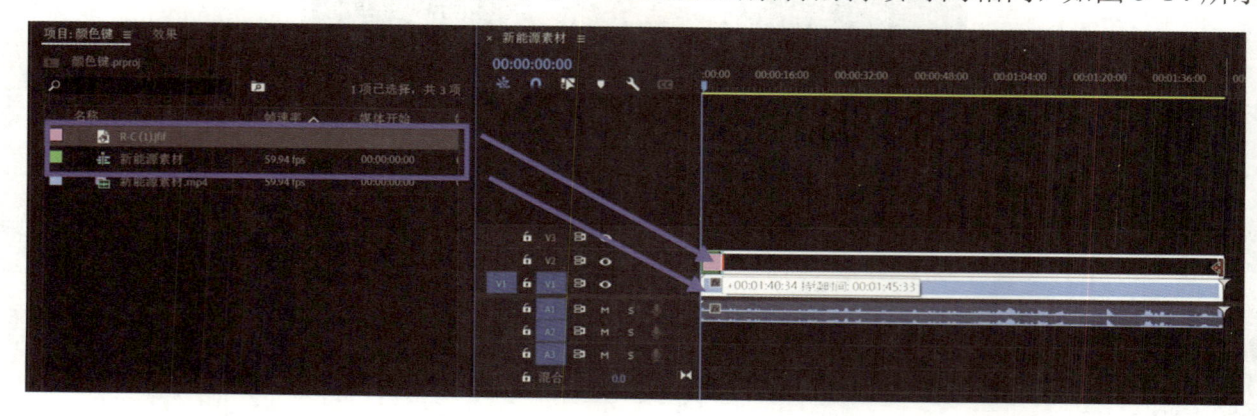

图 5-14

步骤 4

在"效果"窗口中选择"视频效果"文件夹下"键控"文件夹中的颜色键，也可以在搜索框中输入"颜色键"，按回车键，Premiere Pro 会自动过滤并查找颜色键。找到后，将颜色键直接拖动到 V2 轨道上，如图 5-15 所示。

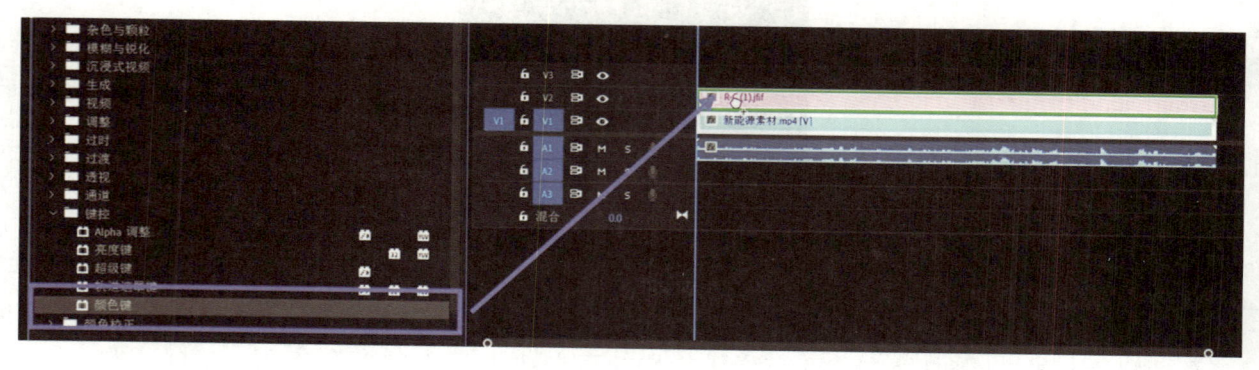

图 5-15

步骤 5

在"效果控件"窗口中单击"颜色键",设置相关参数,如图 5-16 所示。

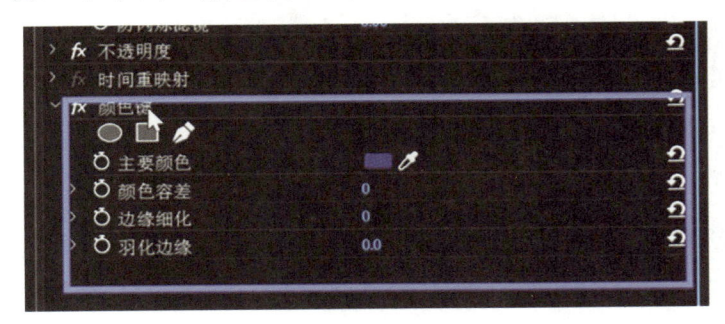

图 5-16

步骤 6

单击颜色键属性中的"吸管"按钮,直接吸取图片的背景色,吸取完成后可以看到图片的背景色消失了,如图 5-17 所示。

图 5-17

步骤 7

"颜色容差"用于扩大颜色选取范围,"边缘细化"用于对边缘进行细化,"羽化边缘"用于设置边缘的羽化效果,用户可以根据需要调整上述参数,如图 5-18 所示。

图 5-18

▶▶ 讨论与交流

在清除背景色时需要注意什么?

任务 3　帧定格

▶▶ **任务重点**

1. 帧定格的设置。
2. 帧定格功能的使用。

▶▶ **任务设计效果**

本实例操作中的效果如图 5-19 所示。

图 5-19

▶▶ **任务实施**

步骤 1

新建项目，导入素材，将素材拖动到 V1 轨道上，适当缩放时间线的显示比例，以便对素材帧进行操作，如图 5-20 所示。

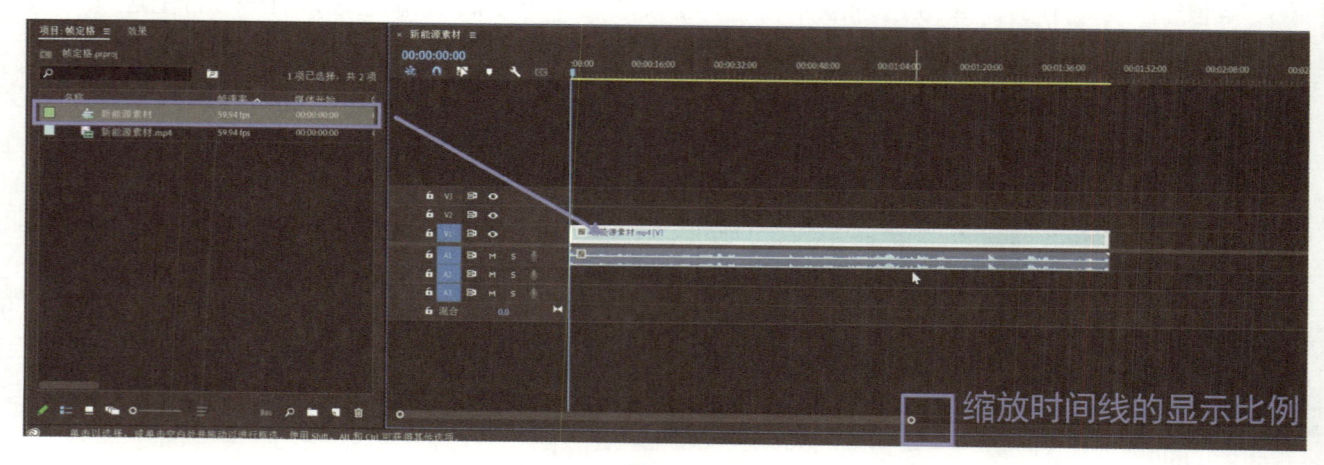

图 5-20

步骤 2

将滑块移动到需要设置帧定格的位置，选择 V1 轨道上的素材并右击，在弹出的快捷菜单中有 3 个设置帧定格的命令，分别为"帧定格选项""添加帧定格""插入帧定格分段"，如图 5-21 所示。

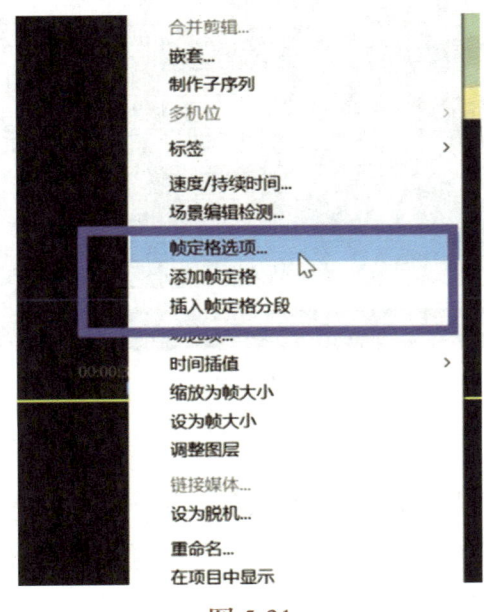

图 5-21

步骤 3

选择"帧定格选项"命令，弹出如图 5-22 所示的"帧定格选项"对话框，在该对话框中设置相关参数。

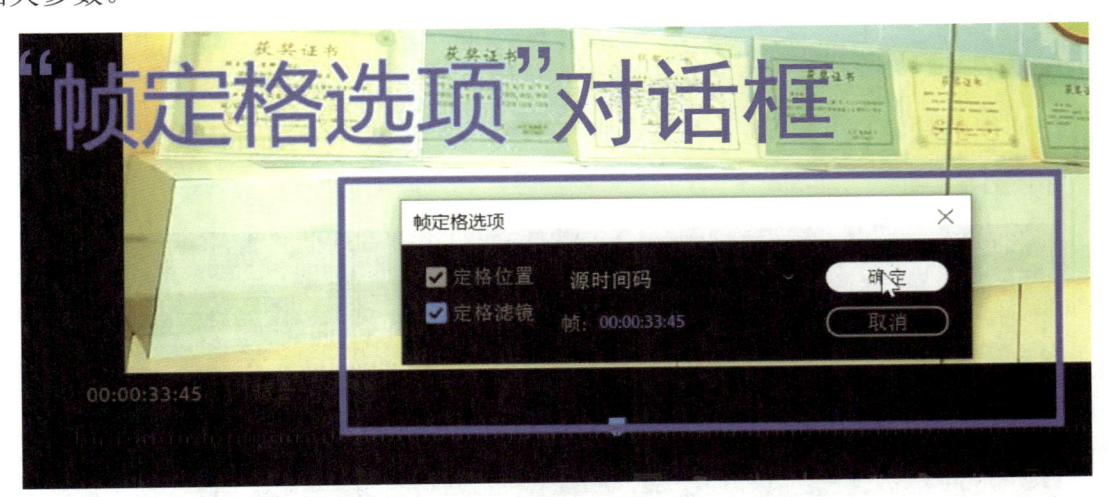

图 5-22

设置完成后，单击"确定"按钮，移动滑块，使音频正常播放而视频永远定格在设置帧定格的那一帧，如图 5-23 所示。

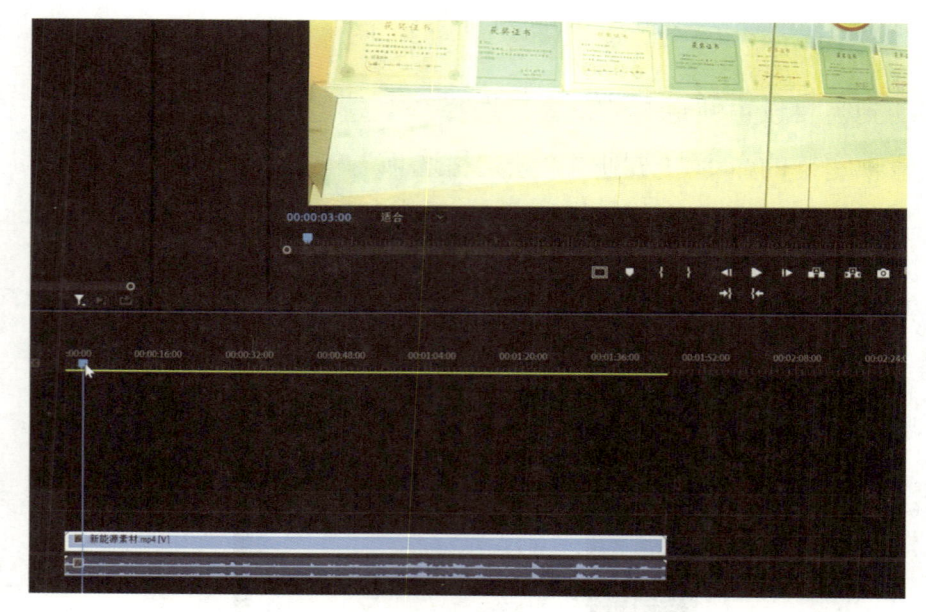

图 5-23

知识点补充：

在"帧定格选项"对话框中设置"定格位置"为"源时间码"，用于将源剪辑中的任意时间的画面作为定格画面；设置"定格位置"为"序列时间码"，用于在当前剪辑中挑选一帧作为定格画面；设置"定格位置"为"入点/出点"，用于将当前剪辑在序列中的入点帧或出点帧作为定格画面；设置"定格位置"为"播放指示器"，用于将节目监视器中时间线所在的画面作为定格画面。若仅勾选"定格位置"复选框，则指定帧画面静止但控件仍然是动的；若同时勾选"定格位置"复选框和"定格滤镜"复选框，则控件和画面一起保持不动。

步骤 4

按快捷键 Ctrl+Z 撤销以上操作，选择 V1 轨道上的素材，将滑块移动到需要静止的帧上并右击，在弹出的快捷菜单中选择"帧定格"命令，此时会以滑块所在的帧为界，将素材分成两段，如图 5-24 所示。

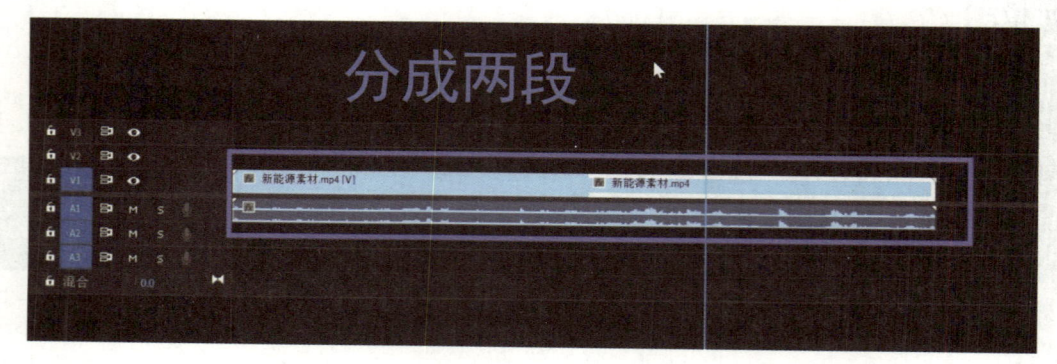

图 5-24

前一段素材正常播放，而后一段素材在播放过程中永远显示第 1 帧的画面，音频不受影响，如图 5-25 所示。

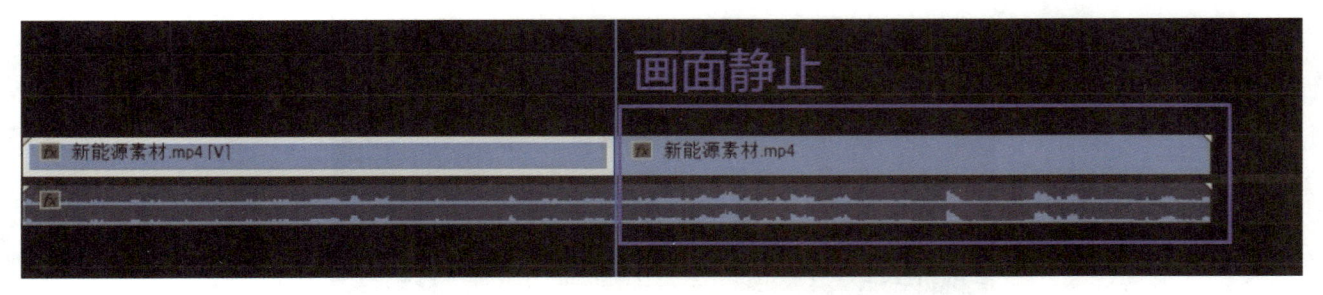

图 5-25

步骤 5

按快捷键 Ctrl+Z 撤销以上操作，选择 V1 轨道上的素材，将滑块移动到需要静止的帧上并右击，在弹出的快捷菜单中选择"插入帧定格分段"命令，此时会以滑块所在的帧为界，在将 V1 轨道上的素材分成 3 段的同时截断音频，如图 5-26 所示。中间的一段素材变成了静止的单帧画面，前、后两段素材正常播放。

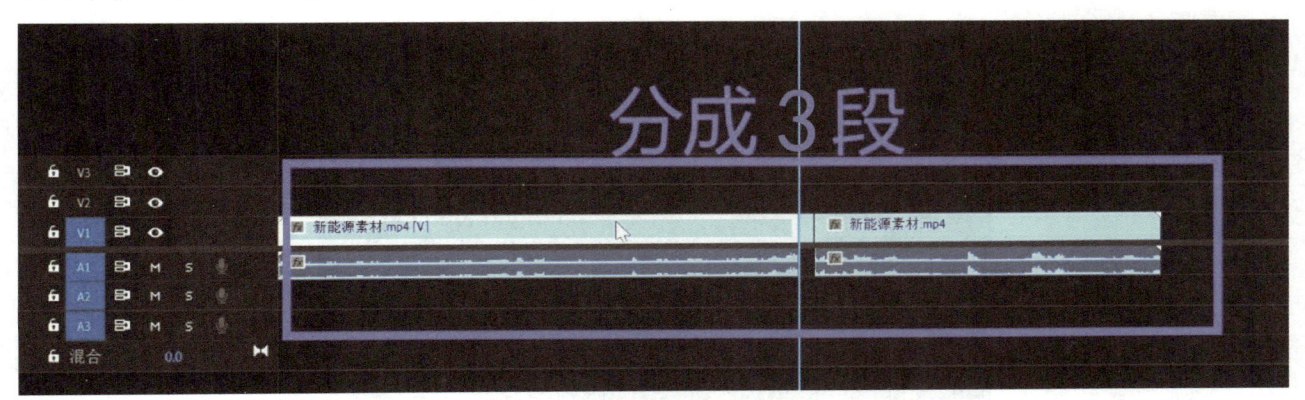

图 5-26

▶▶ **讨论与交流**

不同帧定格操作的区别是什么？

任务 4　粗糙边缘效果

▶▶ **任务重点**

粗糙边缘效果的使用。

▶▶ **任务设计效果**

本实例操作中的效果如图 5-27 所示。

图 5-27

任务实施

步骤 1

在桌面上双击"Premiere Pro"图标,进入 Premiere Pro 欢迎界面,单击"新建项目"按钮,设置项目名、项目位置,单击"创建"按钮,如图 5-28 所示。

图 5-28

步骤 2

将所需素材直接拖入项目面板,如图 5-29 所示。

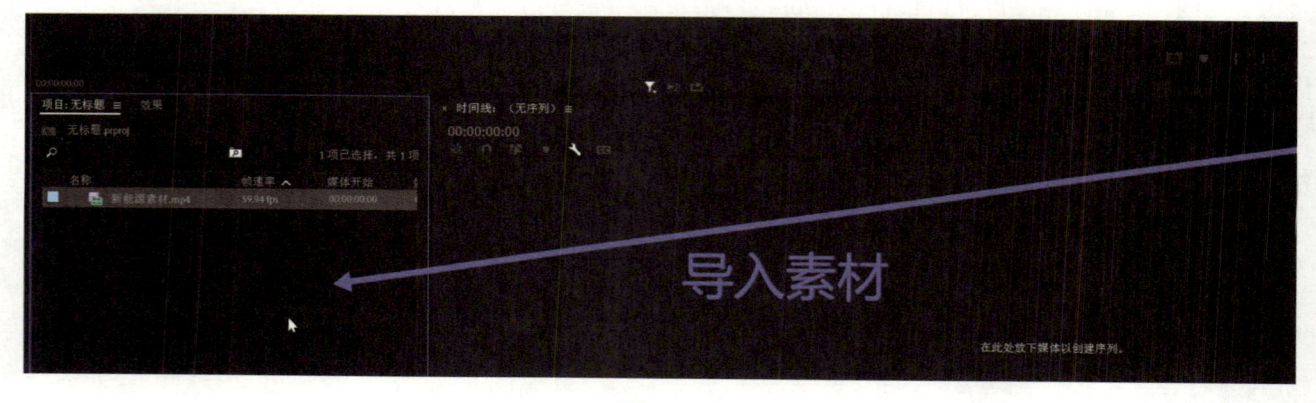

图 5-29

步骤 3

将项目面板中的素材拖动到时间线面板中的 V1 轨道上,如图 5-30 所示。

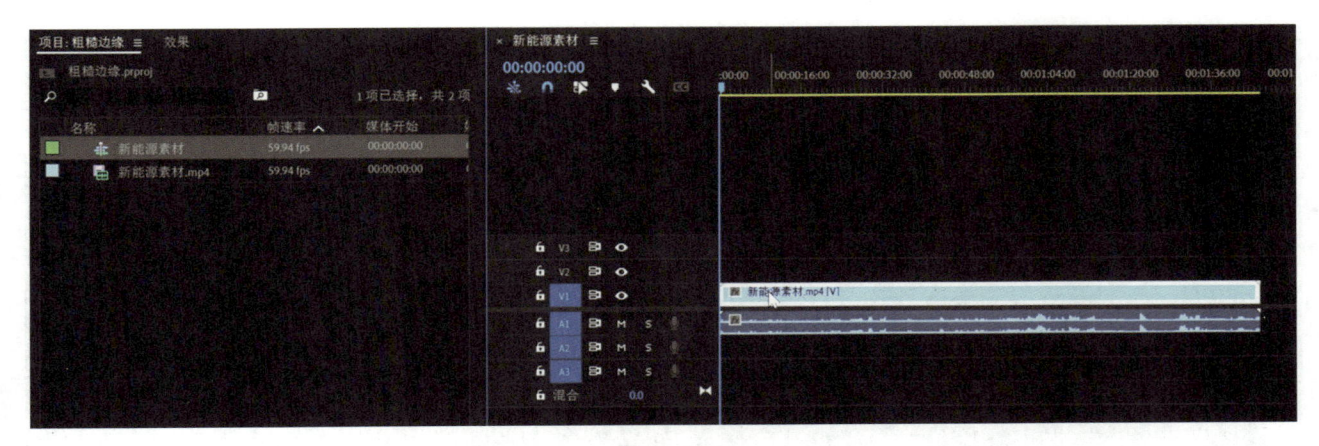

图 5-30

步骤 4

单击工具面板中的"矩形工具"按钮，在节目监视器中绘制一个矩形，此时 V2 轨道上添加了一段素材，调整该素材的持续时间，使其与 V1 轨道上的素材的持续时间相同，如图 5-31 所示。

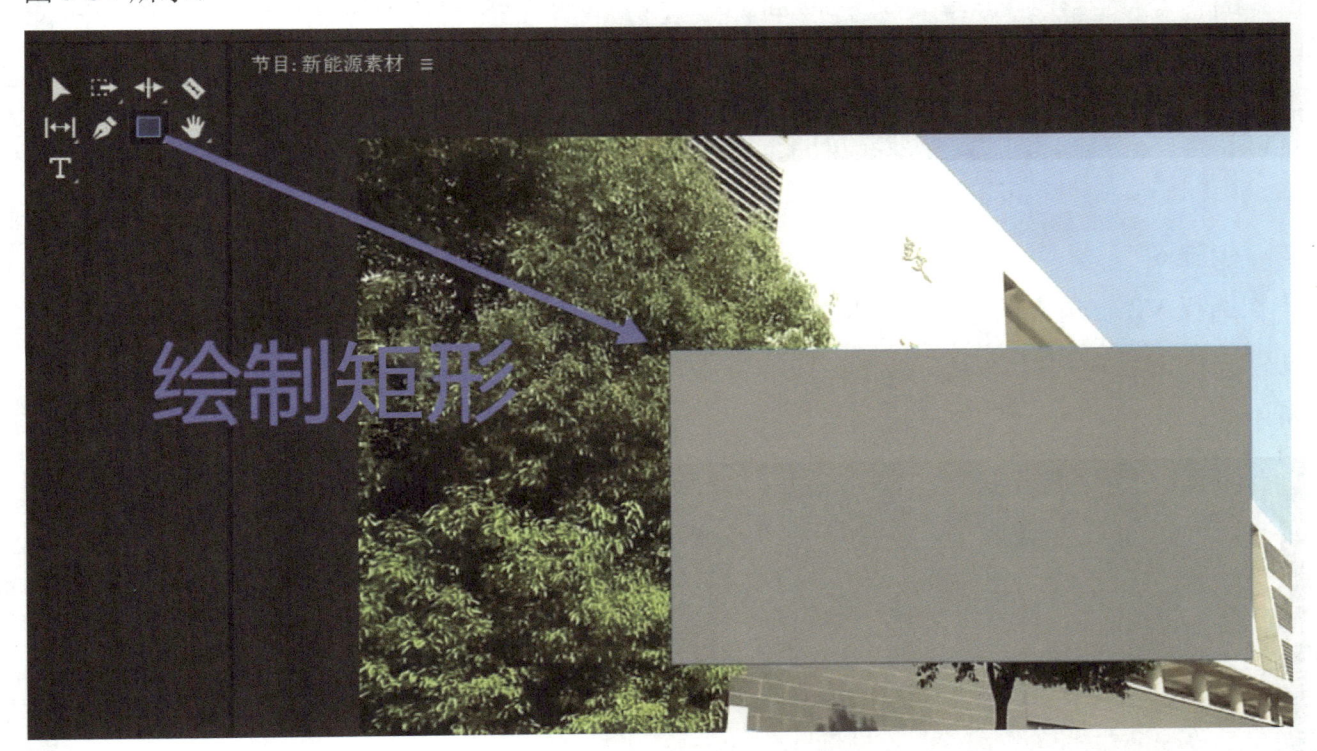

图 5-31

步骤 5

在"效果"窗口中选择"视频效果"文件夹下"风格化"文件夹中的粗糙边缘效果，将粗糙边缘效果拖动到 V1 轨道的视频上。在"效果控件"窗口中单击"轨道遮罩键"，将遮罩属性的参数设置为"视频 2"，如图 5-32 所示。

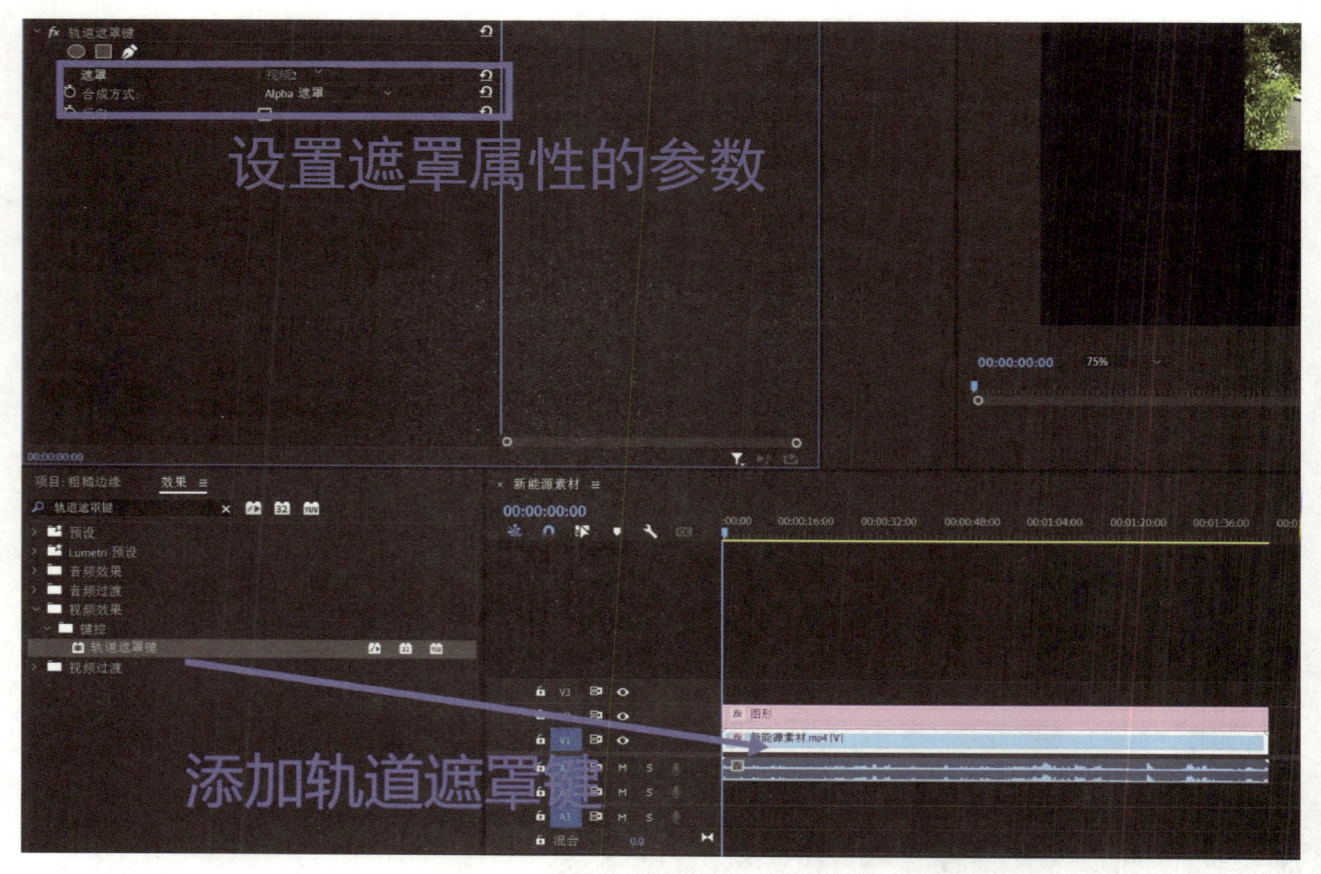

图 5-32

步骤 6

选择 V2 轨道上的"图形"素材，选择"效果"窗口的"视频效果"文件夹下"风格化"文件夹中的粗糙边缘效果，将粗糙边缘效果拖动到 V2 轨道的"图形"素材上，如图 5-33 所示。

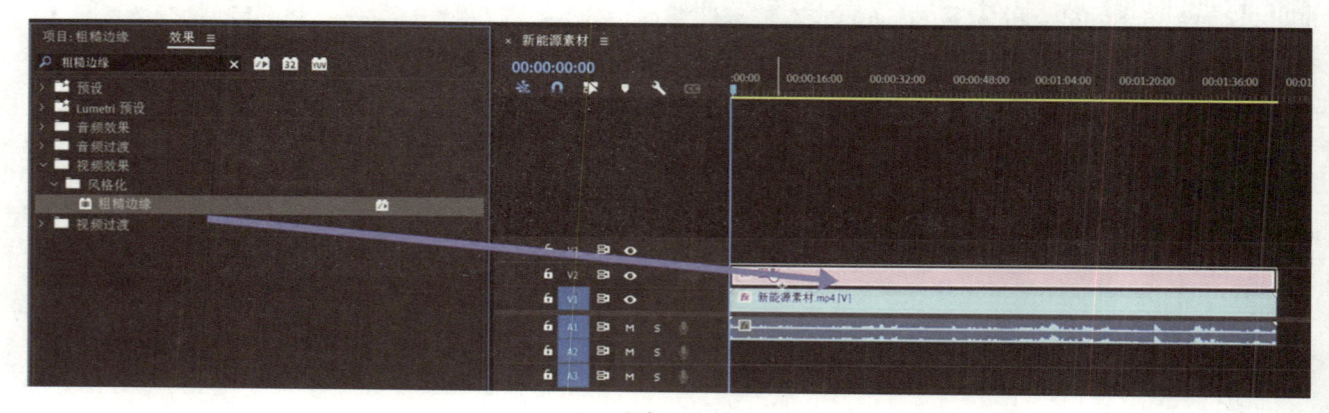

图 5-33

步骤 7

在"效果控件"窗口中单击"粗糙边缘"，修改边框、边缘锐度等属性的参数，如图 5-34 所示。

图 5-34

"边缘类型"用于设置粗糙边缘的类型;"边缘颜色"用于设置粗糙边缘的颜色;"边框"用于设置边框的宽窄,参数越大边框越明显;"边缘锐度"用于设置粗糙边缘的锐化程度,参数越小边缘越柔和,参数越大边缘越锐利;"不规则影响"用于设置粗糙边缘的不规则程度,参数越小边缘越清晰,参数越大边缘的不规则程度越高;"比例"用于设置碎片的大小,参数越大碎片越大;"伸缩宽度或高度"用于设置碎片的拉伸程度;"偏移(湍流)"用于设置粗糙边缘在拉伸时碎片的位置;"复杂度"用于设置粗糙边缘的复杂程度;"演化"用于设置粗糙边缘的角度;"演化选项"用于设置粗糙边缘的复杂程度。

步骤 8

查看最终效果,如图 5-35 所示。

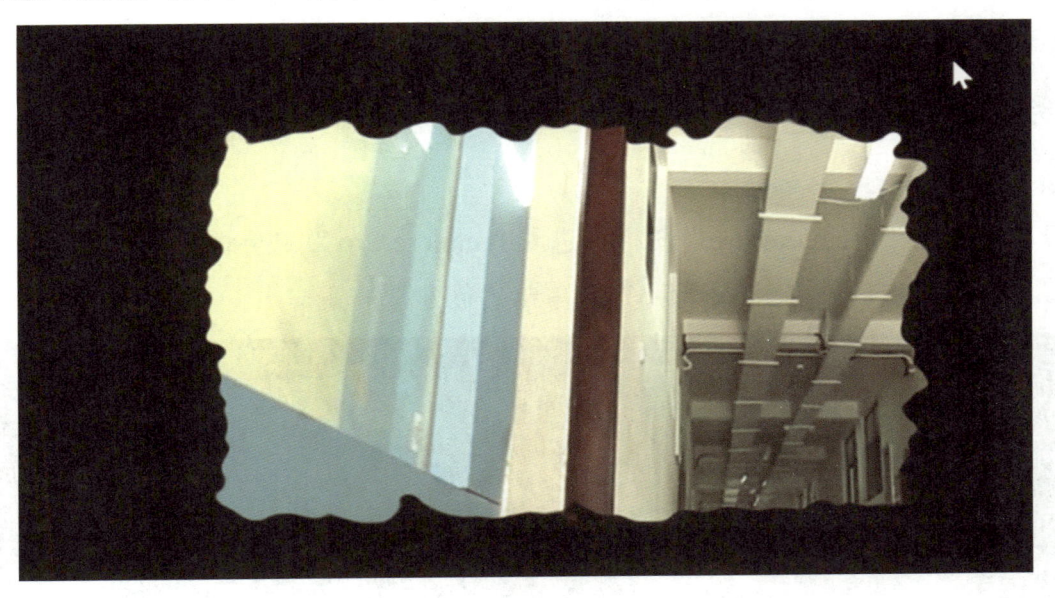

图 5-35

▶▶ 讨论与交流

粗糙边缘效果各参数的含义是什么?

任务 5　时间码效果

▶ **任务重点**

1. 时间码效果的设置。
2. 时间码效果的使用场景。

▶ **任务设计效果**

本实例操作中的效果如图 5-36 所示。

图 5-36

▶ **任务实施**

步骤 1

在桌面上双击"Premiere Pro"图标，进入 Premiere Pro 欢迎界面，单击"新建项目"按钮，设置项目名、项目位置（见图 5-37），单击"创建"按钮。

图 5-37

步骤 2

将所需素材直接拖入项目面板，如图 5-38 所示。

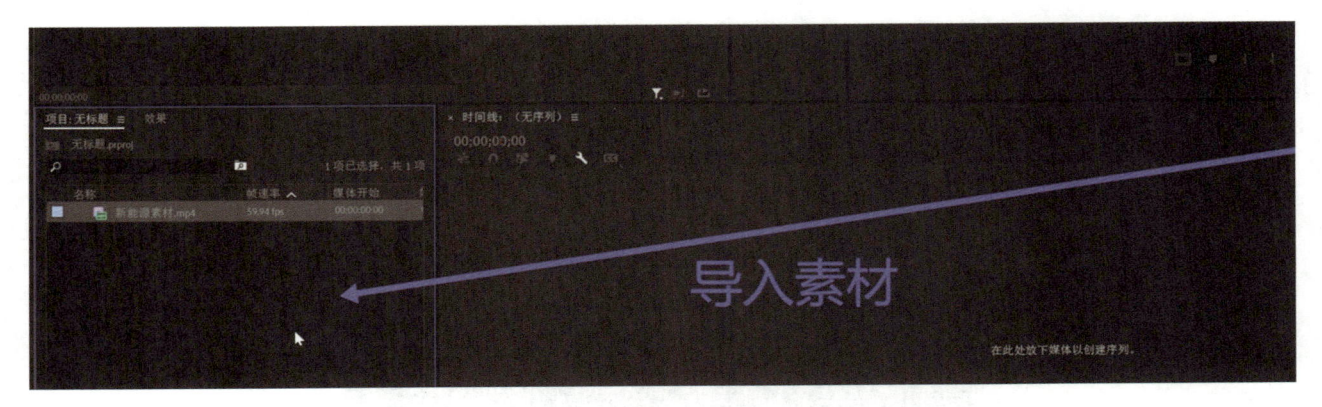

图 5-38

步骤 3

将项目面板中的素材拖动到时间线面板中的 V1 轨道上，如图 5-39 所示。

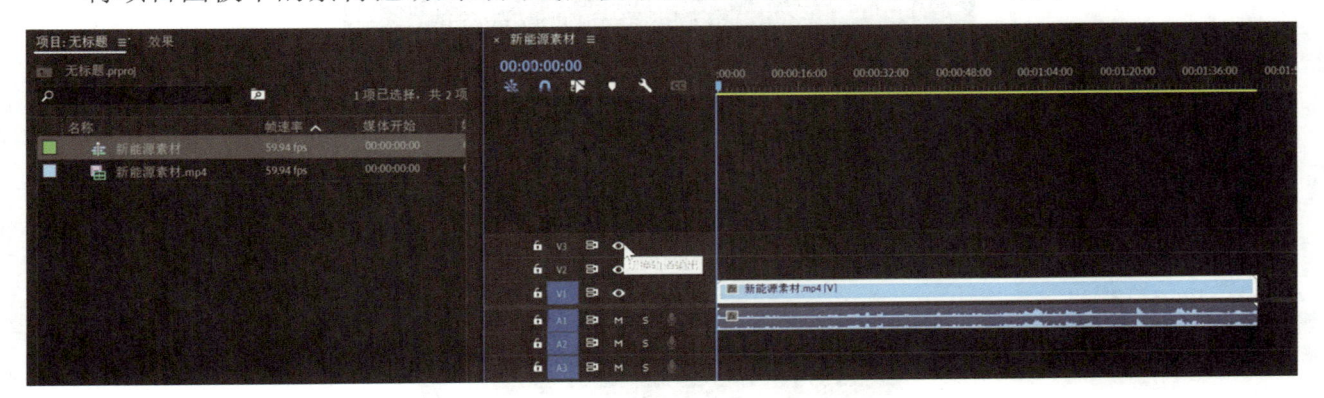

图 5-39

步骤 4

选择 V1 轨道上的素材，在搜索框中输入"时间码"，按回车键，将搜索结果中的时间码效果拖动到 V1 轨道的素材上，此时就添加了时间码效果，如图 5-40 所示。

图 5-40

步骤 5

在"效果控件"窗口中单击"时间码"，设置相关参数，如图 5-41 所示。

"位置"用于设置时间码效果在素材上显示的位置；"大小"用于设置时间码效果在素材上显示的大小；"不透明度"用于设置时间码效果的背景在素材上显示的不透明度；"场符号"用于设置场符号在素材上的隐藏与显示；"格式"用于设置时间码效果的显示方式；"时间显示"是关键参数，用于设置时间码效果的显示制式，要与视频的帧速率保持一致；"标签文本"用于为时间码效果添加标签文本，如在进行多机位拍摄时标记视频的拍摄机号。

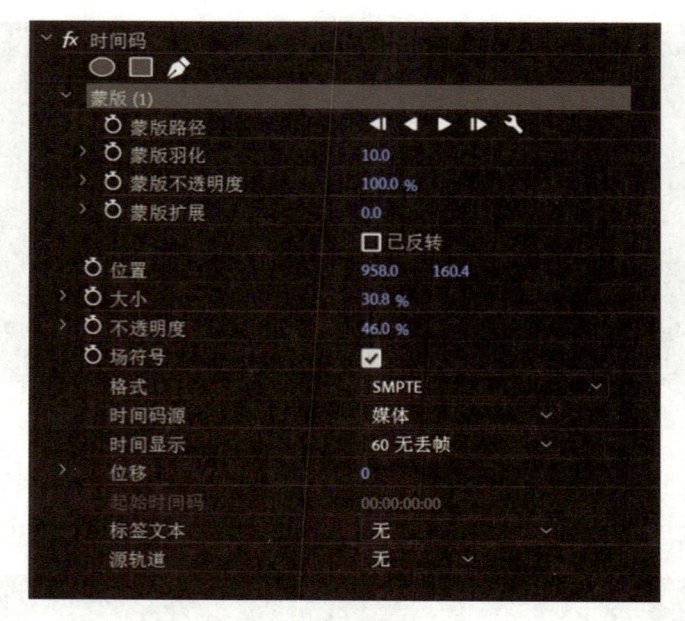

图 5-41

步骤 6

如果只显示时间码效果的部分区域，那么先单击"效果控件"窗口中的"时间码"，再单击"矩形蒙版"按钮，添加一个矩形蒙版，调整矩形蒙版的大小，使之只显示所需的部分即可，如图 5-42 所示。

图 5-42

步骤 7

查看最终效果，如图 5-43 所示。

图 5-43

▶▶ 讨论与交流

时间码效果有什么作用？

拓展任务 5　抠像实战

▶ **任务重点**

1. 运用颜色键进行抠图。
2. 掌握超级键的使用方法。
3. 了解颜色键与超级键的区别。

▶ **任务设计效果**

本实例操作中的效果如图 5-44 所示。

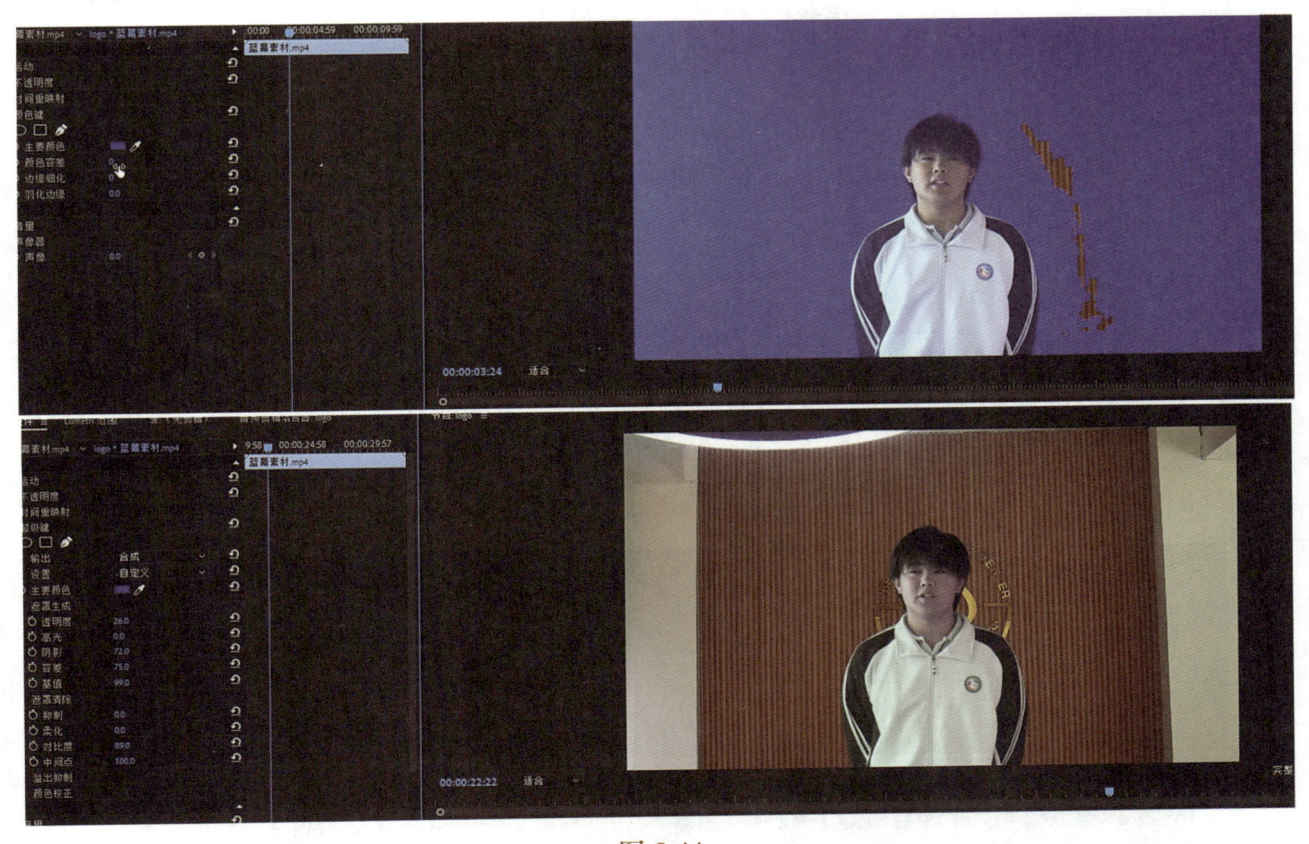

图 5-44

▶ **任务实施**

步骤 1

在项目面板中的空白处双击，打开"导入"对话框，导入所需的文件，并将其拖动到时间线面板中的轨道上，在 V1 轨道上放置背景素材，在 V2 轨道上放置蓝幕素材，如图 5-45 所示。

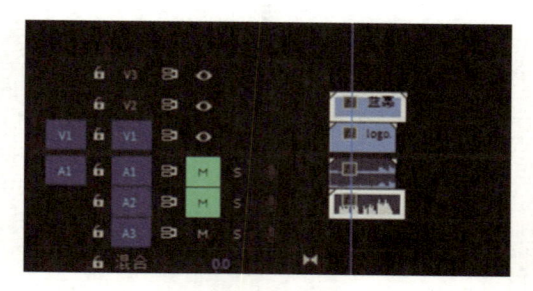

图 5-45

步骤 2

在时间线面板中选择蓝幕素材并右击，在弹出的快捷菜单中选择"缩放为帧大小"命令，如图 5-46 所示。

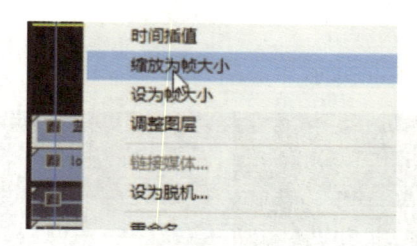

图 5-46

单击音频轨道前方的 ■ 图标，使当前音频轨道静音。

步骤 3

在时间线面板中选择蓝幕素材，在"效果"窗口中选择"视频效果"文件夹下"键控"文件夹中的颜色键，将颜色键添加到蓝幕素材上。在"效果控件"窗口中单击主要颜色属性右侧的"吸管"按钮，将鼠标指针移动到节目监视器中，吸取颜色，将颜色容差属性的参数调整为 81，如图 5-47 所示。

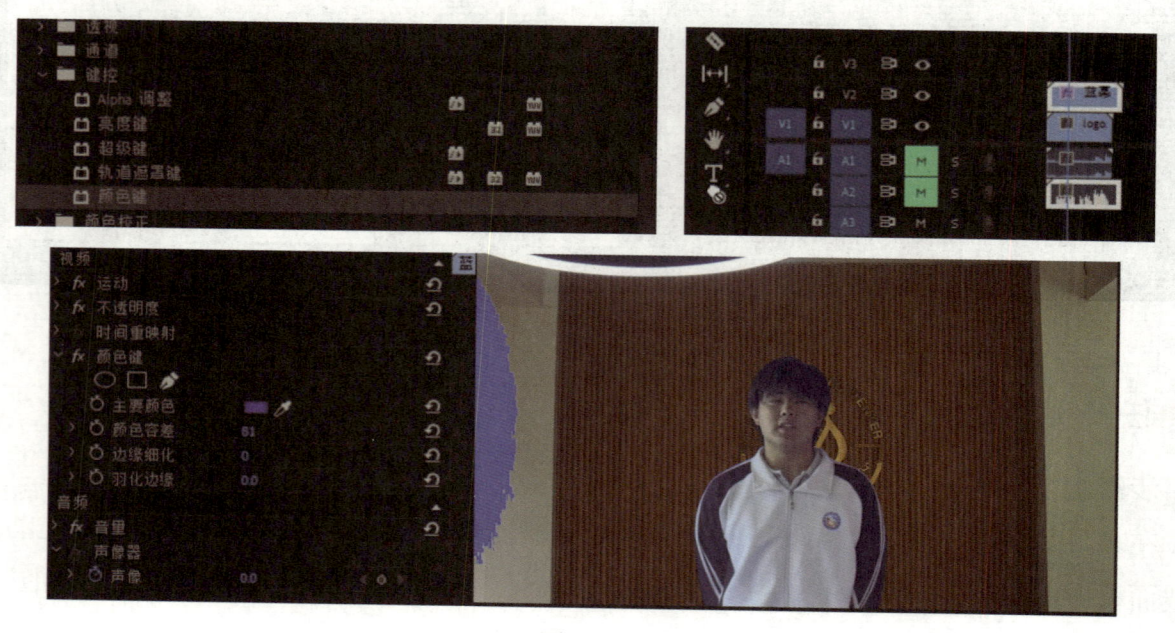

图 5-47

步骤 4

通过第 1 次颜色的吸取，并没有将蓝色清除干净，需要再次给蓝幕素材添加颜色键，重复步骤 3，将颜色容差属性的参数调整为 26，如图 5-48 所示。此时，素材的蓝色被完全清除。

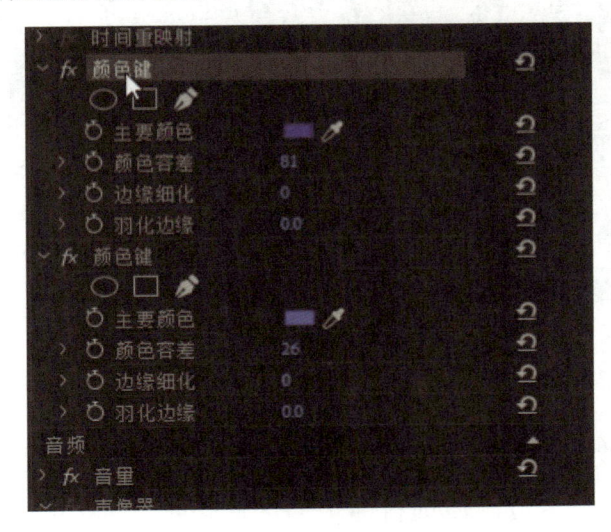

图 5-48

步骤 5

在节目监视器中将画面放大，浏览素材，因人物衣服上的图标包含蓝色，故部分图标上的蓝色同样被清除。

对于第 1 次添加的颜色键，在"效果控件"窗口中添加蒙版，调整蒙版大小。使之遮住衣服上的图标，勾选"已反转"复选框，如图 5-49 所示。至此，完成人物的抠像。

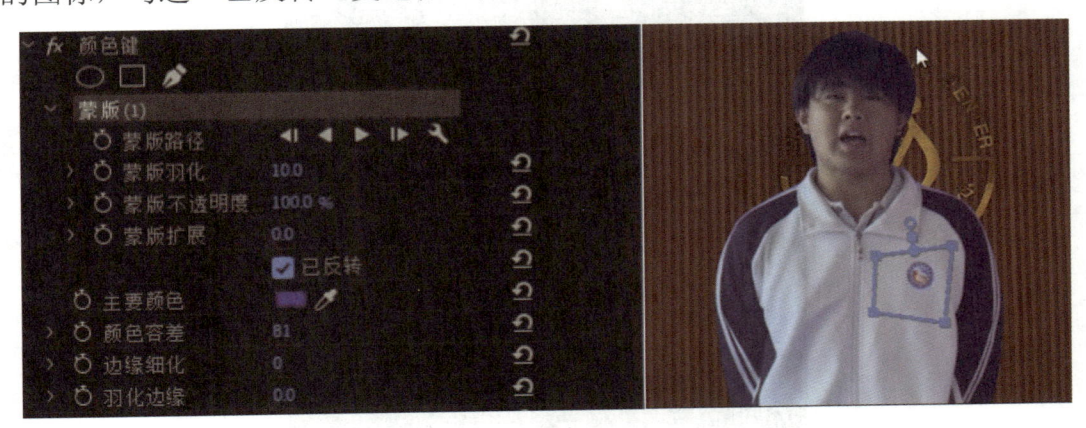

图 5-49

步骤 6

重复步骤 1，之后在"效果"窗口的搜索框中输入"超级键"，按回车键，将搜索结果中的超级键拖动到蓝幕素材上，在"效果控件"窗口中单击主要颜色属性右侧的"吸管"按钮，将鼠标指针移动到节目监视器中，单击即可吸取蓝幕素材中的蓝色，如图 5-50 所示。

图 5-50

步骤 7

如图 5-51 所示，更改节目监视器中预览窗口的大小，浏览画面，通过调整超级键的颜色遮罩属性和遮罩消除属性的参数，使项目面板中的蓝色被完全清除。

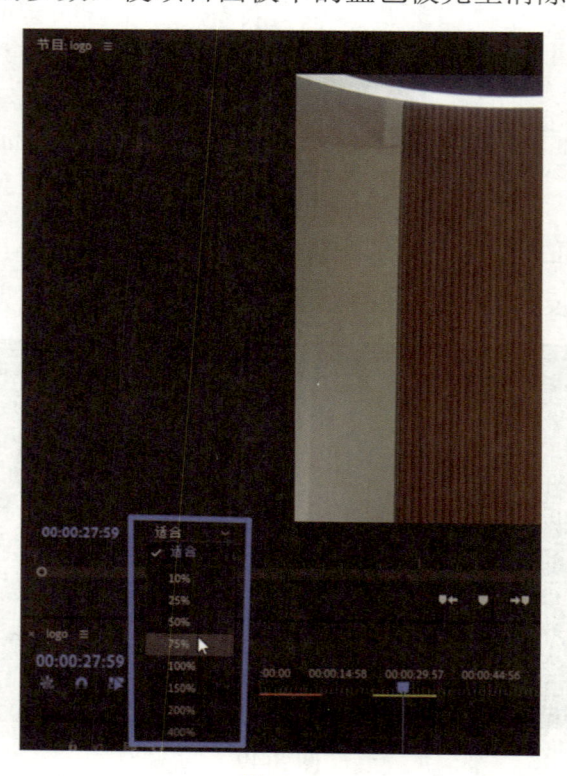

图 5-51

▶▶讨论与交流

1. 对比经过颜色键和超级键抠出来的主题人物细节，说一说使用哪个键的效果更好？

2. 针对上述步骤 3 和步骤 4，对同一段素材重复添加颜色键的目的是什么？超级键是否也可以多次被添加到同一段素材上？

模块 6　视频效果 3

在当今的多媒体时代，视频内容的质量和视觉效果对观众的吸引力至关重要。调色作为视频后期制作中的关键环节，能够显著提升视频的表现力、情感传达力和整体艺术水平。Premiere Pro 作为一款专业的视频编辑软件，提供了丰富且强大的调色工具和技巧。通过它们，创作者能够对视频进行精细的色彩调整和风格化处理。

本模块讲解 Premiere Pro 中实用的调色工具，以及常用的调色技巧。通过解读示波器的意义，读者应掌握怎样在 Premiere Pro 中做好一级调色和区域化调色，进而轻松地调出想要的画面风格。

项目培养目标

- ✧ 理解色彩的原理
- ✧ 了解直方图、波形图及分量示波器的意义
- ✧ 了解 Lumetri 颜色面板
- ✧ 熟练掌握 LUT 和 Look 滤镜的使用方法
- ✧ 能够运用调色工具对视频进行一级调色
- ✧ 熟练掌握 RGB 曲线的使用方法

项目任务解读

本模块将通过以下任务整合知识点。

- ✧ 色彩的原理——包含色相、明度、纯度等知识点
- ✧ 直方图与波形图——包含直方图与波形图的含义等知识点
- ✧ 分量示波器——包含分量示波器的含义等知识点
- ✧ Lumetri 颜色面板——包含基本校正、创意、曲线、色轮和匹配、HSL 辅助、晕影 6 个模块的知识点
- ✧ LUT 和 Look 滤镜的使用方法——包含与 LUT 和 Look 滤镜相关的知识点
- ✧ 一级调色——包含与一级调色相关的知识点
- ✧ RGB 曲线的使用方法——包含 RGB 曲线的作用等知识点

任务 1　色彩的原理

▶▶ 任务重点

1. 了解色彩的基础知识。
2. 培养对色彩的审美能力和创新能力。

▶▶ 任务实施

色彩既是客观世界的反映，又是主观世界的感受。调色具有很强的规律性，涉及色彩构成理论、颜色模式转换理论、通道理论。

常用的调色方式包括色阶、曲线、色彩平衡、色相/饱和度等。

一、什么是色彩设计

色彩设计是设计领域中十分重要的一门课程，用于探索和研究色彩在物理学、生理学、心理学及化学方面的规律，以及对人的心理、生理产生的影响。图 6-1 所示为色相环。

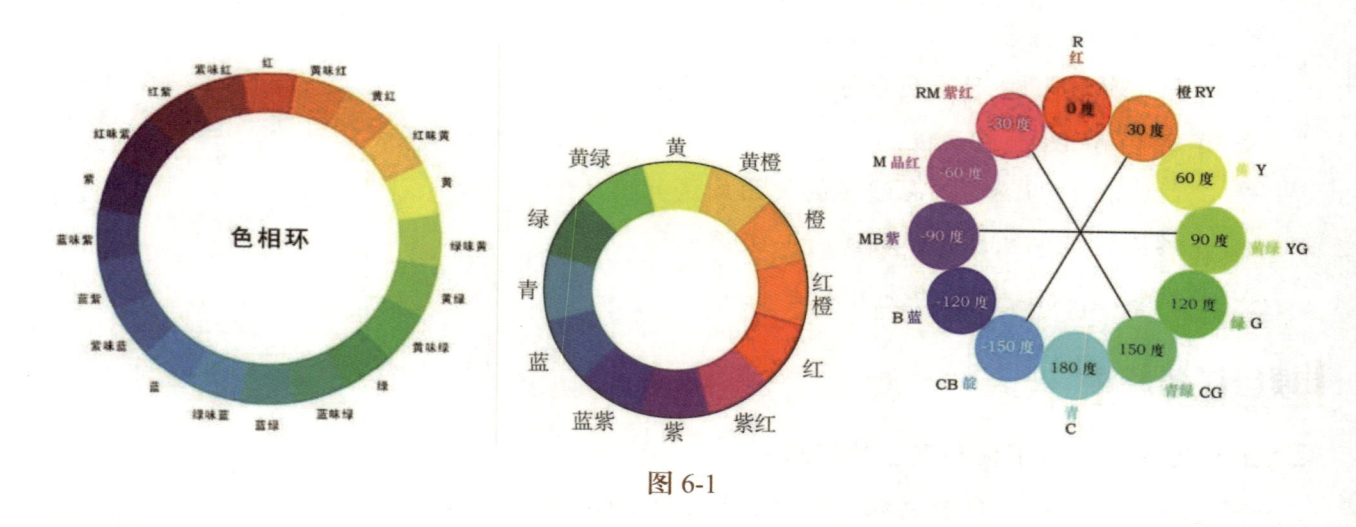

图 6-1

二、色彩的 3 个属性

就像人类有性别、年龄等可判断个体的属性一样，色彩也有其独特的 3 个属性，即色相、明度、纯度，如图 6-2 所示。

任何色彩都有色相、明度、纯度 3 个属性，这 3 个属性是感官识别色彩的基础。灵活地应用色彩的 3 个属性也是色彩设计的基础，只有色彩的色相、明度、纯度的共同作用才能合理地达到某些目的或效果。"有彩色"同时有色相、明度和纯度，"无彩色"只有明度。

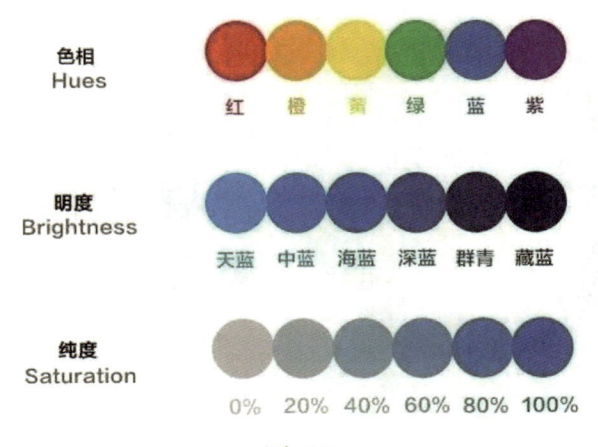

图 6-2

1. 色相

色相就是色彩的"相貌",色相与色彩的明暗无关,只用于区别色彩的名称或种类。色相是根据色彩波长的长短划分的。只要色彩的波长相同,色相就相同。只有波长不同,色相才会有差别。

说到色相,就不得不介绍一下什么是三原色、二次色及三次色。

三原色由 3 种基本原色构成,原色是指不能由其他色彩混合而成的基本色,如"红、蓝、黄"。

二次色即"间色",是由两种原色混合而成的色彩,如"橙、绿、紫"。

三次色是由原色和二次色混合而成的色彩,如"红橙、橙黄、黄绿、绿蓝、蓝紫、紫红"。

"红、橙、黄、绿、蓝、紫"是基本色,在每两种基本色之间插一个中间色,即可制出十二基本色相,如图 6-3 所示。

图 6-3

在色相环中,穿过中心点的对角线位置的两种色彩为互补色。因为这两种色彩的差异最大,所以当这两种色彩相互搭配时,这两种色彩的特征会相互衬托得十分明显。补色搭配也是常见的配色方法,如图 6-4 所示。

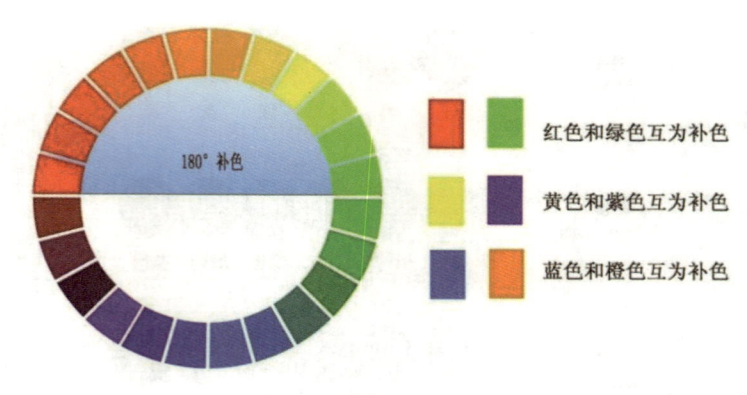

图 6-4

2. 明度

明度是眼睛感觉到的光源和物体表面的明暗程度，是由光线强弱决定的一种视觉经验。明度也可以被简单地理解为色彩的亮度。明度越高，色彩越亮，反之则越暗。

色彩的明度变化有两种，即相同色彩的明度变化和不同色彩的明度变化。相同色彩的明度变化效果如图 6-5 所示。不同色彩也存在明度变化，其中黄色的明度最高，紫色的明度最低，红色、绿色、蓝色、橙色的明度相近，如图 6-6 所示。

图 6-5   图 6-6

使用不同明度的色彩有助于表达画面的感情。不同色相中的明度变化效果，以及相同色相中的明度变化效果如图 6-7 所示。

图 6-7

3. 纯度

纯度是指色彩的饱和度。物体的纯度取决于该物体表面选择性的反射能力，如图 6-8 所示。

图 6-8

色彩的纯度也像明度一样有着丰富的层次，这使纯度的对比呈现出变化多样的效果。加入的黑色、白色、灰色成分越多，色彩的纯度越低。以绿色为例，加入黑色、白色、灰色后，其纯度会随之降低，如图 6-9 所示。

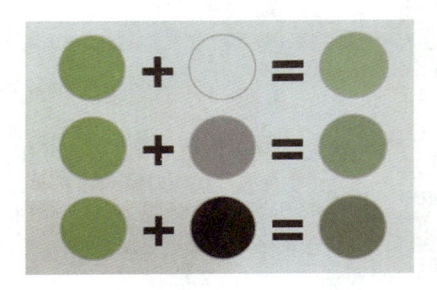

图 6-9

在设计中可以通过控制色彩纯度的方式对画面进行调整。纯度越高，画面的色彩越鲜艳、明亮，给人的视觉冲击力越强；反之，纯度越低，画面的灰暗程度就会增加，其所产生的效果就越柔和、舒服。高纯度给人一种艳丽的感觉，而低纯度给人一种灰暗的感觉，如图 6-10 所示。

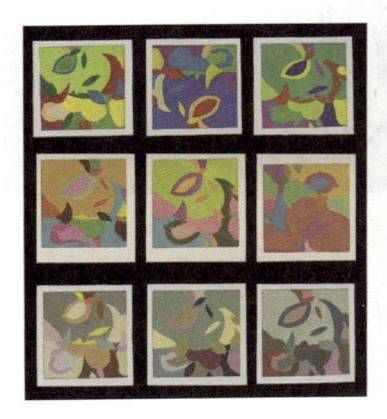

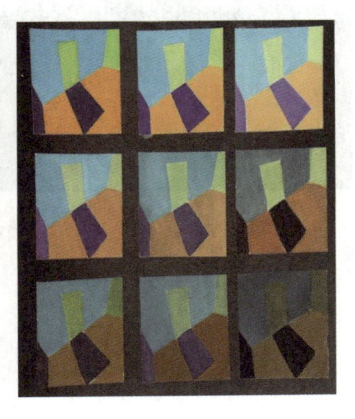

图 6-10

▶▶ 讨论与交流

色彩的色相、明度和纯度如何相互影响并塑造视觉效果？

任务 2　直方图与波形图

▶▶ 任务重点

1. 掌握直方图与波形图的含义。
2. 分析直方图与波形图，并对其进行相应的优化。

▶▶ 任务设计效果

本实例操作中的效果如图 6-11 所示。

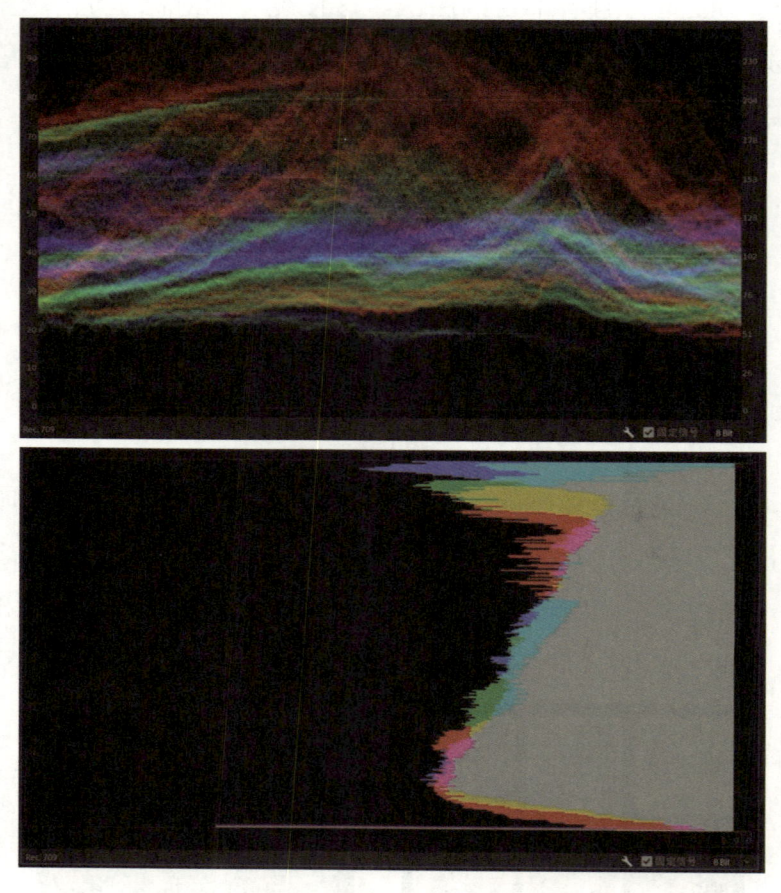

图 6-11

▶▶ 任务实施

一、直方图

导入素材，在"Lumetri 范围"窗口中的空白处右击，在弹出的快捷菜单中选择"直方图"选项，如图 6-12 所示。

图 6-12

在 Premiere Pro 中，直方图是一种用于显示图像或视频亮度和颜色信息分布的工具。它可以帮助用户了解画面的曝光情况、色彩分布，以及对比度等信息，从而辅助用户对画面进行修正。

直方图的纵轴表示亮度或颜色通道的值。对于亮度，从下到上通常代表从暗（低亮度）到亮（高亮度）的变化。如果查看颜色通道，如红色通道、绿色通道、蓝色通道，那么纵轴代表相应颜色通道的强度的变化，如图 6-13 所示。

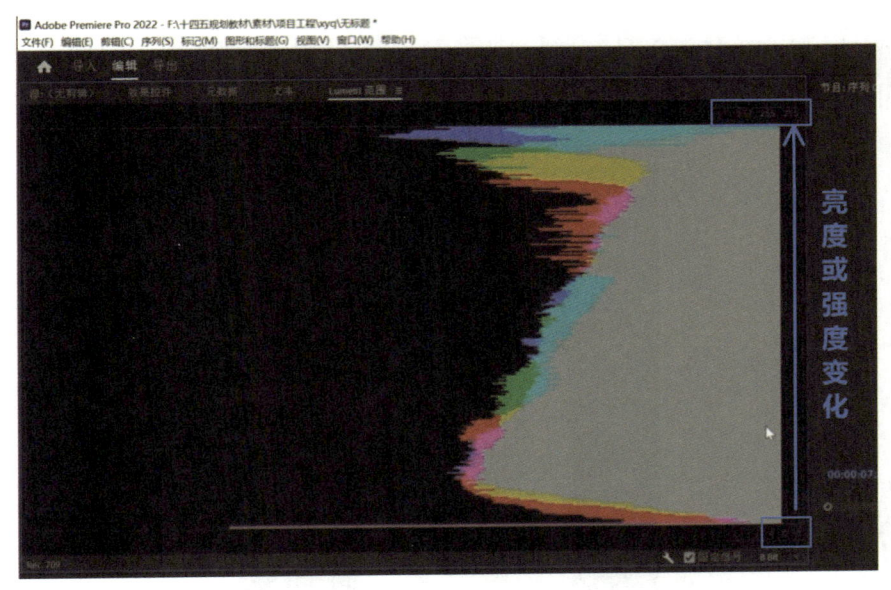

图 6-13

直方图的横轴表示相应亮度或强度的像素，如图 6-14 所示。也就是说，横轴的高度反映了具有特定亮度或强度的像素在整个图像或视频中出现的频率。

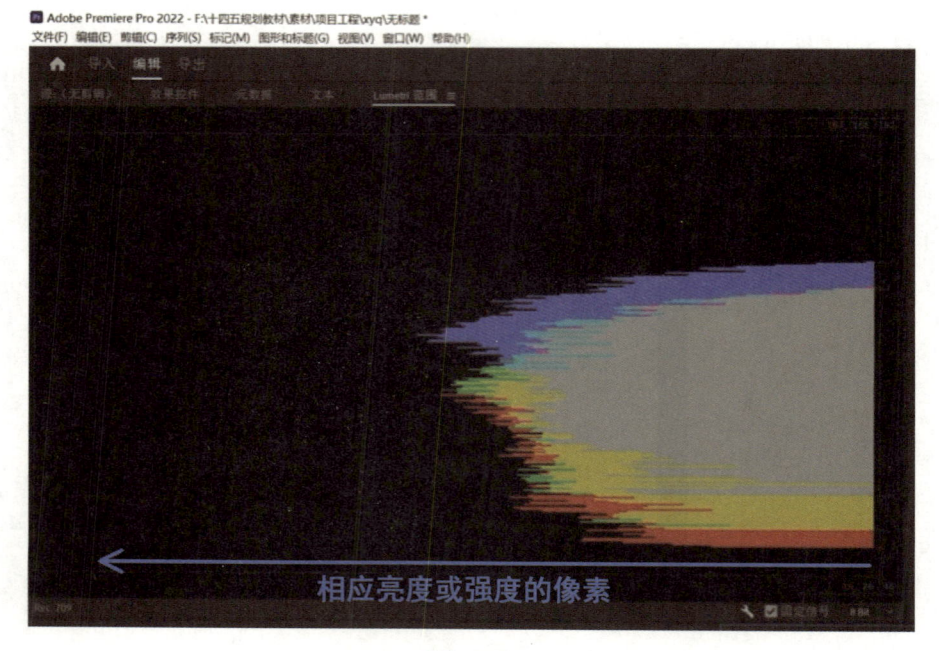

图 6-14

如果发现直方图显示画面整体偏暗，那么可以适当增加曝光或提高亮度；如果发现某种色彩过于突出或不足，那么可以调整相应颜色通道的参数。不同的图像或视频可能有不同的直方图形状，这取决于拍摄内容和想要呈现的效果。一般来说，一个分布相对均匀、不过度集中在某一侧且没有明显切断的直方图，表示图像或视频的亮度和色彩分布较为合理。

二、波形图

导入素材，在"Lumetri 范围"窗口中的空白处右击，在弹出的快捷菜单中勾选"波形（RGB）"复选框，如图 6-15 所示。

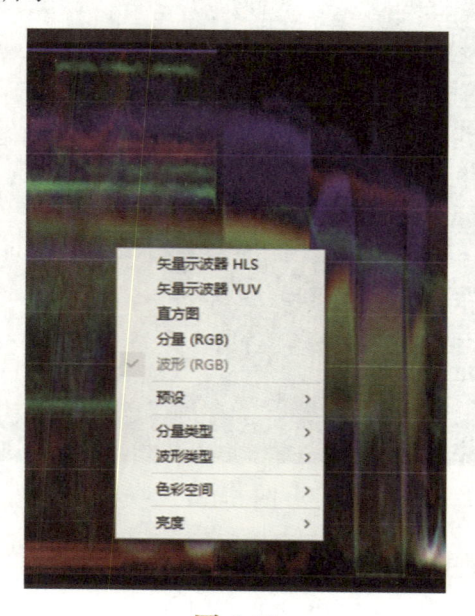

图 6-15

通过观察波形的幅度和分布，能够很好地判断图像或视频的亮度范围和对比度情况，从而进行精确的调整，以免出现过亮或过暗的区域。

在 Premiere Pro 中，波形图的横轴代表的并不是数值，它与画面一一对应。波形图的最左侧代表的是画面的最左端，波形图的最右侧代表的是画面的最右端，如图 6-16 所示。

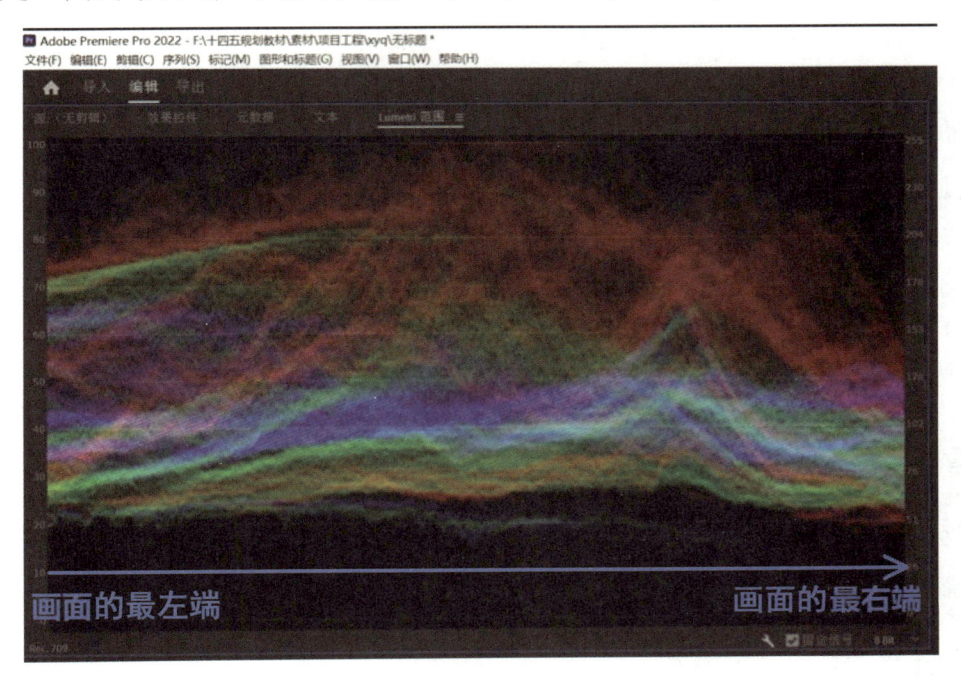

图 6-16

波形图的纵轴有两个指数，右侧的纵轴代表的是亮度，左侧的纵轴代表的是画面中的颜色占比，如图 6-17 所示。

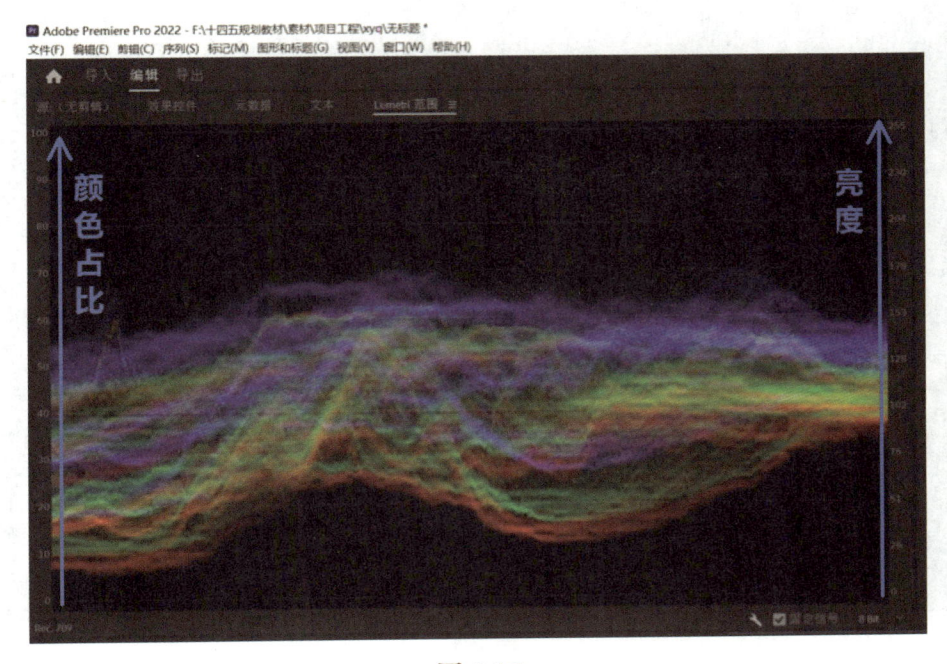

图 6-17

波形图为色彩和亮度的调整提供了精确的参考依据。通过波形图，可以直观地分析不同位置亮度的分布情况，有助于在调色过程中进行精准的优化。

使用不同版本的 Premiere Pro 可能会导致直方图和波形图的显示方式略有差异，但二者的基本原理和解读方法是相似的。在使用直方图或波形图时，还需要结合实际的画面内容和个人审美进行综合的调色决策，以获得满意的画面效果。

▶▶讨论与交流

1. 如何通过直方图和波形图判断画面是否存在色偏的问题？
2. 对于不同类型的素材（风景、人物、夜景等），其直方图和波形图通常有哪些特点？

任务 3　分量示波器

▶▶任务重点

1. 掌握分量示波器的含义。
2. 分析画面中的图像，并对其进行相应的优化。

▶▶任务设计效果

本实例操作中的效果如图 6-18 所示。

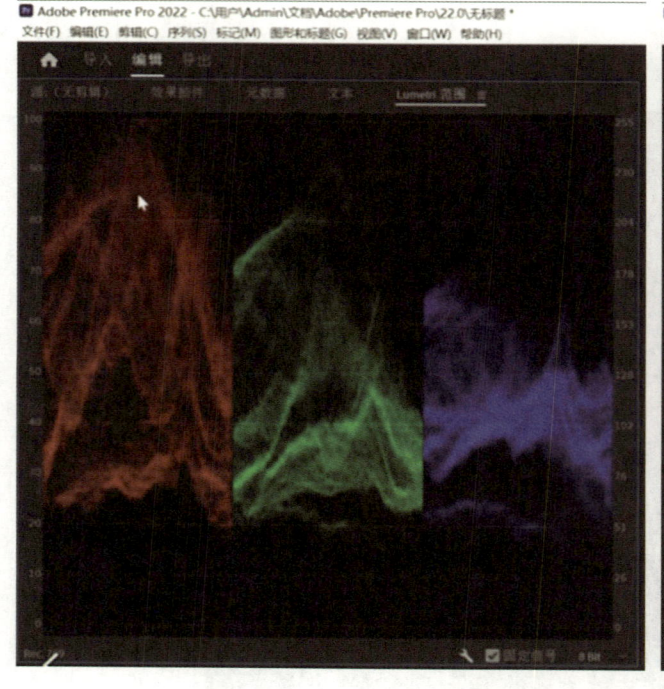

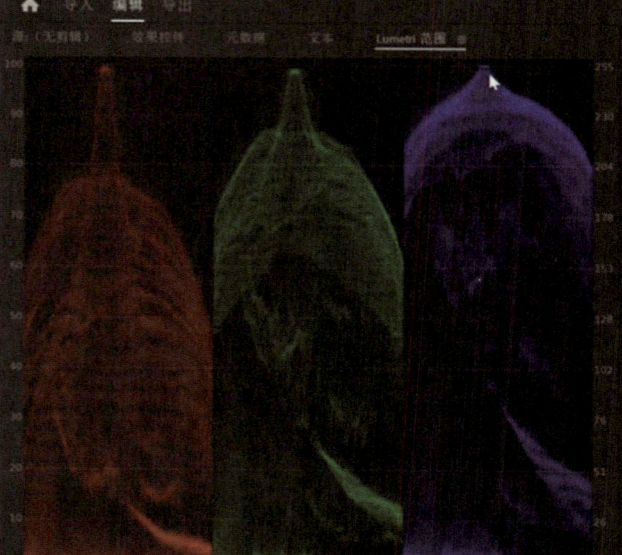

图 6-18

▶▶**任务实施**

导入素材，在"Lumetri 范围"窗口中的空白处右击，在弹出的快捷菜单中勾选"分量（RGB）"复选框，如图 6-19 所示。

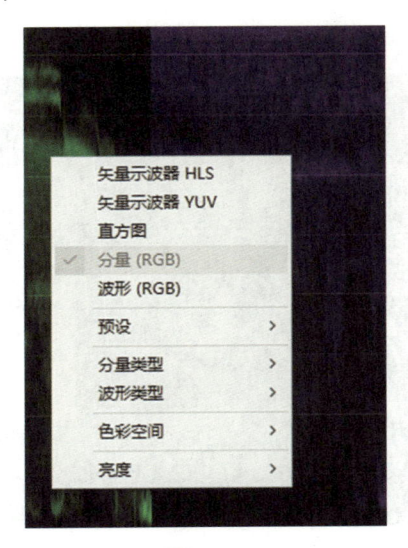

图 6-19

分量示波器是用于分析图像的工具，可以帮助用户了解图像中颜色和亮度的分布情况，从而进行精确的色彩校正。

分量示波器用于将红色通道、绿色通道、蓝色通道分离出来独立显示。分量示波器的横轴与波形图的横轴的意义相同，3 个并列的部分分别对应画面中相应的位置，纵轴中的 0～255 代表的是亮度，如图 6-20 所示。

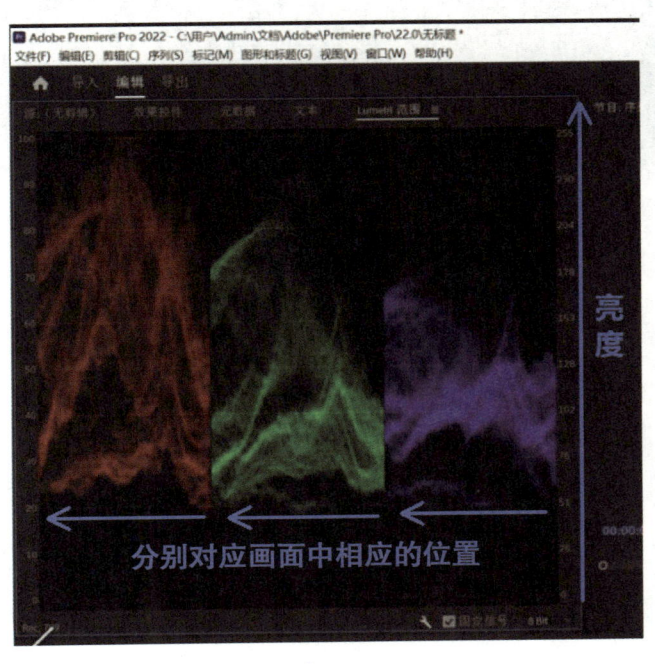

图 6-20

通过分量示波器可以判断画面偏什么颜色。亮部区域哪种颜色的亮度最强，亮部区域就偏哪种颜色。同理，暗部区域哪种颜色的亮度最强，暗部区域就偏哪种颜色。某种颜色的亮度越强，该种颜色在画面中就越容易被凸显出来。相反，亮度越弱，就越不容易被凸显出来，如图 6-21 所示。

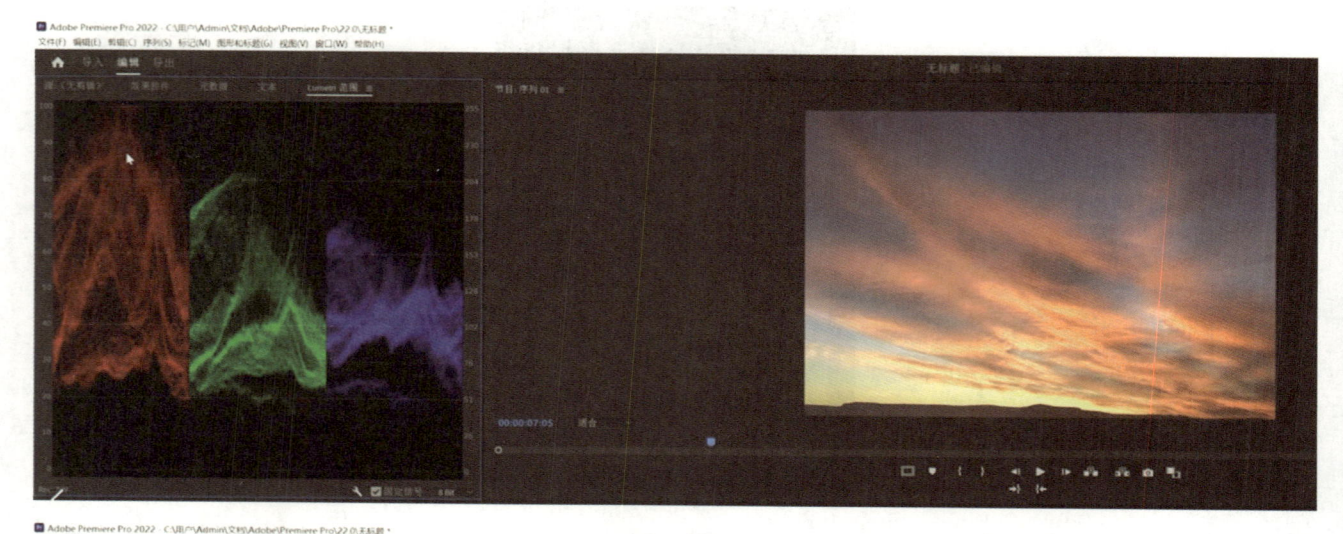

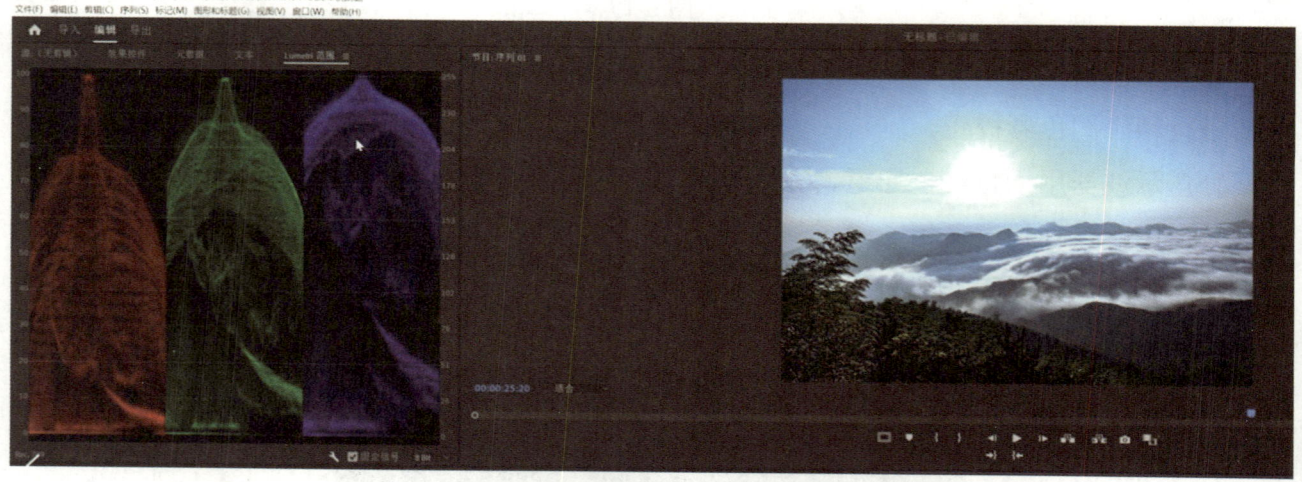

图 6-21

在使用分量示波器时，需注意以下几点。

（1）观察分量示波器中各颜色通道的分布，判断画面是否存在色偏或亮度不平衡的问题。

（2）在色彩校正过程中，尽量使主要颜色信息分布在合理的范围内。

（3）结合其他调色工具，根据分量示波器的反馈进行相应的调整，以达到理想的色彩效果。

分量示波器是视频调色中非常重要的工具之一，但对于初学者来说，可能需要一些时间和实践来熟悉如何运用分量示波器提供的信息。不同的视频和调色需求可能需要灵活使用不同的调色工具。

▶▶ 讨论与交流

1. 如何使用分量示波器判断画面是否存在色偏的问题？
2. 分量示波器与直方图、波形图的区别和联系是什么？

任务 4　Lumetri 颜色面板

▶▶ 任务重点

1. 掌握 Lumetri 颜色面板中各模块的作用。
2. 能够使用 Lumetri 颜色面板对画面进行优化。

▶▶ 任务设计效果

本实例操作中的效果如图 6-22 所示。

图 6-22

▶▶ 任务实施

导入素材，选择"窗口"→"工作区"→"颜色"命令，如图 6-23 所示。

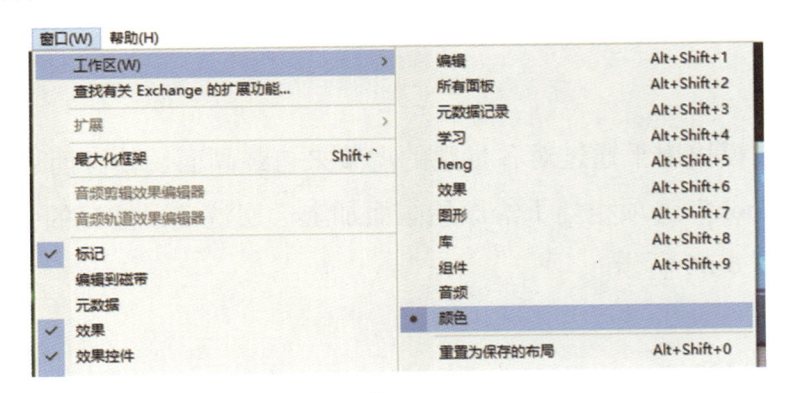

图 6-23

Lumetri 颜色面板中共有 6 个模块，分别是基本校正、创意、曲线、色轮和匹配、HSL 辅助、晕影，如图 6-24 所示。

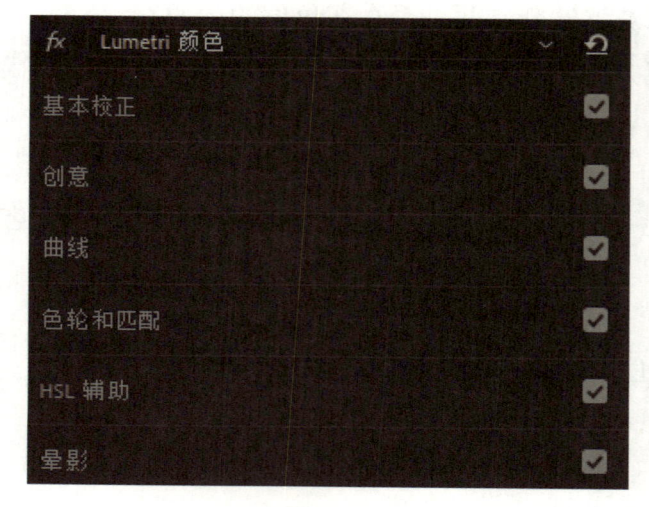

图 6-24

一、基本校正

基本矫正模块包括"输入 LUT"、"颜色"和"灯光"3 个选项。

其中，"输入 LUT"选项用于设置调色效果，如不同相机型号的预设，如图 6-25 所示。也可以单击"自动"按钮完成调色。

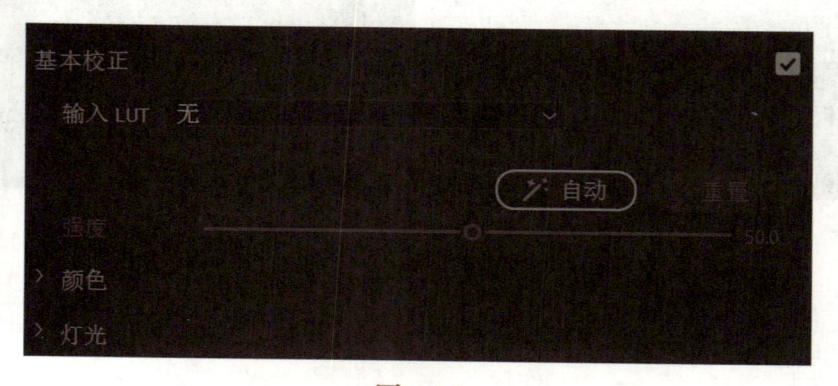

图 6-25

二、创意

顾名思义，创意模块用于通过对各参数的调整来包装画面，使画面达到预期的风格。

其中，设置"Look"选项相当于给原始画面加上一层滤镜，滤镜的强弱可以通过调整强度参数来实现，如图 6-26 所示。

图 6-26

"调整"选项的参数包括淡化胶片、锐化、自然饱和度、饱和度和色彩平衡，如图 6-27 所示。其中，色彩平衡参数主要用于调整画面的颜色偏差。例如，画面缺少什么颜色，就可以通过将鼠标指针移动到色轮中心的十字图标上，按住鼠标左键并拖动鼠标来向那个所需的颜色方向移动。

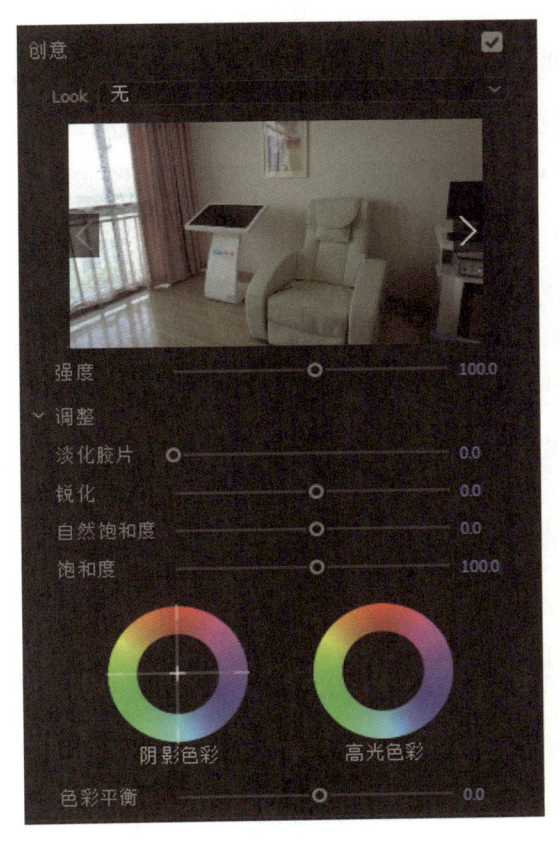

图 6-27

三、曲线

曲线模块用于设置 RGB 曲线和色相饱和度曲线。

其中，有 4 种颜色的 RGB 曲线，白色曲线主要用于调整画面整体的明暗程度，如图 6-28

所示。例如，将白色曲线向上拖动，整个画面会变亮；将白色曲线向下拖动，整个画面会变暗。

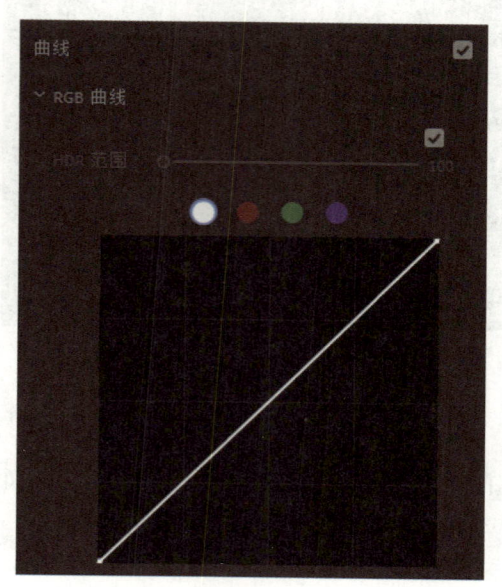

图 6-28

将红色曲线、绿色曲线、蓝色曲线向上拖动，表示增加相应的颜色，如图 6-29 所示；将红色曲线、绿色曲线、蓝色曲线向下拖动，表示减少相应的颜色。

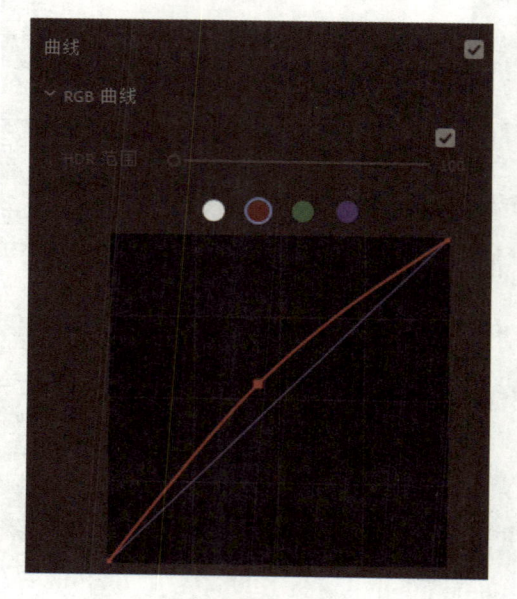

图 6-29

色相和饱和度曲线用于调整画面中某种颜色的鲜艳程度。例如，对于第 1 个色相与饱和度曲线，如果画面中的某种颜色太过鲜艳，那么可以用吸管吸取这种颜色。此时，曲线上会呈现出 3 个点，首、尾两个点表示选择的范围，可以通过移动这两个点来扩大或缩小选择的范围。将中间的点向上或向下拖动可以对颜色进行调整，如图 6-30 所示。其他几种曲线的使用方法亦是如此。

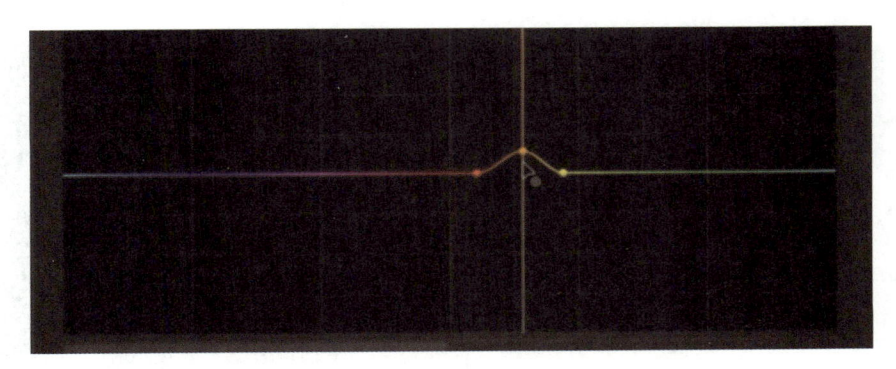

图 6-30

四、色轮和匹配

色轮和匹配模块用于将两个画面完美融合。其具体操作方法如下。

选择两张图片，先单击"比较视图"按钮，然后单击"应用匹配"按钮，如图 6-31 所示。

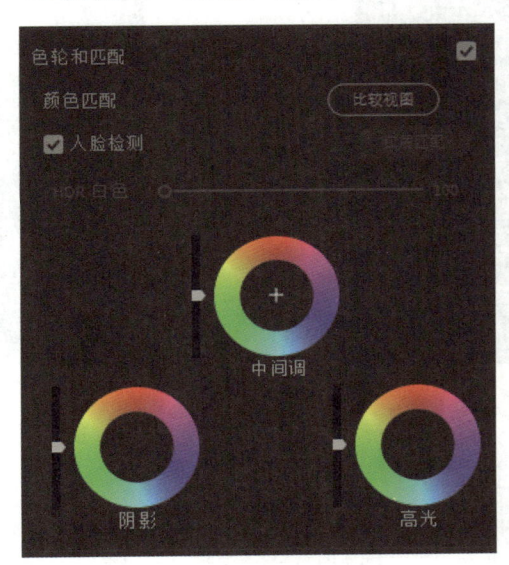

图 6-31

五、HSL 辅助

HSL 辅助模块中的"H"表示色相，"S"表示饱和度，"L"表示亮度。在对画面进行基本调色时，可以通过 HSL 辅助模块来精准地选择调色范围。例如，要调整画面中天空的颜色，可以先用吸管吸取天空的颜色，然后勾选"白色/黑色"复选框，如图 6-32 所示。

画面中的白色部分表示已选中的区域，黑色部分表示未选中的区域。若要扩大选择的范围，则可以单击带加号的"吸管"工具，吸取黑色。若要减小选择的范围，则可以单击带减号的"吸管"工具，吸取黑色。确定选择的范围后，可以通过"优化"选项和"更正"选项中的参数来对画面进行进一步的调整，如图 6-33 所示。

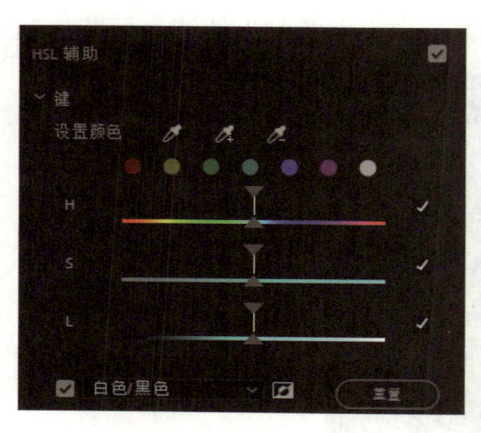

图 6-32　　　　　　　　　　　　　图 6-33

六、晕影

晕影模块主要用于凸显画面中的视觉中心。通过设置其中的"数量"、"中点"、"圆度"和"羽化"4 个选项，可以调整画面光影的变化情况，如图 6-34 所示。

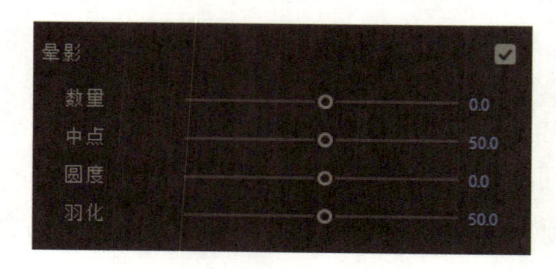

图 6-34

▶▶ 讨论与交流

1. 对于不同类型的素材，如何定制化地设置 Lumetri 颜色面板中的各模块以达到最佳效果？
2. 对于 4K 或高帧速率视频，Lumetri 颜色面板中各模块的性能是否会受影响？如何优化？

任务 5　LUT 和 Look 滤镜的使用方法

▶▶任务重点

1. 掌握 LUT 和 Look 滤镜的使用方法。
2. 能够根据要求选择符合主题的 LUT 和 Look 滤镜。

▶▶任务设计效果

本实例操作中的效果如图 6-35 所示。

图 6-35

▶▶任务实施

导入素材，单击"窗口"菜单，勾选"Lumetri 颜色"复选框，如图 6-36 所示。

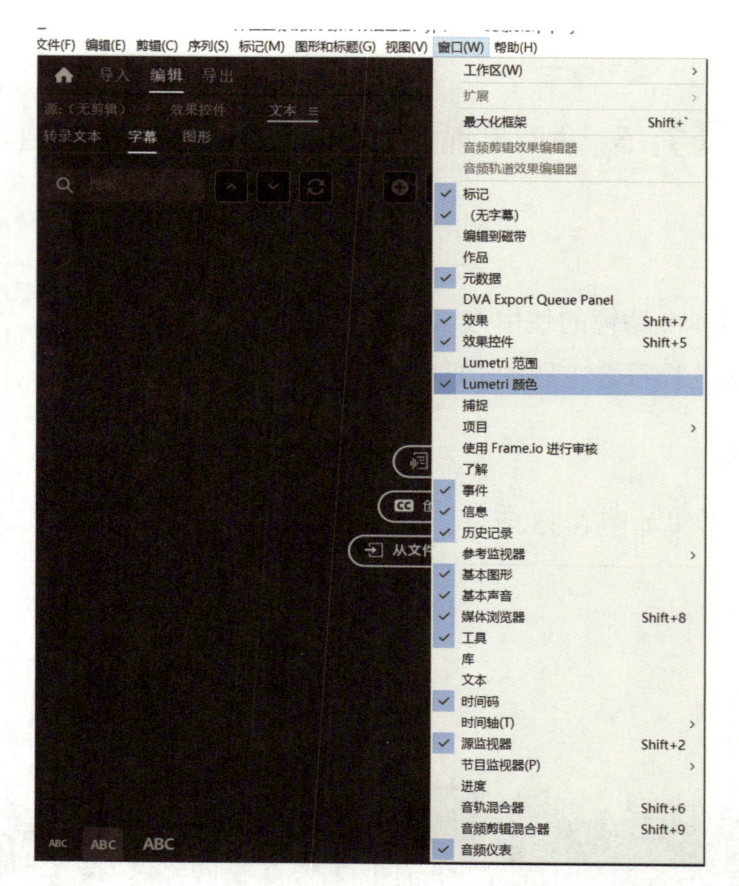

图 6-36

一、LUT 在 Premiere Pro 中的作用

LUT 的主要作用是将画面调整为正常的色彩。例如，校正画面过暗或过亮的区域，解决曝光问题，还原被拍摄主体的真实色彩。在基本校正模块中可以调整白平衡、曝光、对比度、高光、阴影、白色、黑色等参数，使画面的光影和色彩达到相对平衡与准确的状态，如图 6-37 所示。

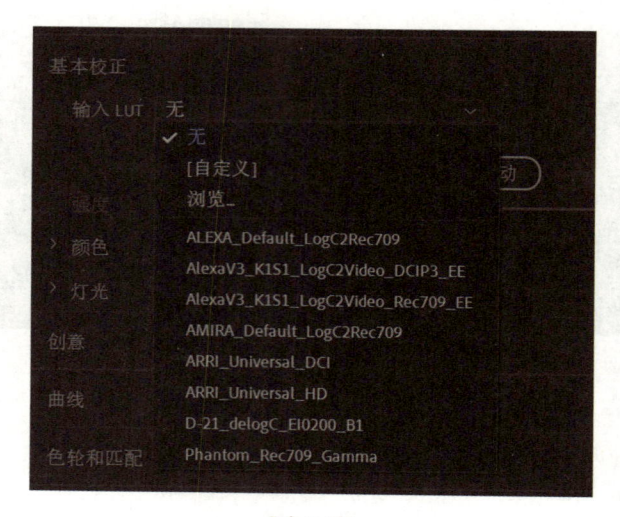

图 6-37

二、Look 在 Premiere Pro 中的作用

Look 的主要作用是为画面添加特定的风格或滤镜效果，使画面偏向某种特定的色彩风格，从而增强视觉效果和艺术氛围。在创意模块中，可以导入各种 Look，通过调整强度、锐化、自然饱和度和饱和度等参数来控制风格化的程度和效果细节，以满足不同的创作需求，营造出独特的情感和氛围，如复古、清新、冷峻等，如图 6-38 所示。

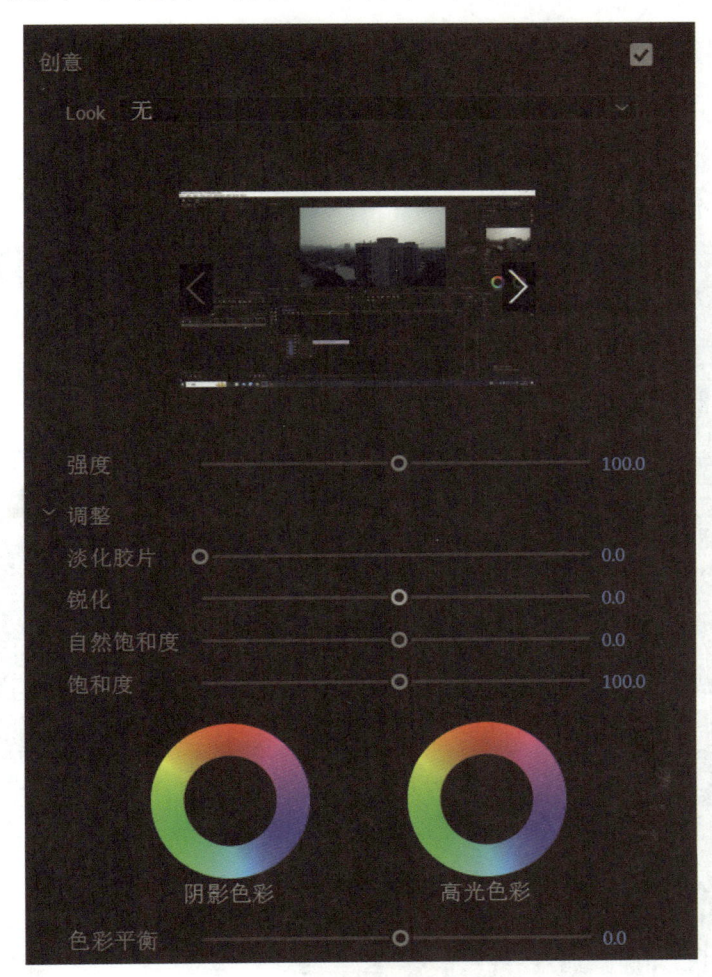

图 6-38

LUT 和 Look 为视频调色提供了便利，可以在一定程度上提高调色效率，并帮助创作者实现想要的视觉效果。需要注意的是，LUT 和 Look 并不是万能的，需要结合其他调色工具和技巧进行微调，以达到最佳的画面效果。同时，对于不同的素材和项目需求，需要尝试不同的 LUT 和 Look，进行适当的调整。

▶▶ 讨论与交流

1. LUT 和 Look 的区别是什么？
2. 是否可以根据个人需求自定义 LUT 和 Look？

任务 6　一级调色

▶▶任务重点

1. 理解一级调色的概念和作用。
2. 能够根据不同的素材和创作意图进行一级调色。

▶▶任务设计效果

本实例操作中的效果如图 6-39 所示。

图 6-39

▶▶任务实施

一、一级调色的作用

一级调色就是使用 Lumetri 颜色面板中的相关参数对画面进行一些基础调色。通过分析素材可以对画面的颜色进行校准和统一。

二、色彩校正

1. 亮度

亮度的调整主要包含两方面。一方面是画面亮度的调整，如果画面整体亮度偏强，那么就是高调画面，高调画面给人一种明媚的感觉，如图 6-40 所示。

图 6-40

如果画面整体亮度偏弱，那么就是低调画面，低调的画面给人一种灰暗的感觉，如图 6-41 所示。

图 6-41

另一方面是画面的反差，即画面亮部区域和暗部区域的差距。如果画面的反差比较大，那么会给人一种对比鲜明的感觉。反之，对比就没有那么鲜明。

要调整画面整体的亮度，可以通过调整高光和阴影来实现。若要增大或减小画面的反差，则可以通过调整其对比度来实现，如图 6-42 所示。

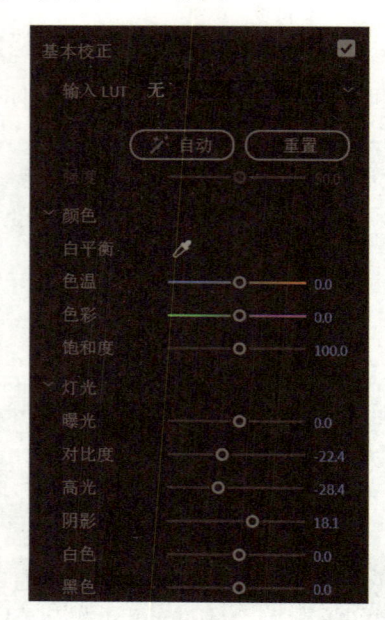

图 6-42

2. 色度

通过分量示波器可以判断画面是否存在色偏的问题。若画面存在色偏的问题，则可以使用色轮进行调整，使红色、绿色、蓝色达到基本平衡。若需要在画面中加入某种颜色，则可以将色轮中心的十字图标往某种颜色的区域拖动，如图 6-43 所示。

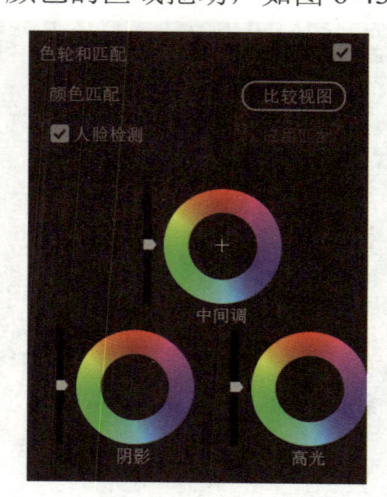

图 6-43

色轮把画面分为 3 个区域，分别是高光区域、阴影区域和中间调区域。高光区域就是控制画面的亮部区域，阴影区域就是控制画面的暗部区域，中间调区域就是控制画面的中间区域，如图 6-44 所示。

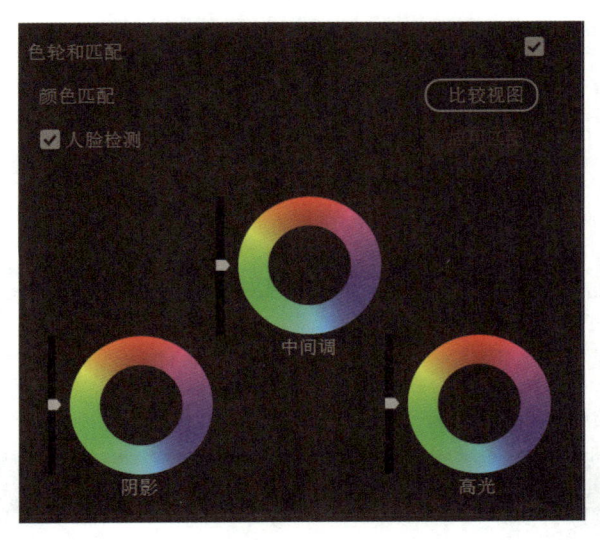

图 6-44

三、注意事项

（1）分析原始素材：在调色之前，仔细观察原始素材的调值、反差和色度等，了解其特点和存在的问题。

（2）确定调色目标：明确想要通过调色实现的效果，如营造特定的氛围、校正颜色偏差、提高对比度等。

（3）遵循色彩理论：了解基本的色彩理论，如互补色、相邻色的关系，有助于有效地调色。

（4）不要过度调色：避免过度调色，以致画面看起来不自然或失真。

（5）保持整体一致性：如果是多段素材，那么要确保调色效果在整体中保持一致，以免产生跳跃感。

（6）观察示波器：通过观察分量示波器来判断画面的亮度分布，确保不出现过曝或欠曝的问题。

（7）保存原始素材：在调色之前，最好先复制原始素材或保存项目的不同版本，以便在需要时能够回到初始状态。

（8）测试和预览：在应用调色效果之前，应多次预览和测试不同的参数设置，以达到满意的效果。

▶ 讨论与交流

1. 如何判断素材是否需要进行一级调色？
2. 如何避免一级调色过度的问题？

任务 7　RGB 曲线的使用方法

▶▶**任务重点**

1. 理解 RGB 曲线的作用。
2. 能够根据不同的素材和创作意图，通过调整 RGB 曲线来达到理想的效果。

▶▶**任务设计效果**

本实例操作中的效果如图 6-45 所示。

图 6-45

▶▶**任务实施**

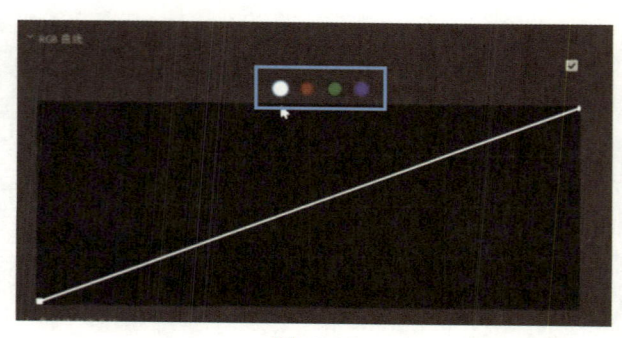

图 6-46

一、RGB 曲线的作用

在 Lumetri 颜色面板中，RGB 曲线用于调整画面的亮度和色调。有 4 种颜色的 RGB 曲线，分别是白色曲线、红色曲线、绿色曲线和蓝色曲线，如图 6-46 所示。

其中，白色曲线为主曲线，用于控制画面的亮度，调整主曲线会同时调整 3 个颜色通道的值。主曲线最初显示为一条白色对角线，左下角代表图像的暗部区域，将此处的控制点向上拖动，会使画面的暗部区域变亮，如图 6-47 所示。若将该控制点向右拖动，则画面的暗部区域会变得更暗，如图 6-48 所示。

图 6-47

图 6-48

右上角代表图像的亮部区域，将此处的控制点向下拖动，会使画面的亮部区域变暗，如图 6-49 所示。若将该控制点向左拖动，则画面的亮部区域会变得更亮，如图 6-50 所示。

图 6-49

图 6-50

二、S 形曲线

RGB 曲线中有一条经典的 S 形曲线。在主曲线的亮部区域和暗部区域分别单击，即可添加两个控制点。调整这两个控制点，即可使曲线呈 S 形，如图 6-51 所示。

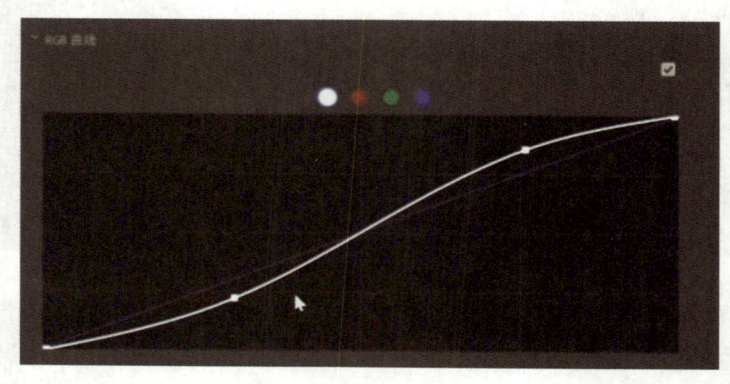

图 6-51

三、颜色通道

颜色通道存在 180°互补关系，具体表现如下。

（1）红色通道：向上拖动，画面偏红色；向下拖动，画面偏青绿色。

（2）绿色通道：向上拖动，画面偏绿色；向下拖动，画面偏品红色。

（3）蓝色通道：向上拖动，画面偏蓝色；向下拖动，画面偏黄色。

例如，如果想让画面的亮部区域偏红色，暗部区域偏青色，那么可以在红色曲线上单击，添加 3 个控制点，

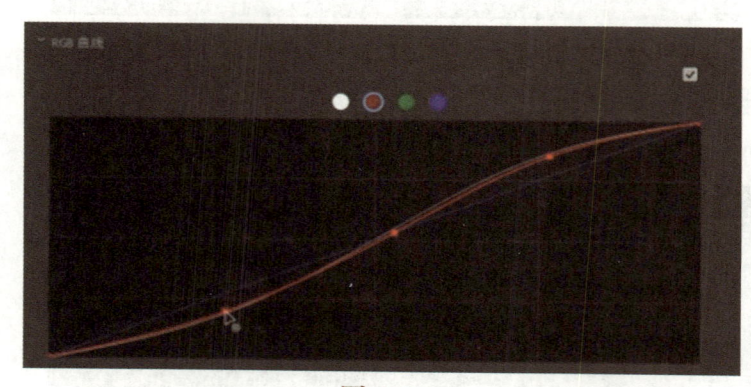

图 6-52

先向上拖动亮部区域的控制点，再向下拖动暗部区域的控制点，如图 6-52 所示。

四、方法和技巧总结

（1）添加高光：将控制点拖动到 RGB 曲线的右上角。

（2）添加阴影：将控制点拖动到 RGB 曲线的左下角。

（3）调整不同色调区域：直接在 RGB 曲线上添加控制点。

（4）使色调区域变亮：向上拖动控制点。

（5）使色调区域变暗：向下拖动控制点。

（6）提高对比度：向左拖动控制点。

（7）降低对比度：向右拖动控制点。

（8）删除控制点：按住 Ctrl 键的同时单击控制点。

▶▶讨论与交流

1. 如何使用 RGB 曲线修复曝光不足或过度曝光的画面？
2. 在使用 RGB 曲线调整画面时，如何避免过度调整导致的颜色失真？

拓展任务 6　制作小清新风格短视频

▶▶任务重点

1. 调色工具的使用方法和技巧。
2. 灵活运用调色工具实现小清新风格。

▶▶任务设计效果

本实例操作中的效果如图 6-53 所示。

图 6-53

任务实施

步骤 1

导入素材，将其拖动到时间线面板中的相应轨道上。

步骤 2

首先，观察素材，画面整体偏黄色。通过观察分量示波器可以发现，亮部区域的蓝色相对较少，红色和绿色相对较多，如图 6-54 所示。可以使用色轮和匹配模块进行校正。

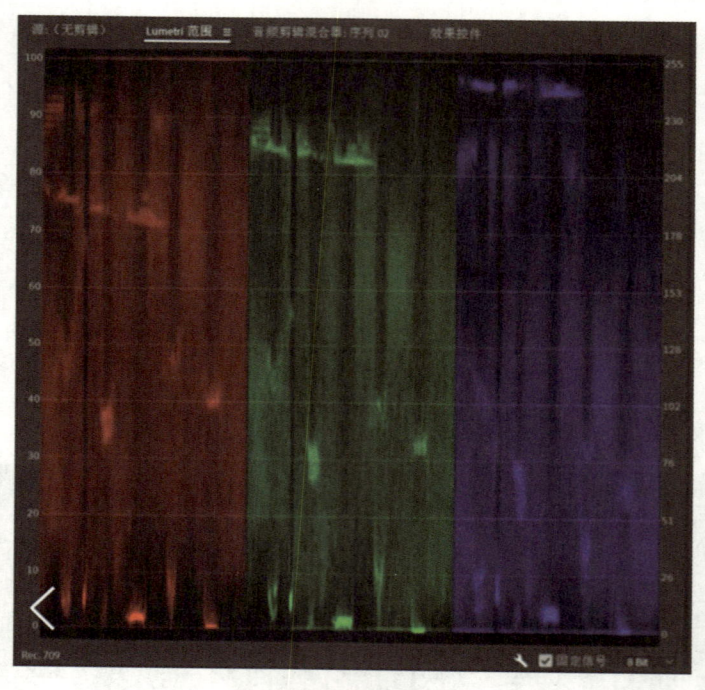

图 6-54

其次，在"高光"色轮和"阴影"色轮中，将十字图标向蓝色区域拖动，在画面的亮部区域和暗部区域中分别添加蓝色，如图 6-55 所示。

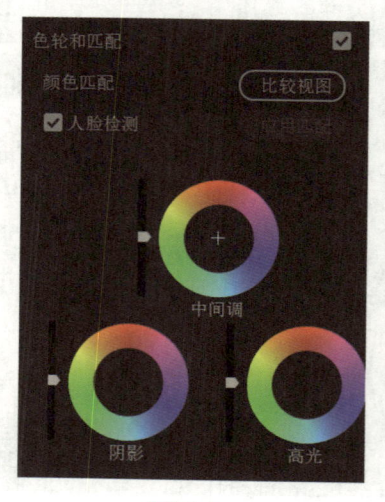

图 6-55

步骤 3

在 RGB 曲线中，将亮部区域稍微提亮，将暗部区域也稍微提亮，降低整个画面的对比度，保持整个画面处于中高调，如图 6-56 所示。

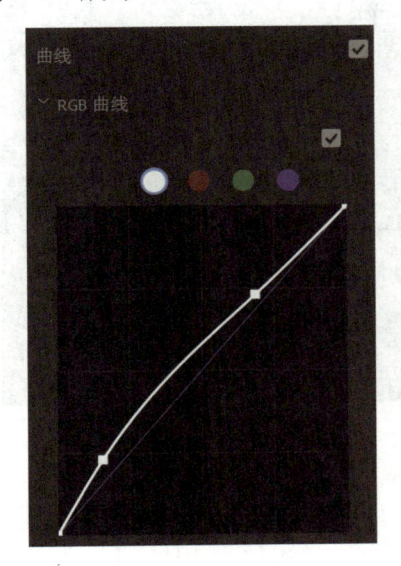

图 6-56

调整整个画面的中间调，添加一些蓝色，也可为亮部区域适当添加一些蓝色，使整个画面显得更加清透，如图 6-57 所示。

图 6-57

增加自然饱和度，使画面中的颜色更加鲜艳，但相对较为柔和，不会导致颜色过度饱和，如图 6-58 所示。

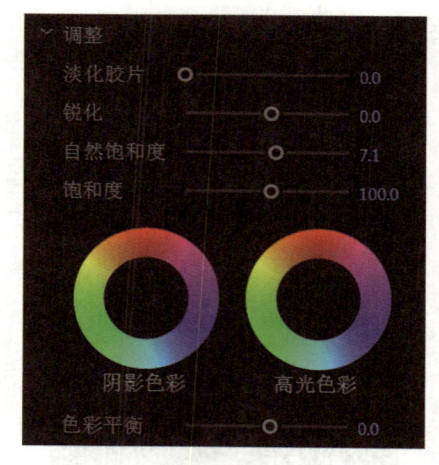

图 6-58

注意事项如下。

（1）保持整体风格的统一：确保整体色调和风格协调一致。

（2）参考优秀作品：多分析小清新风格的优秀短视频，学习其调色思路和技巧。

（3）不断尝试和调整：根据实际素材和个人审美，不断尝试不同的参数组合，找到合适的小清新风格。

▶▶讨论与交流

1. 如何准确把握小清新风格的色彩特征和色调倾向？

2. 如何处理人物肤色在小清新风格调色中的表现，使其看起来自然、清新？

模块 7　字幕制作

　　Premiere Pro 中的字幕制作是视频剪辑中不可或缺的一环。通过精心设计和制作字幕，可以提高视频的信息传递效率、视觉效果，可以有效地解释画面，补充视频内容，使观众更好地理解视频，为视频内容增添更多价值。

　　本模块主要介绍安装字体与创建字幕、调整字幕属性、滚动字幕、音频转字幕、制作简单字幕、字幕的淡入淡出等内容。通过调整字幕属性，可以提高视频的质量和吸引力，同时增强观众的观看体验和可访问性。

项目培养目标

- ◇ 掌握字幕的基本知识：包括字幕的作用、种类，以及其在视频剪辑中的重要性
- ◇ 了解不同字幕的创建流程，能够熟练地创建各种类型的字幕
- ◇ 能够准确地将字幕添加到视频中，并确保字幕与视频内容的协调一致
- ◇ 能够根据需要对字幕的字体、大小、颜色、位置等进行调整
- ◇ 具备对字幕的美化素养，提高字幕编辑的美化技能
- ◇ 具备自主学习能力和创新精神

项目任务解读

本模块将通过以下任务整合知识点。

- ◇ 安装字体与创建字幕——包含安装字体与创建字幕等知识点
- ◇ 调整字幕属性——包含调整字幕属性等知识点
- ◇ 滚动字幕——包含字幕的滚动设置、滚动字幕的应用等知识点
- ◇ 音频转字幕——包含将音频转换成字幕等知识点
- ◇ 制作简单弹幕——包含弹幕的原理及制作弹幕等知识点
- ◇ 字幕的淡入淡出——包含制作字幕的淡入淡出效果等知识点

任务 1　安装字体与创建字幕

▶▶ **任务重点**

1. 安装字体。
2. 创建字幕。

▶▶ **任务设计效果**

本实例操作中的效果如图 7-1 所示。

图 7-1

▶▶ **任务实施**

步骤 1

在网络上下载所需的字体，单击工具面板中的"文字工具"按钮，在节目监视器中的文字上单击，在基本图形面板的"编辑"区域的"文本"下拉列表中查看字体样式，可以发现没有之前下载的字体样式，如图 7-2 所示。

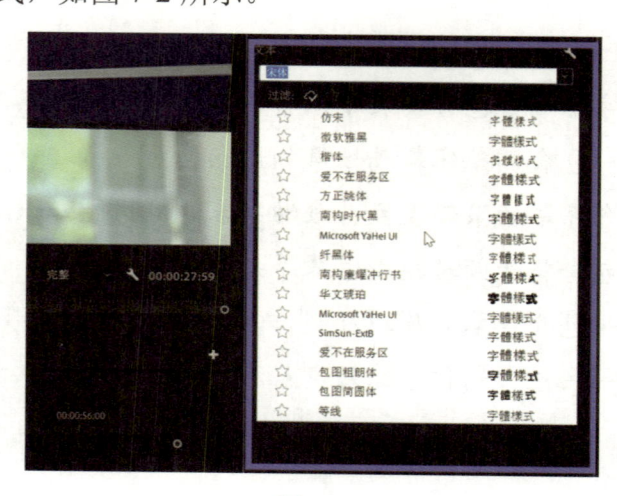

图 7-2

步骤 2

安装字体的方法主要有两种。一种是双击打开字体文件，单击"安装"按钮，如图 7-3 所示；另一种是将下载的字体文件复制并粘贴到 C 盘的"windows"文件夹下的"fonts"文件夹中，如图 7-4 所示。

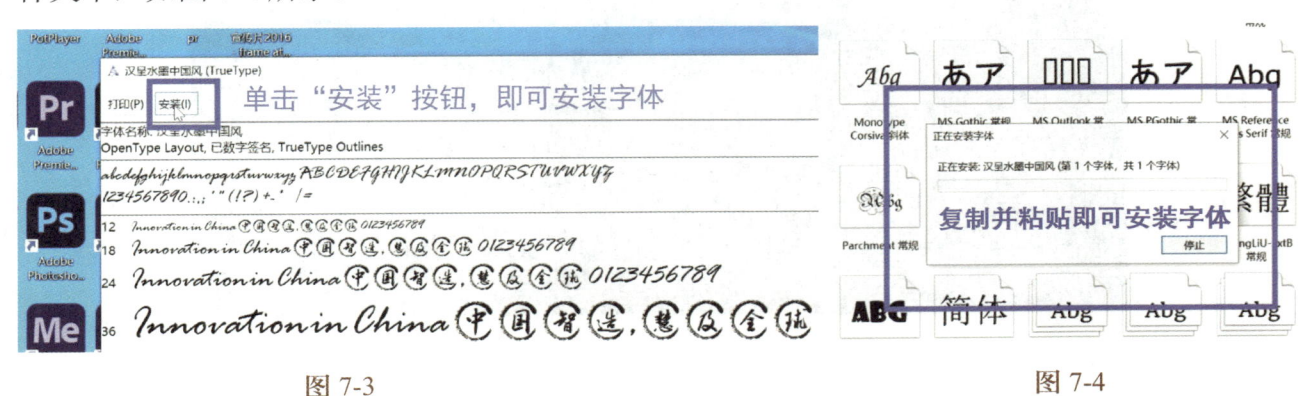

图 7-3

图 7-4

步骤 3

选择"文本"→"字幕"选项，在打开的"字幕"选项卡中单击"创建新字幕轨"按钮，在打开的对话框中进行相应的设置，设置完成后，单击"确定"按钮，如图 7-5 所示。

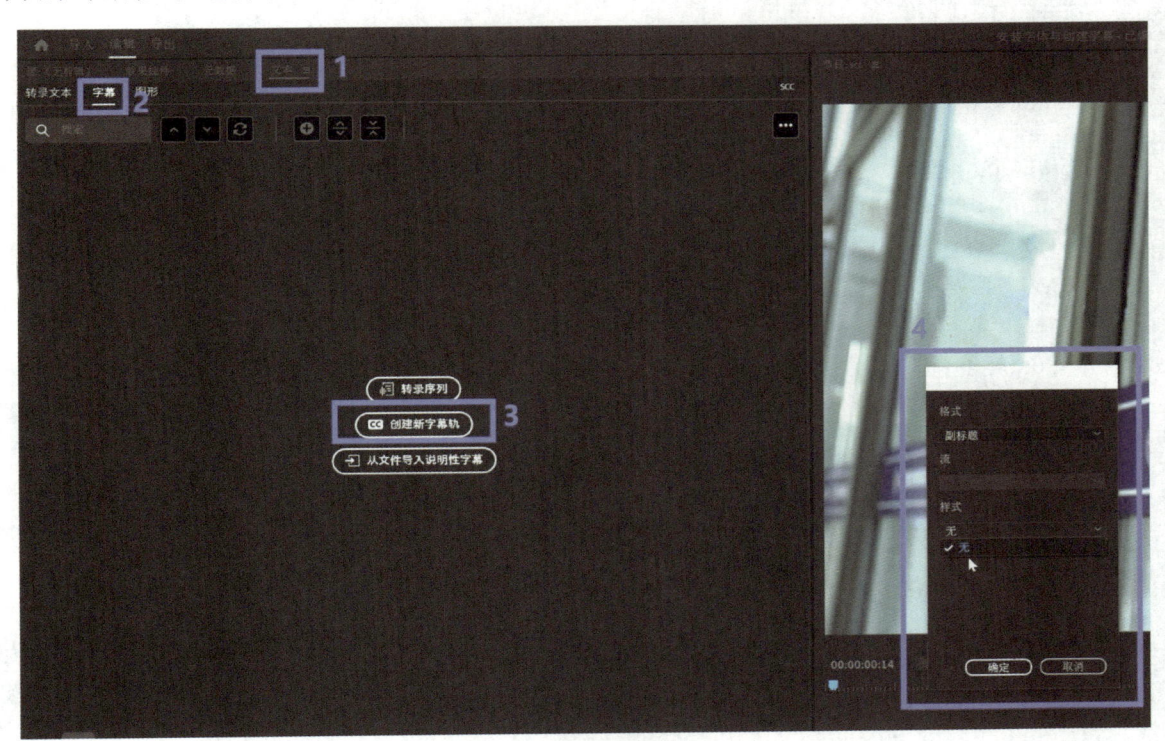

图 7-5

步骤 4

单击"添加新字幕分段"按钮，添加新字幕分段，输入分段字幕内容（见图 7-6），调整字幕的起止帧。

167

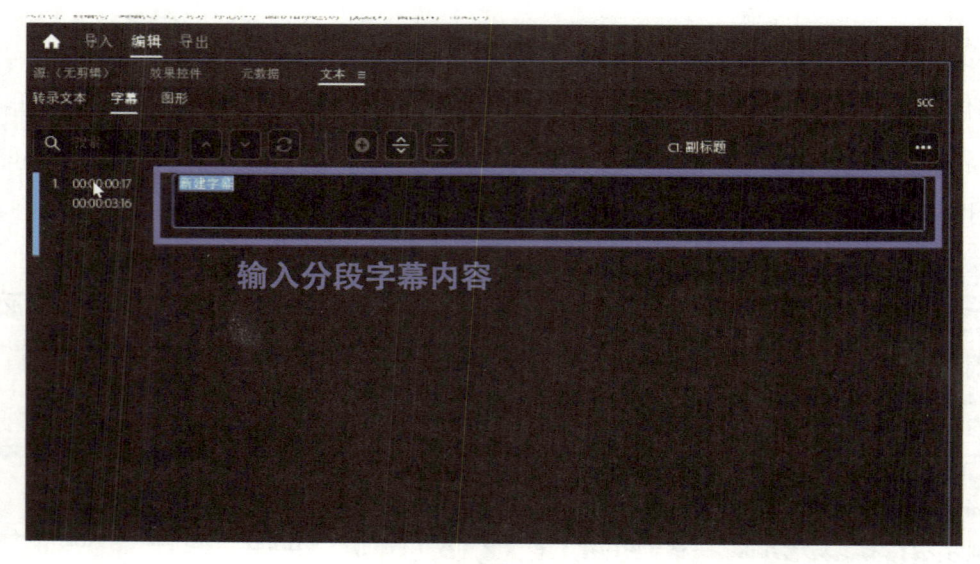

图 7-6

步骤 5

将滑块移出当前字幕帧区域，单击"添加新字幕分段"按钮，添加新字幕分段，输入分段字幕内容（见图 7-7），根据视频需要调整字幕时间。

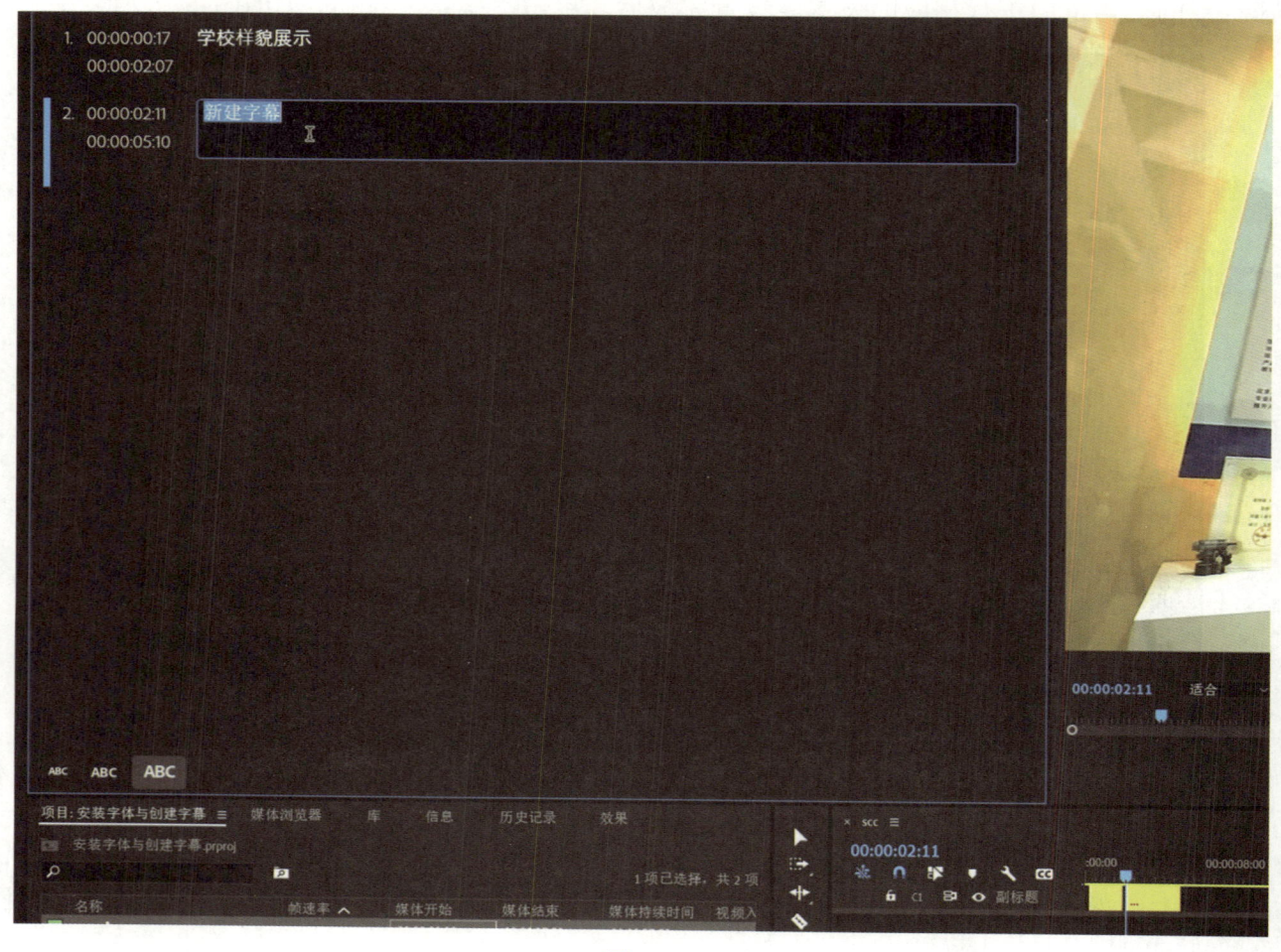

图 7-7

步骤 6

单击工具面板中的"文字工具"按钮，在节目监视器中输入文字，调整文字格式，并调整轨道上文字的起止时间，如图 7-8 所示。

图 7-8

步骤 7

查看最终效果，如图 7-9 所示。

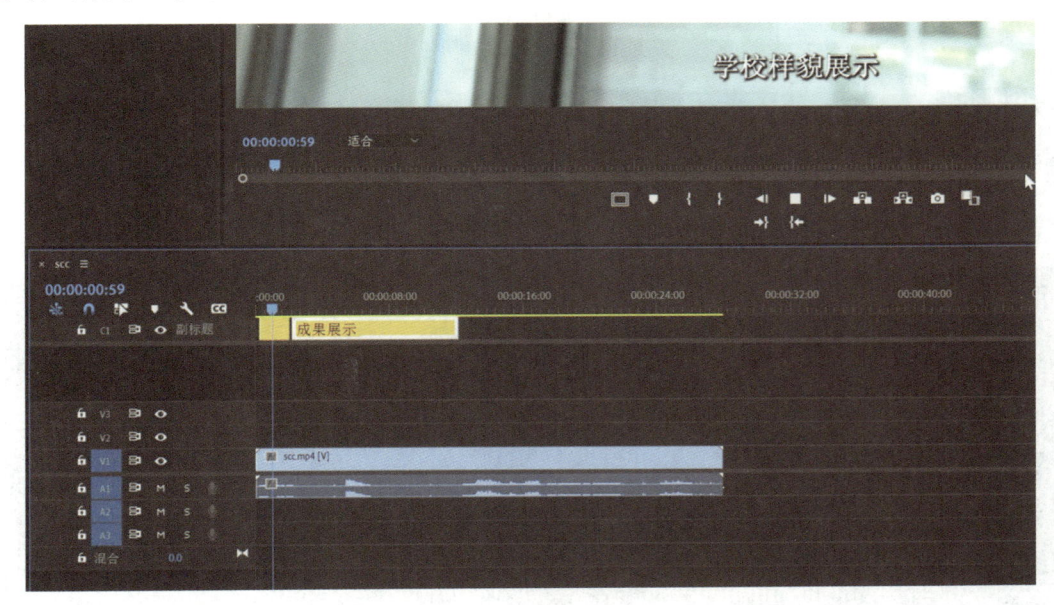

图 7-9

▶▶ 讨论与交流

1. 在 Premiere Pro 中，新建字幕功能和新建旧版标题功能有什么区别？
2. 如何创建纵向字幕？

任务 2　调整字幕属性

▶▶ **任务重点**

1. 添加字幕。
2. 调整字幕属性。

▶▶ **任务设计效果**

本实例操作中的效果如图 7-10 所示。

图 7-10

▶▶ **任务实施**

步骤 1

创建新字幕轨道，添加新字幕分段，输入分段字幕内容，如图 7-11 所示。

图 7-11

步骤 2

在节目监视器中的文字上单击，在基本图形面板的"编辑"区域中调整字幕属性，如图 7-12 所示。

图 7-12

"字体"用于设置文字的外观,"字号"用于设置文字的大小,如图 7-13 所示。

图 7-13

"对齐方式"分为水平方向对齐和垂直方向对齐,对齐位置不是以视频界面为依据的,而是相对于字幕而言的;"字符间距"用于设置字幕中文字之间的距离;"行距"用于设置字幕中多行文字的行与行之间的距离,如图 7-14 所示。

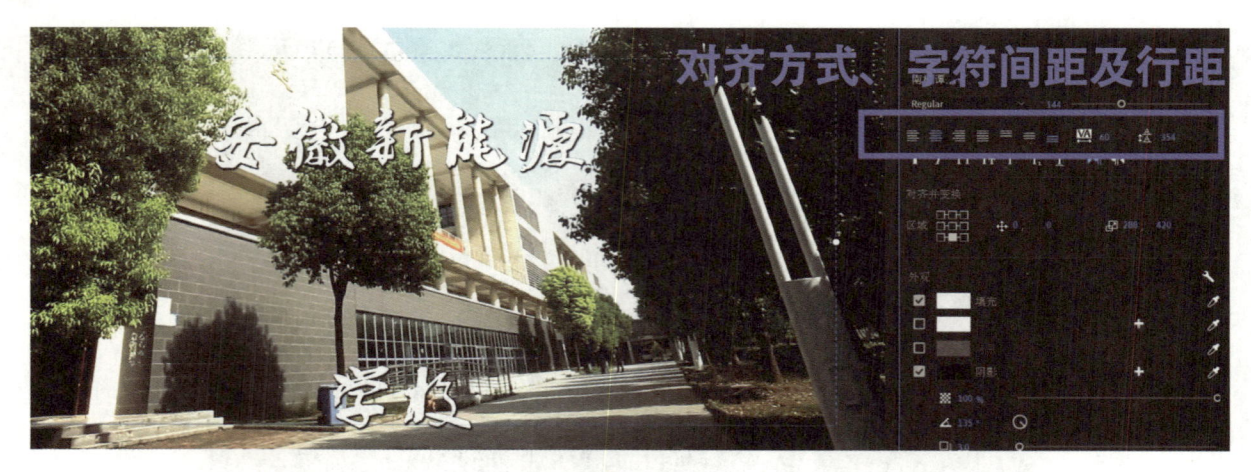

图 7-14

"加粗"用于对文字进行加粗处理;"倾斜"用于将文字倾斜;"全部大写字母"用于将字母全部大写;"小型大写字母"用于将字母全部大写但将其字号变小;"上标"用于在字符右上角标注;"下标"用于在字符右下角标注;"下划线"用于添加下划线,如图 7-15 所示。

图 7-15

"对齐并变换"用于设置字幕内容在字幕中的位置,如图 7-16 所示。

图 7-16

"填充"用于设置文字颜色,如图 7-17 所示;"描边"用于设置文字外边缘的颜色及描边宽度,如图 7-18 所示;"背景"用于设置字幕的背景色、背景的不透明度、背景的大小及背景的角半径,如图 7-19 所示;"阴影"用于设置阴影效果,包括阴影的颜色、阴影的不透明度、阴影的角度、阴影距文字的距离、阴影值(阴影越大,阴影范围越大)、模糊度(模糊度越大,阴影越模糊),如图 7-20 所示。

图 7-17

图 7-18

图 7-19

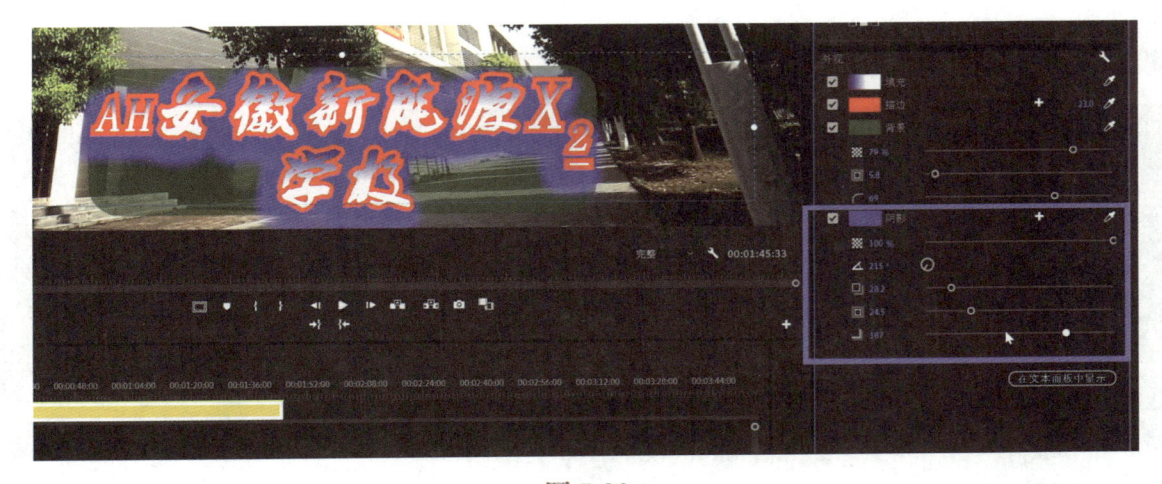

图 7-20

▶▶讨论与交流

1. 可以通过哪些方式来调整字幕属性？
2. 如何全选字幕内容？

任务 3　滚动字幕

▶ **任务重点**

1. 字幕的滚动设置。
2. 滚动字幕的应用。

▶ **任务设计效果**

本实例操作中的效果如图 7-21 所示。

图 7-21

▶ **任务实施**

步骤 1

在桌面上双击"Premiere Pro"图标，进入 Premiere Pro 欢迎界面，单击"新建项目"按钮，设置项目名、项目位置，单击"创建"按钮，即可创建项目，如图 7-22 所示。

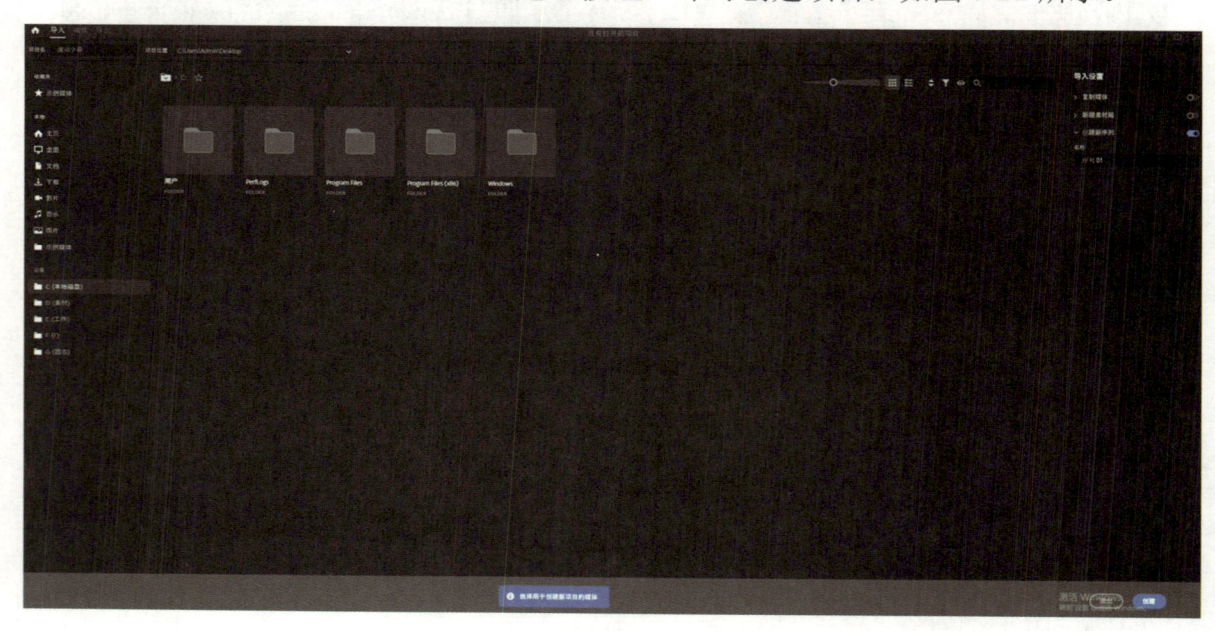

图 7-22

步骤 2

在项目面板中的空白处右击,在弹出的快捷菜单中选择"导入"命令,在打开的"导入"对话框中选择所需的文件,单击"打开"按钮,将所需的素材导入,如图 7-23 所示。

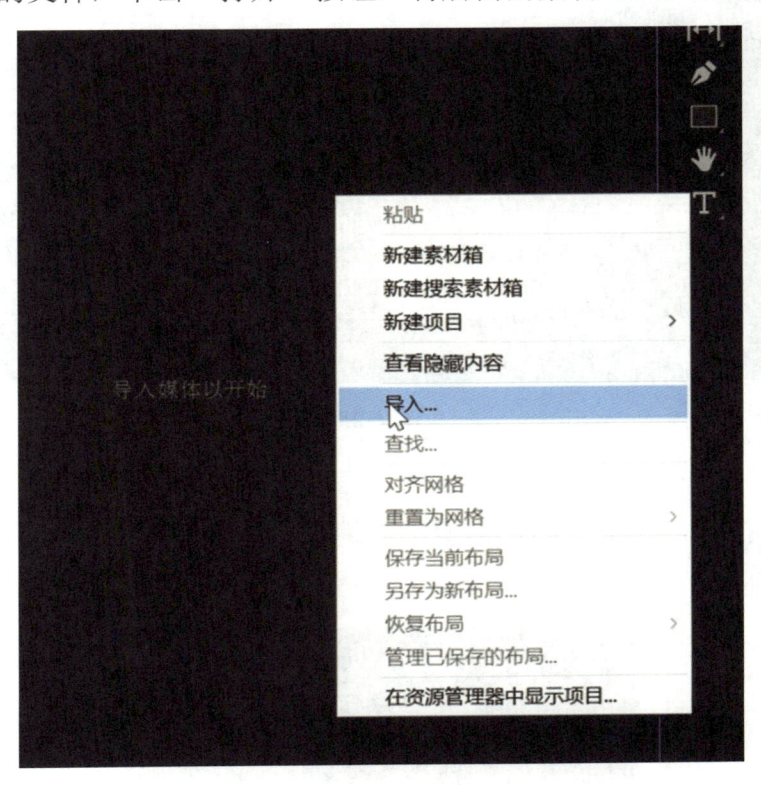

图 7-23

步骤 3

将项目面板中的素材拖动到时间线面板中的视频轨道 1 上,如图 7-24 所示。

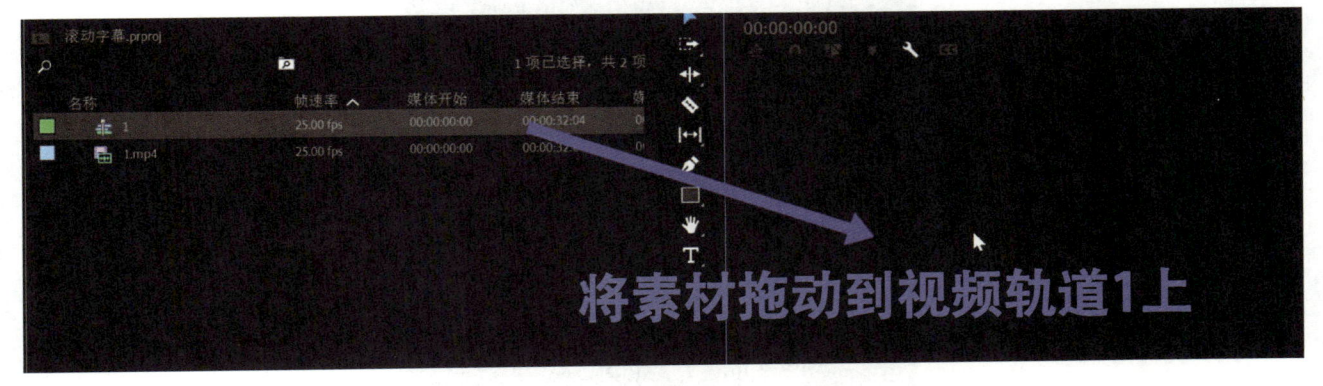

图 7-24

步骤 4

单击工具面板中的"文字工具"按钮,在节目监视器中合适的位置输入文字,如图 7-25 所示。

图 7-25

步骤 5

双击文字将其全选,在基本图形面板的"编辑"区域中对所选文字格式进行设置,如图 7-26 所示。

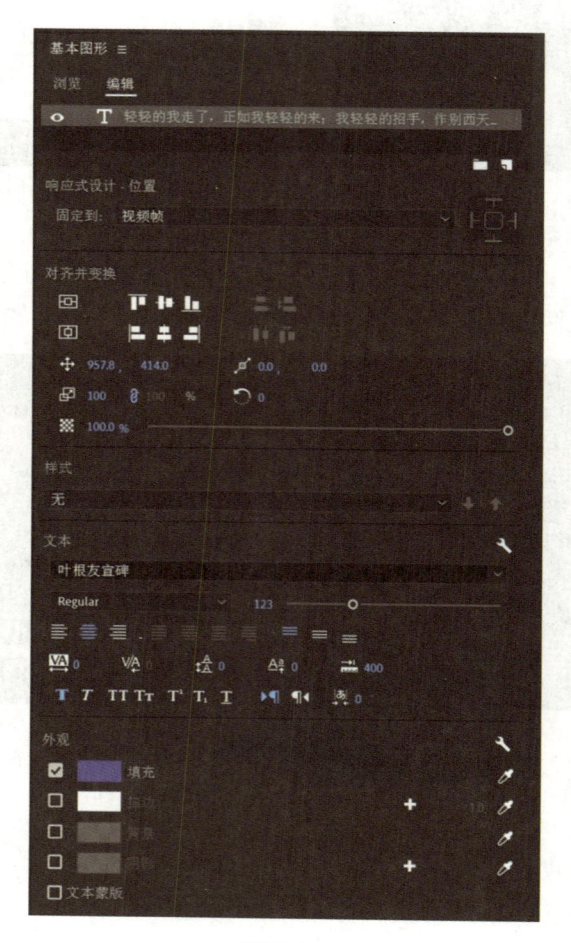

图 7-26

步骤 6

在时间线面板中的空白处单击,在视频轨道 2 的文字上单击,在基本图形面板的"编辑"区域中勾选"滚动"复选框,如图 7-27 所示。

图 7-27

步骤 7

将鼠标指针移动到文字边缘,当鼠标指针变成向左或向右的箭头时拖动鼠标,调整视频轨道 2 的文字的起始位置及持续时间,以控制滚动字幕在视频中开始出现的时间及滚动速度。查看最终效果,如图 7-28 所示。

图 7-28

▶▶ 讨论与交流

如何设置字幕的水平滚动效果?

任务 4　音频转字幕

▶▶ 任务重点

将音频转换成字幕。

▶▶ 任务设计效果

本实例操作中的效果如图 7-29 所示。

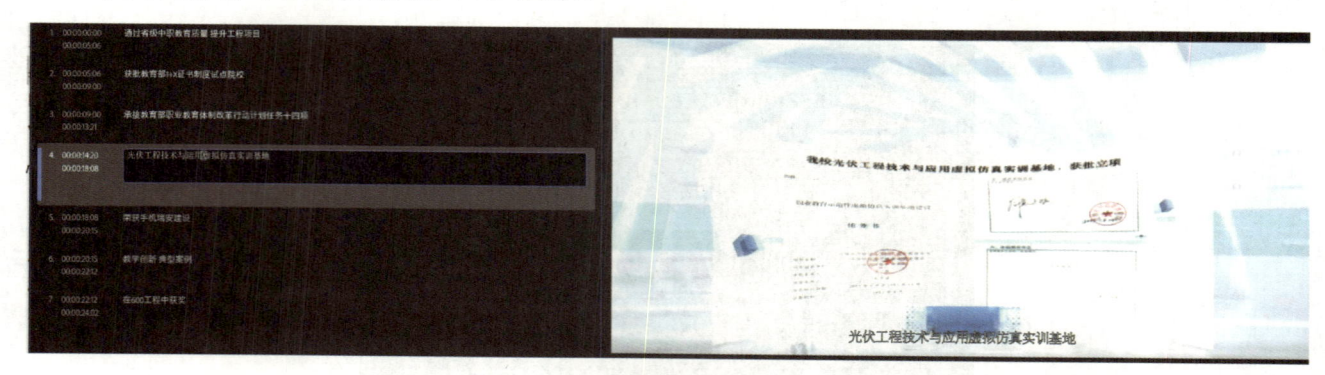

图 7-29

▶▶ 任务实施

步骤 1

新建项目，导入素材，将项目面板中的素材拖动到时间线面板中的相应轨道上。

步骤 2

选择"文本"→"字幕"选项，在打开的"字幕"选项卡中单击"转录序列"按钮，如图 7-30 所示。

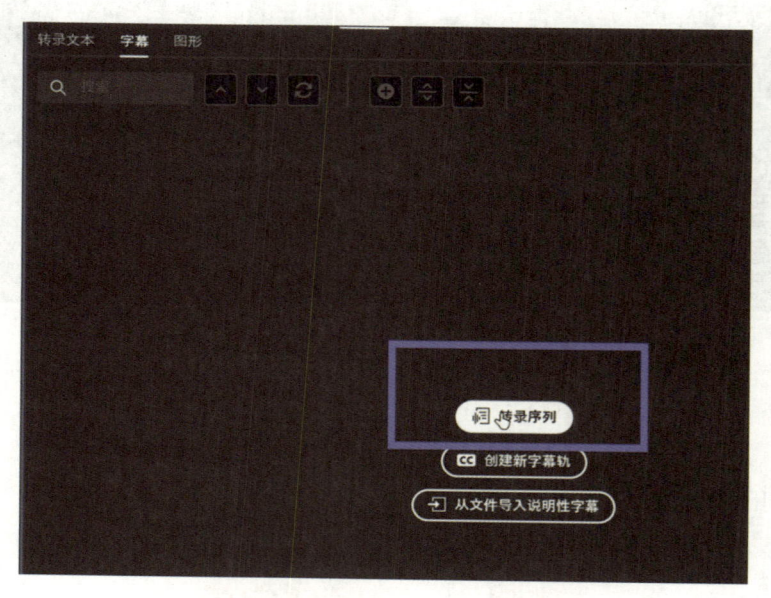

图 7-30

步骤 3

在打开的"创建转录文本"对话框中，设置语言类型及需要转录的音轨，设置完成后，单击"转录"按钮，如图 7-31 所示。

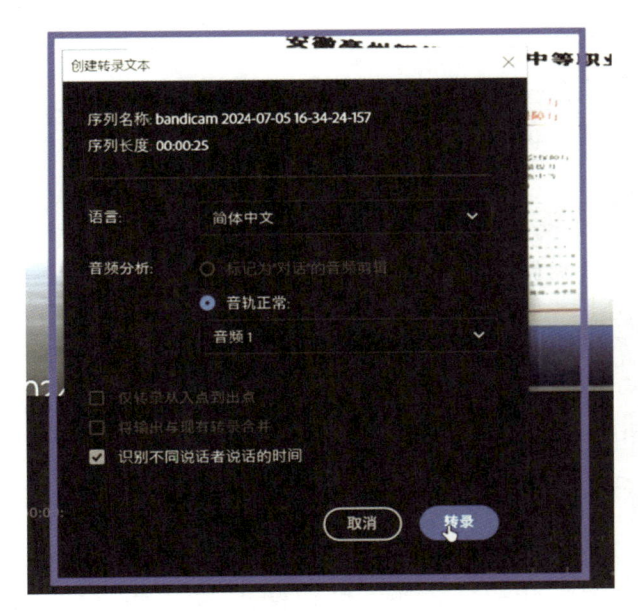

图 7-31

步骤 4

选择"文本"→"转录文本"选项,在打开的"转录文本"选项卡中单击"创建说明性字幕"按钮,在打开的"创建字幕"对话框中进行相关设置,设置完成后,单击"创建"按钮,如图 7-32 所示。

图 7-32

步骤 5

"字幕"选项卡中显示了当前字幕轨道上各字幕分段的编号、时间码范围、文本等。单击左下角的"ABC"按钮即可改变视图大小。各行左侧的蓝色高光竖条表示播放指示器当前所在的字幕分段。

添加新字幕分段——定位好播放指示器,在"字幕"选项卡中单击"添加新字幕分段"按钮,添加新字幕分段。

拆分字幕——只有持续时间超过 1 秒的字幕分段才能被拆分。拆分出来的两个字幕分段的文本一样,持续时间也一样,都是原字幕分段的一半。

合并字幕——只能合并相邻的字幕分段。当仅选中一个字幕分段时,会将其与前面的字幕分段合并。

双击"字幕"选项卡中的任意文本块,即可编辑该文本块。

根据音频内容对字幕进行合并,如图 7-33 所示。双击文本块,修改错别字,如图 7-34 所示。

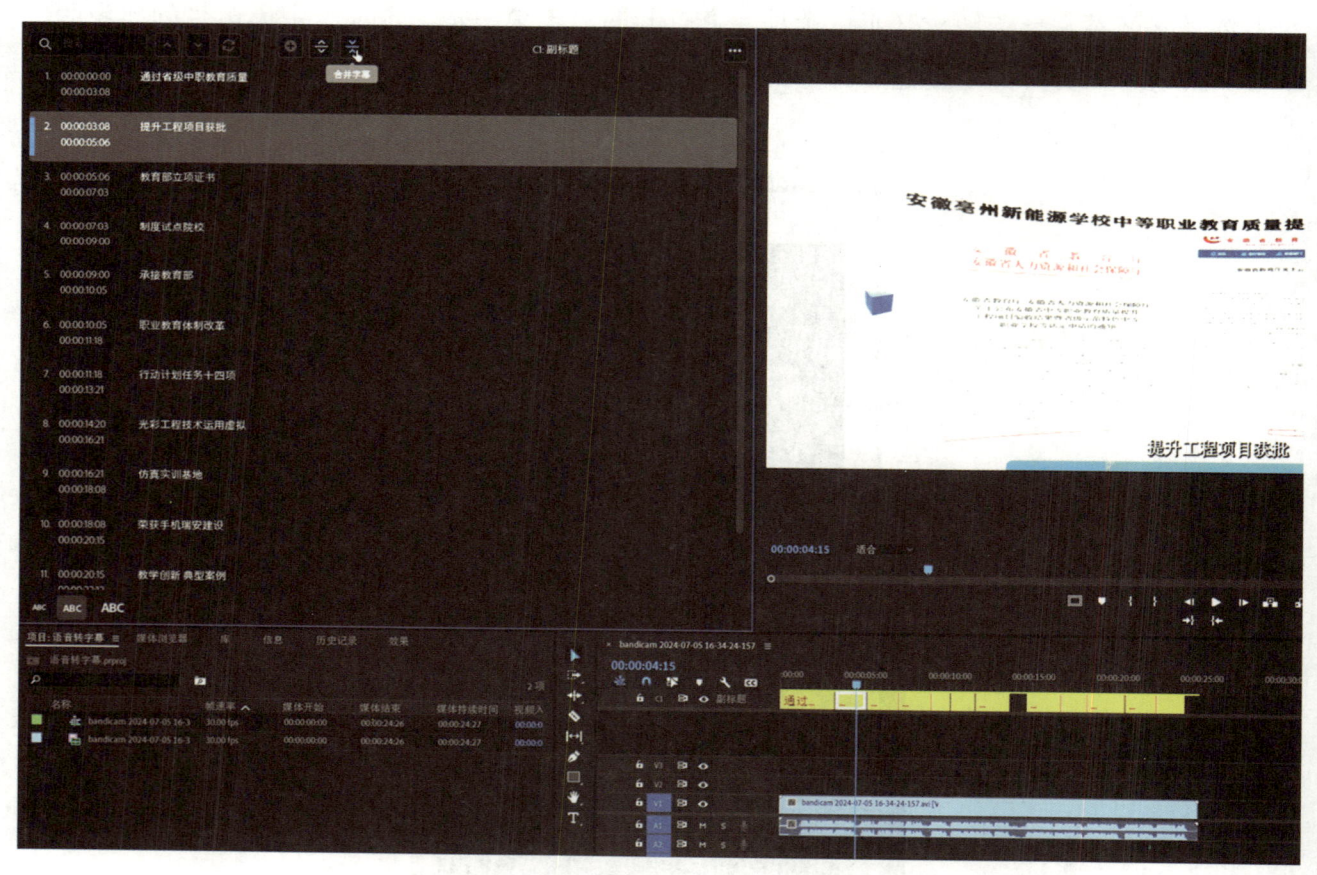

图 7-33

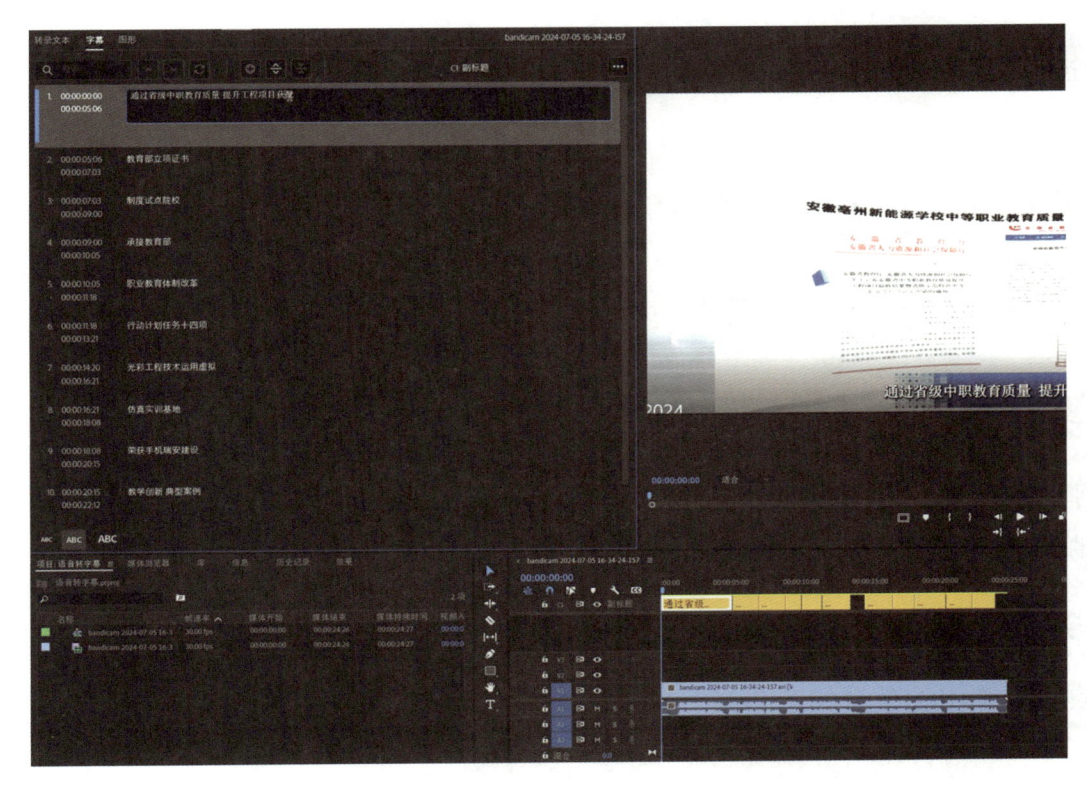

图 7-34

步骤 6

其他各字幕分段按上述方法进行修改，即可将音频转换成字幕，如图 7-35 所示。

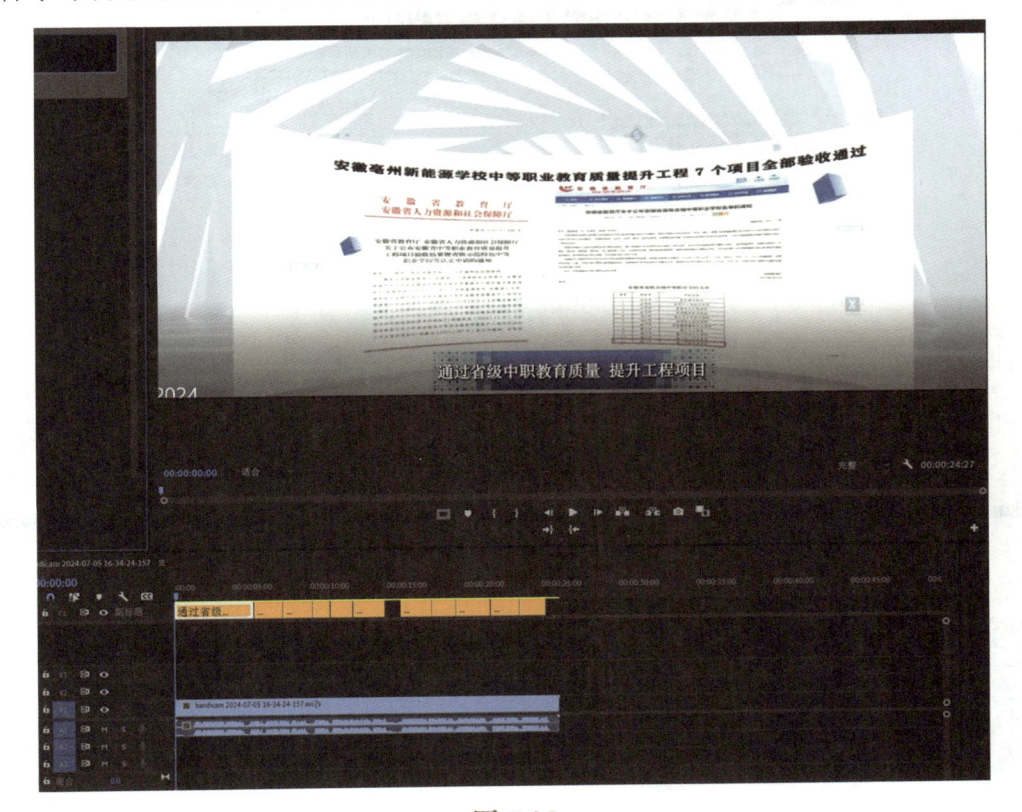

图 7-35

数字影音编辑与合成（Premiere Pro 2022）

▶▶ 讨论与交流

1. 如何将音频转换成字幕？
2. 在合并、拆分字幕时要注意哪些事项？

任务 5　制作简单弹幕

▶▶ 任务重点

1. 弹幕的原理。
2. 制作弹幕。

▶▶ 任务设计效果

本实例操作中的效果如图 7-36 所示。

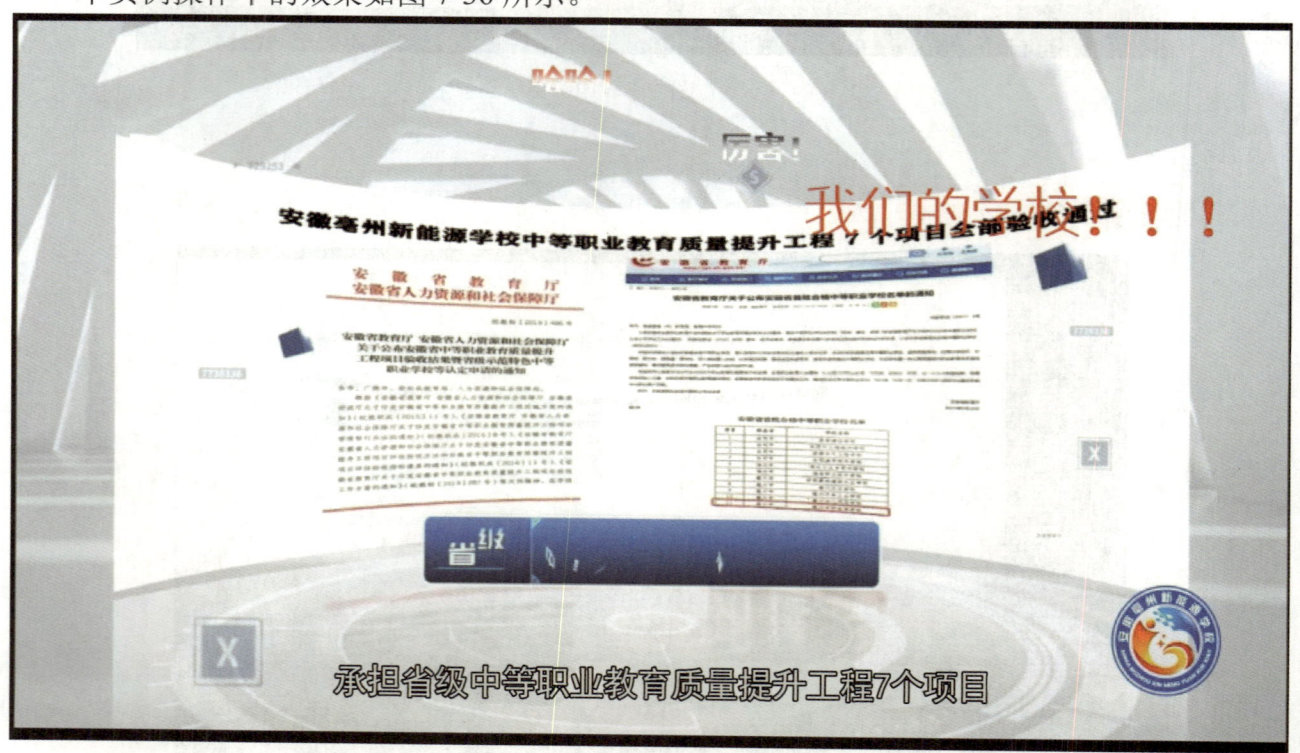

图 7-36

▶▶ 任务实施

步骤 1

新建项目，导入素材，将项目面板中的素材拖动到时间线面板中的视频轨道 1 上，如图 7-37 所示。

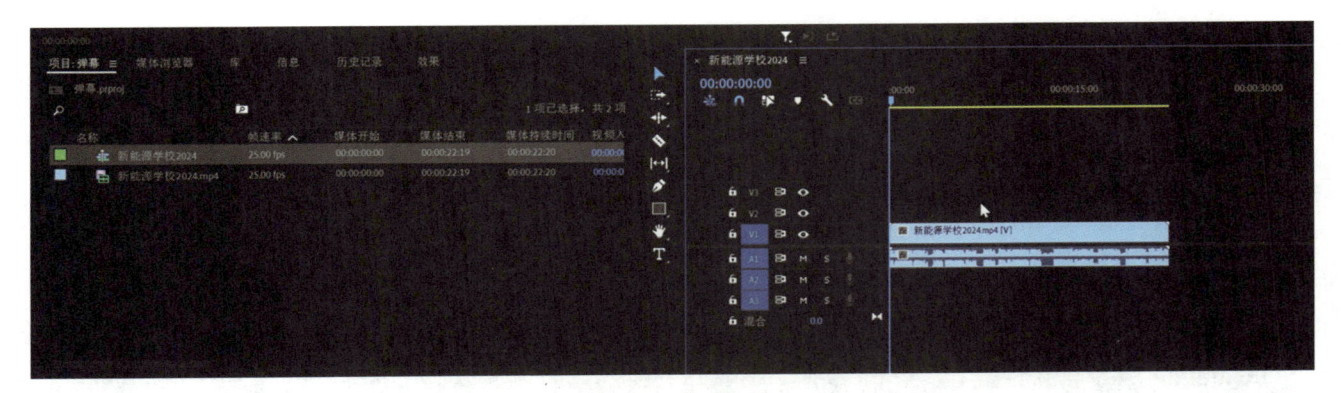

图 7-37

步骤 2

单击工具面板中的"文字工具"按钮,在节目监视器中合适的位置单击,输入文字。选择文字,在基本图形面板的"编辑"区域中对文字格式进行设置;也可以单击"效果控件"窗口中的"文本",对文字格式进行设置,如图 7-38 所示。

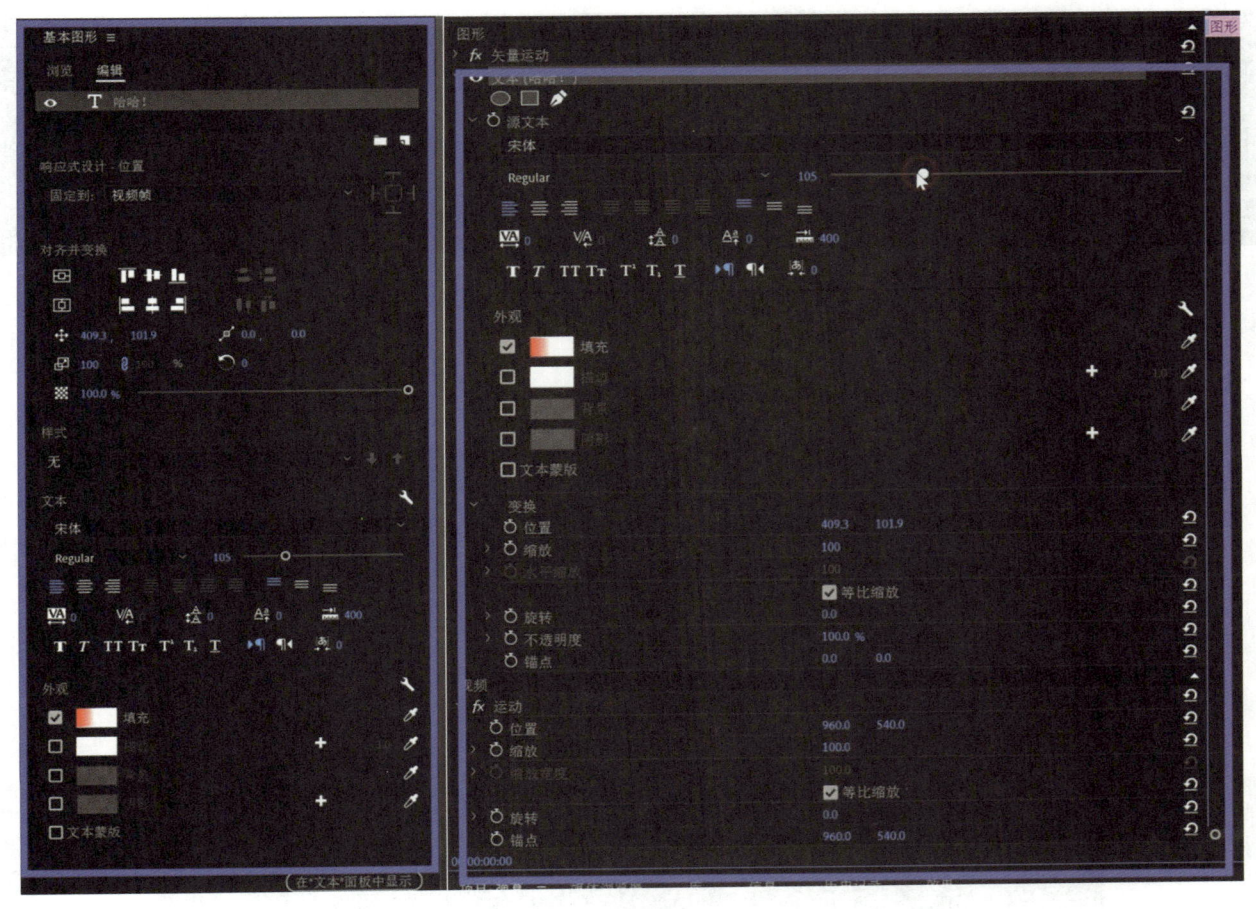

图 7-38

步骤 3

弹幕效果就是指文字从视频右侧出现后往视频左侧水平移动直至消失。将滑块移动到视频轨道 2 的素材的第 1 帧处,在"效果控件"窗口中单击"文本",单击位置属性前面

183

的"关键帧"按钮，激活关键帧，并修改水平位置的参数，以将该文字移出视频右侧，如图7-39所示。

图7-39

步骤4

往后移动滑块到合适的位置，单击位置属性后面的"添加/移除关键帧"按钮，添加关键帧，并修改水平位置的参数，以将该文字移出视频左侧，如图7-40所示。

图7-40

步骤5

单击"效果控件"窗口中的"文本"，复制"文本（哈哈！）"，如图7-41所示。

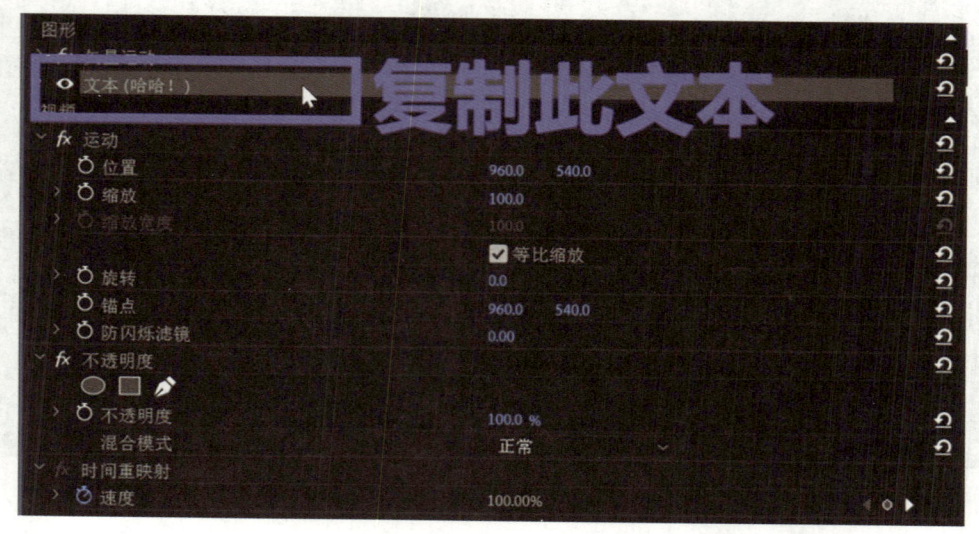

图7-41

步骤6

粘贴该文本，对该文本进行修改，重新设置格式，如图7-42所示。

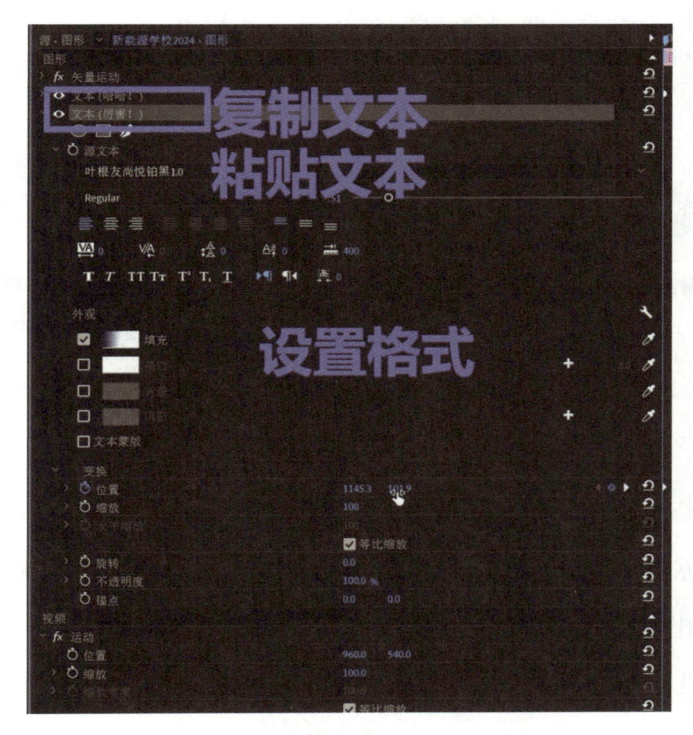

图 7-42

步骤 7

单击位置属性的参数前面的"关键帧"按钮，在弹出的"警告"对话框中单击"确定"按钮，删除该文本的所有关键帧，如图 7-43 所示。

图 7-43

步骤 8

按照步骤 3 和步骤 4 重新调整文本的垂直位置的参数，并添加位置属性的关键帧，如图 7-44 所示。

图 7-44

步骤 9

按照上述方式多添加几个文本，查看最终效果，如图 7-45 所示。

图 7-45

▶▶ 讨论与交流

1. 如何删除所有关键帧？
2. 弹幕对视频输出效果的影响有哪些？

任务 6　字幕的淡入淡出

▶▶ 任务重点

1. 通过文字工具添加字幕。
2. 制作字幕的淡入淡出效果。

▶▶ 任务设计效果

本实例操作中的效果如图 7-46 所示。

图 7-46

图 7-46（续）

▶任务实施

步骤 1

新建项目，导入素材，将项目面板中的素材拖动到时间线面板中的相应轨道上，如图 7-47 所示。

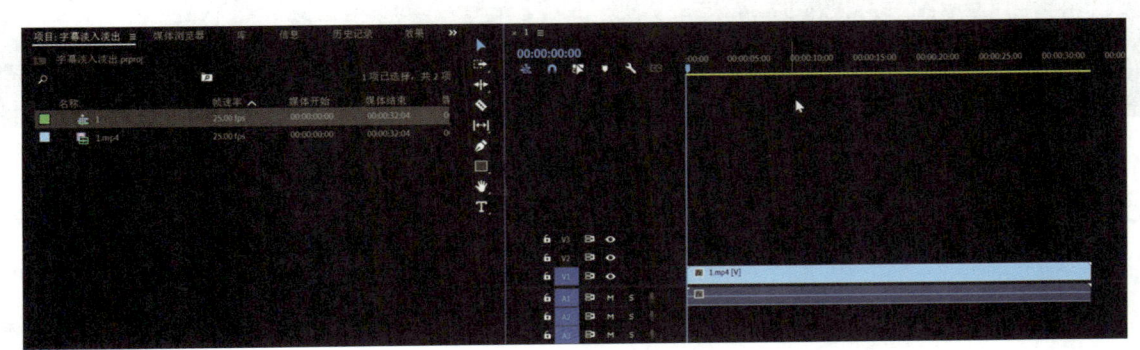

图 7-47

步骤 2

单击工具面板中的"文字工具"按钮,在节目监视器中合适的位置单击,输入文字,如图 7-48 所示。

图 7-48

步骤 3

选择文字,在基本图形面板的"编辑"区域中对所选文字格式进行设置,如图 7-49 所示。

图 7-49

步骤 4

单击视频轨道 2 上的素材将其选中,将滑块移动到第 1 帧的位置,在"效果控件"窗口中单击"不透明度",单击不透明度属性前面的"关键帧"按钮,激活关键帧,并将不透明度属性的参数设置为 0.0%,如图 7-50 所示。

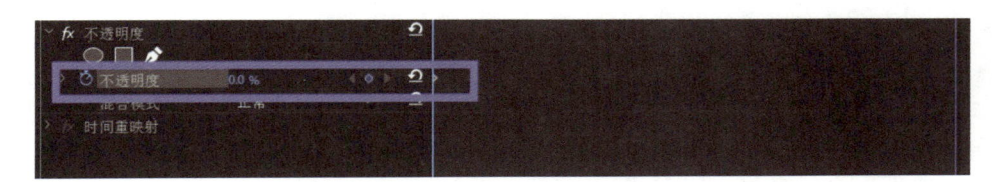

图 7-50

步骤 5

向后移动滑块到合适的位置，单击不透明度属性后面的"添加/移除关键帧"按钮，添加关键帧，将不透明度属性的参数设置为 100.0%，如图 7-51 所示。

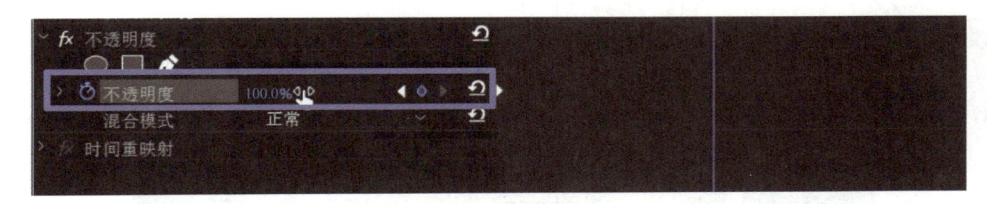

图 7-51

步骤 6

再次向后移动滑块到合适的位置，单击不透明度属性后面的"添加/移除关键帧"按钮，添加关键帧，将不透明度属性的参数设置为 0.0%，如图 7-52 所示。

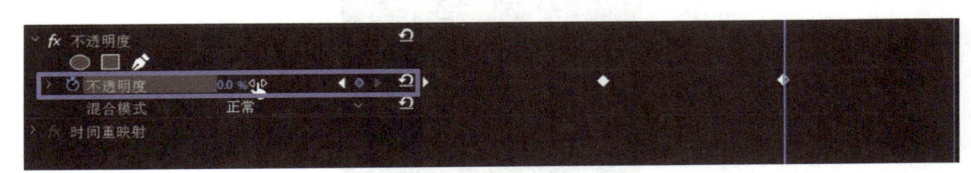

图 7-52

步骤 7

查看最终效果，如图 7-53 所示。

图 7-53

▶▶ 讨论与交流

如何让字幕中的文字逐个出现？

拓展任务 7　制作微电影片头与片尾字幕

▶▶任务重点

1. 微电影片头字幕的制作。
2. 微电影片尾字幕的制作。

▶▶任务设计效果

本实例操作中的效果如图 7-54 所示。

图 7-54

▶▶任务实施

步骤 1

新建项目，导入素材，将项目面板中的素材拖动到时间线面板中的相应轨道上，如图 7-55 所示。

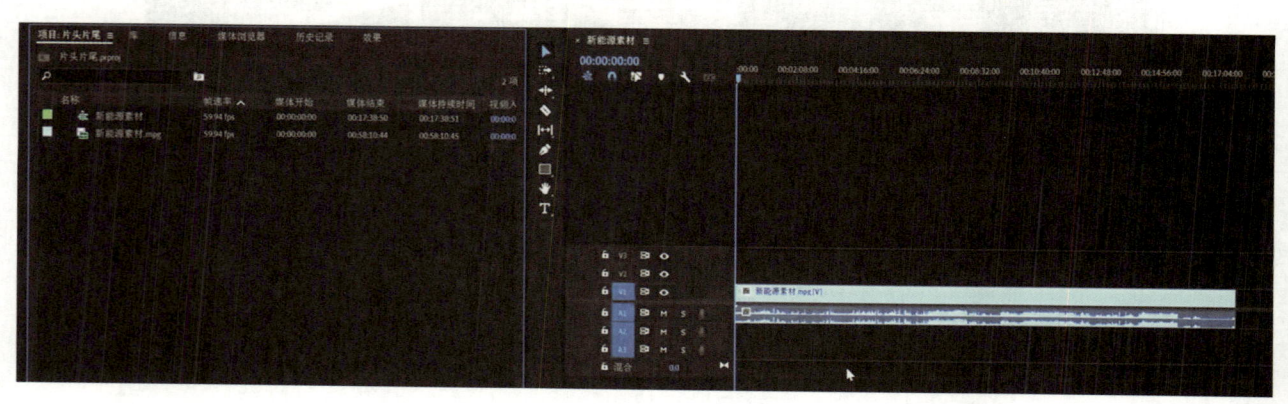

图 7-55

步骤 2

单击工具面板中的"文字工具"按钮，在节目监视器中合适的位置单击，输入文字。选择文字，在基本图形面板的"编辑"区域中设置文字格式，如图 7-56 所示。

图 7-56

步骤 3

如图 7-57 所示，在"效果"窗口中选择"视频效果"文件夹下"键控"文件夹中的 Alpha 调整效果，将其拖动到时间线面板中的视频轨道 2 上，在文字上使用该效果。

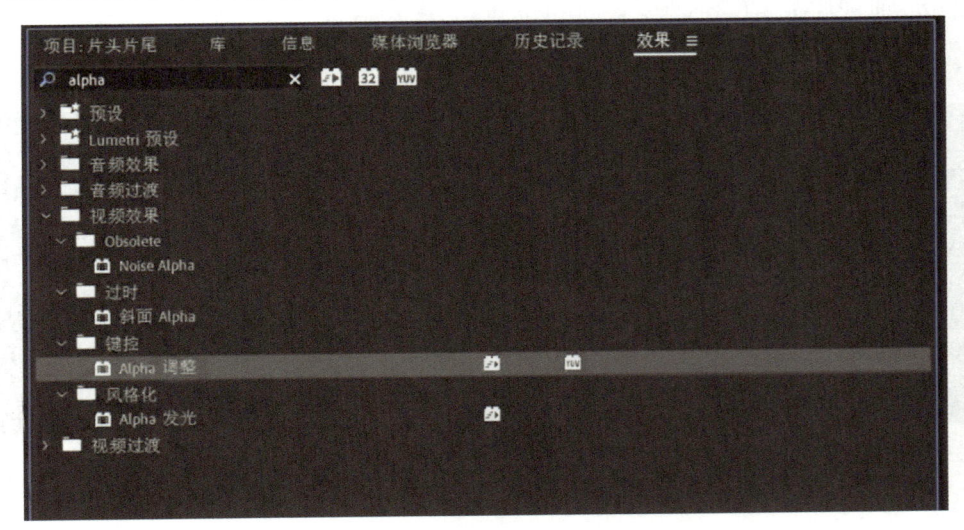

图 7-57

步骤 4

在"效果控件"窗口中单击"Alpha 调整"，勾选"反转 Alpha"复选框和"仅蒙版"复选框，如图 7-58 所示。

图 7-58

步骤 5

先在"效果控件"窗口中单击"不透明度"；再单击"矩形蒙版"按钮，调整节目监视器中矩形蒙版的宽度，使其超出边缘，勾选"已反转"复选框，如图 7-59 所示。

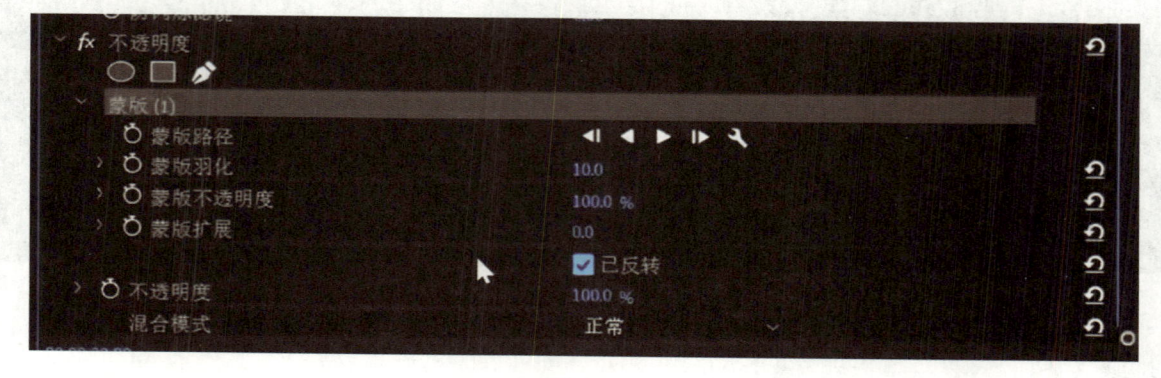

图 7-59

步骤 6

将滑块移动到视频轨道 2 上第 1 帧的位置，单击蒙版扩展属性前面的"关键帧"按钮，激活关键帧，调整其参数直至矩形蒙版消失，如图 7-60 所示。

图 7-60

步骤 7

将滑块往后移动到合适的位置，单击蒙版扩展属性后面的"添加/移除关键帧"按钮，添加关键帧，调整其参数直至矩形蒙版扩展到整个界面完全显示，如图 7-61 所示。

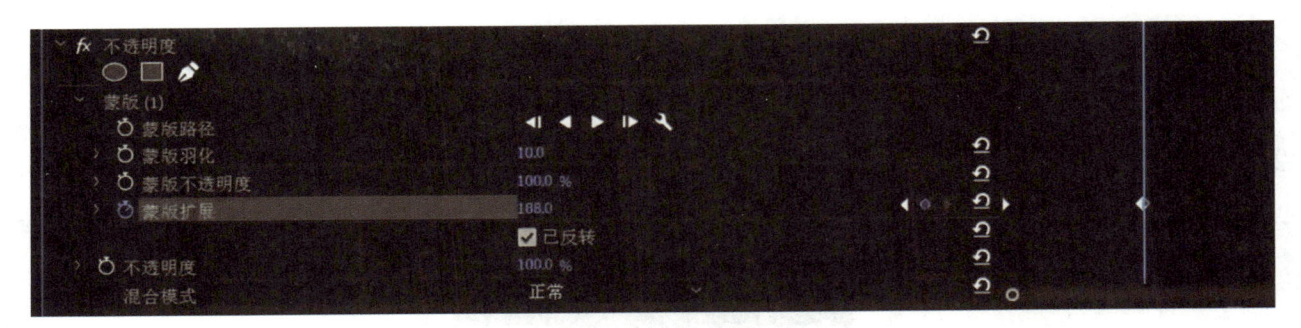

图 7-61

步骤 8

查看片头效果，如图 7-62 所示。

图 7-62

步骤 9

选择视频轨道 1 上的素材，将滑块移动到末尾位置，在"效果控件"窗口中先单击"运动"，再单击缩放属性前面的"关键帧"按钮，激活关键帧，如图 7-63 所示。

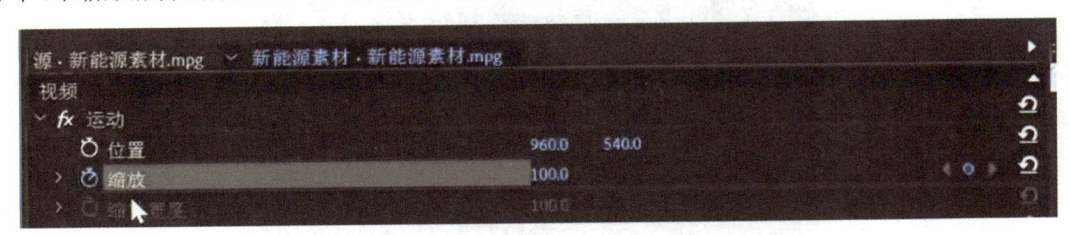

图 7-63

步骤 10

往后移动滑块，单击缩放属性后面的"添加/移除关键帧"按钮，添加关键帧，调整缩放属性的参数及位置属性的参数，如图 7-64 所示。

图 7-64

步骤 11

单击工具面板中的"文字工具"按钮，在节目监视器中输入文字，对文字格式进行设置，先在"效果控件"窗口中单击"不透明度"，再单击"矩形蒙版"按钮，为文字添加蒙版，并调整蒙版的高度，使其与视频等高，如图 7-65 所示。

图 7-65

步骤 12

选择文字，在基本图形面板的"编辑"区域中勾选"滚动"复选框，如图 7-66 所示。

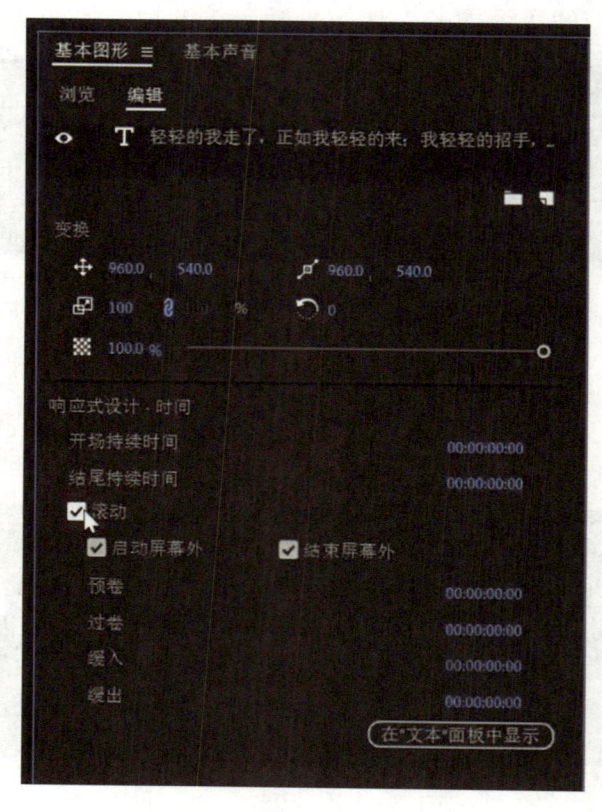

图 7-66

步骤 13

查看片尾效果，如图 7-67 所示。

图 7-67

▶▶讨论与交流

片头、片尾过渡不自然怎么办？

模块 8　音频剪辑

在 Premiere Pro 中可以为影片添加各种背景音乐和音频效果。为影片添加背景音乐和音频效果可以突出主题，烘托气氛。

本模块介绍如何添加、删除和编辑音频，以及音频效果的应用。

项目培养目标

- ◇ 了解音频剪辑的基本概念和功能
- ◇ 掌握添加、删除和编辑音频的基本操作
- ◇ 能够灵活运用音频效果，如降噪、延迟等，优化音频质量
- ◇ 掌握导出音频文件的基本方法
- ◇ 培养对音频剪辑的审美能力和创作能力，能够根据视频内容对音频进行合适的处理

项目任务解读

本模块将通过以下任务整合知识点。

- ◇ 音频剪辑——包含添加、删除和编辑音频等知识点
- ◇ 制作延迟效果——包含添加延迟效果，以及延迟效果各参数的设置等知识点
- ◇ 制作降噪效果——包含添加降噪效果、剪辑效果编辑器中的各参数的设置等知识点
- ◇ 导出音频文件——包含设置音频格式和出入点等知识点

任务 1　制作淡入淡出效果

▶任务重点

1. 添加与删除音频。
2. 给音频添加淡入淡出效果。

▶任务设计效果

本实例操作中的效果如图 8-1 所示。

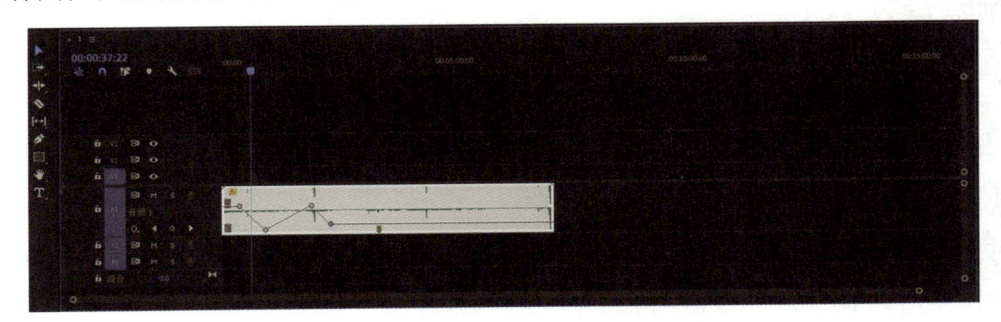

图 8-1

▶任务实施

一、添加音频

步骤 1

选择"文件"→"导入"命令，在弹出的"导入"对话框中选择所需的文件，单击"打开"按钮，如图 8-2 所示。

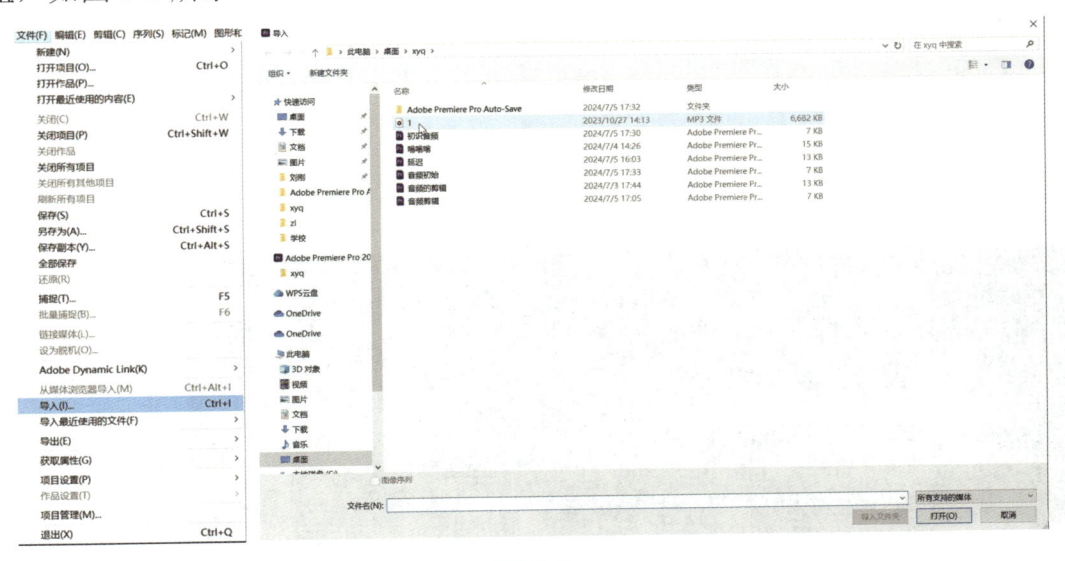

图 8-2

步骤 2

将项目面板中的音频拖动到时间线面板中的音频轨道上,如图 8-3 所示。

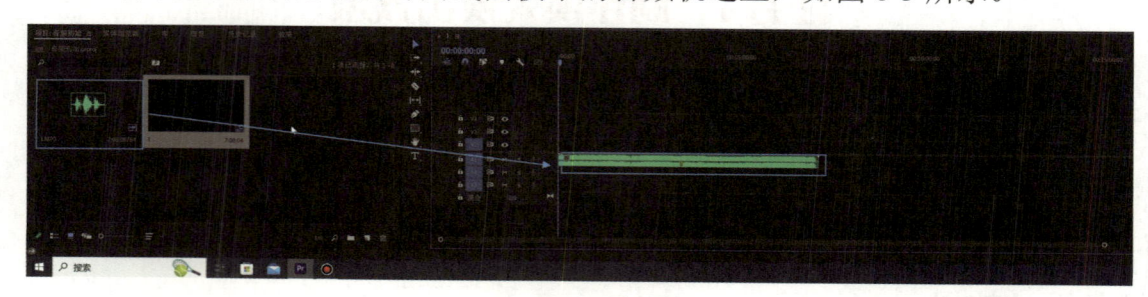

图 8-3

二、删除音频

步骤 1

在时间线面板中选择需要删除的音频,按 Delete 键即可删除音频,如图 8-4 所示。

步骤 2

右击时间线面板中需要删除的音频,在弹出的快捷菜单中选择"清除"命令,也可删除音频,如图 8-5 所示。

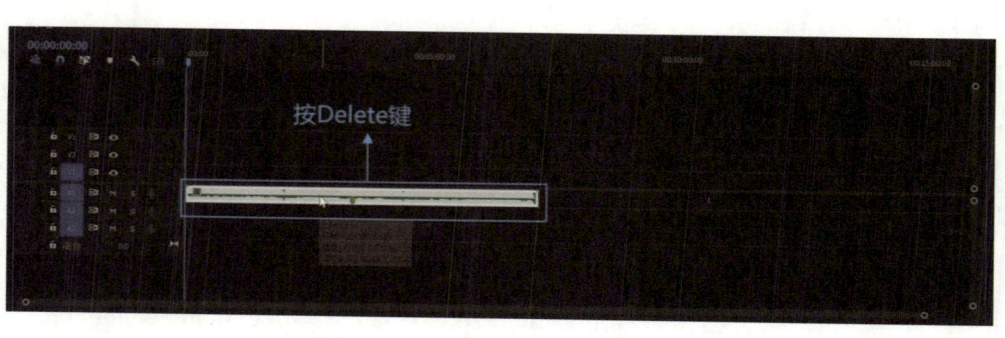

图 8-4

图 8-5

三、编辑音频

步骤 1

选择时间线面板中的音频，在"效果控件"窗口中对该音频进行编辑，如图 8-6 所示。

图 8-6

步骤 2

在"效果控件"窗口中添加关键帧并适当调整参数，制作出音频的淡入淡出效果，如图 8-7 所示。

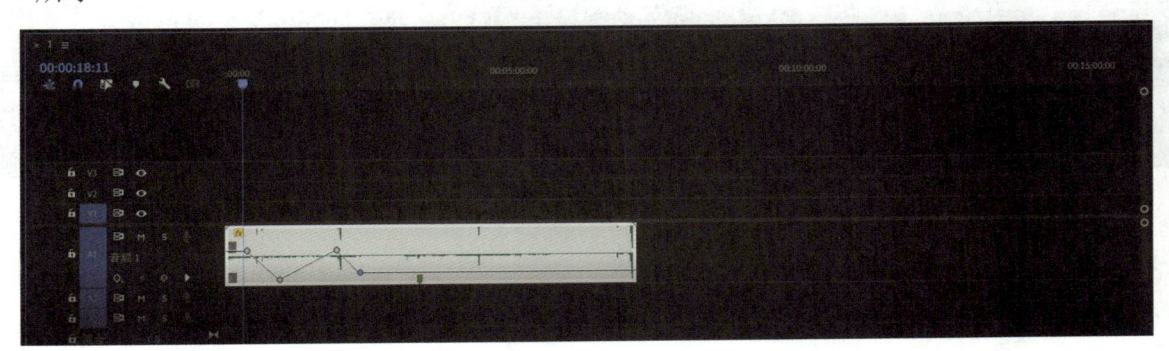

图 8-7

▶ **讨论与交流**

1. 在编辑音频时，会出现音频失真的情况，怎么办？
2. 如何添加合适的音频效果？

任务 2 制作延迟效果

▶ **任务重点**

1. 为音频添加延迟效果。
2. 延迟效果各参数的设置。

▶▶ 任务设计效果

本实例操作中的效果如图 8-8 所示。

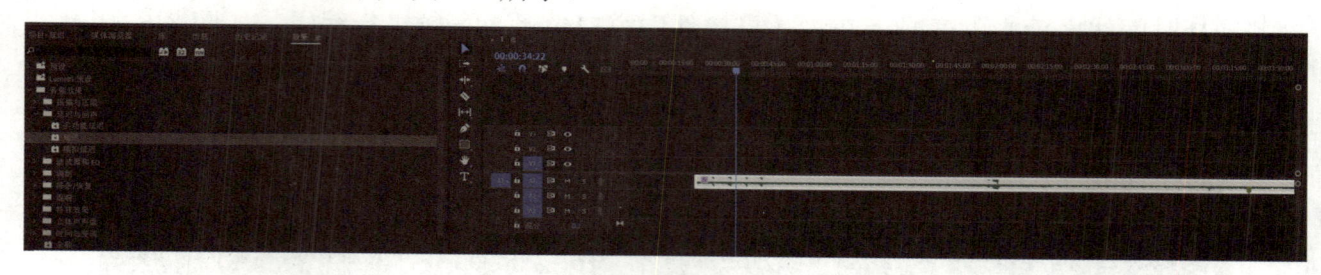

图 8-8

▶▶ 任务实施

步骤 1

打开一个创建好的项目，将项目面板中的素材拖动到时间线面板中的音频轨道上，如图 8-9 所示。

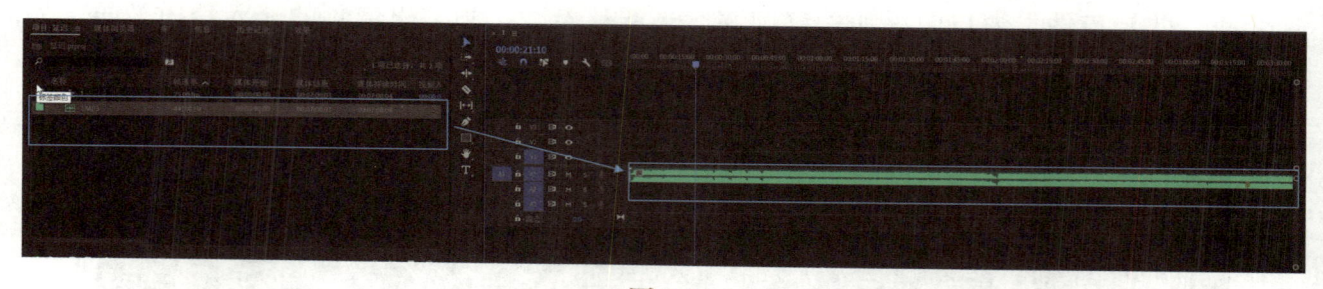

图 8-9

步骤 2

单击工具面板中的"剃刀工具"按钮，在素材"1.MP3"的第 21 秒 10 帧的位置单击，剪辑素材"1.MP3"，如图 8-10 所示。

图 8-10

步骤 3

单击工具面板中的"选择工具"按钮，选择素材"1.MP3"的前半部分，按 Delete 键将其删除，如图 8-11 所示。

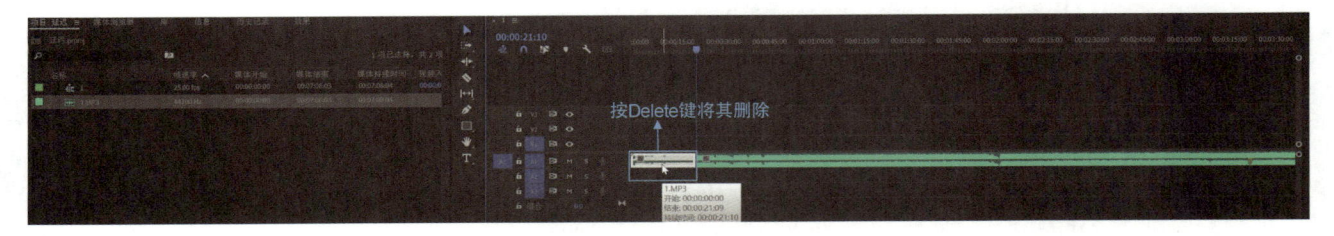

图 8-11

步骤 4

在时间线面板中选择素材"1.MP3",在"效果"窗口中选择"音频效果"文件夹下"延迟与回声"文件夹中的延迟效果,将其拖动到 A1 轨道的素材"1.MP3"上,如图 8-12 所示。

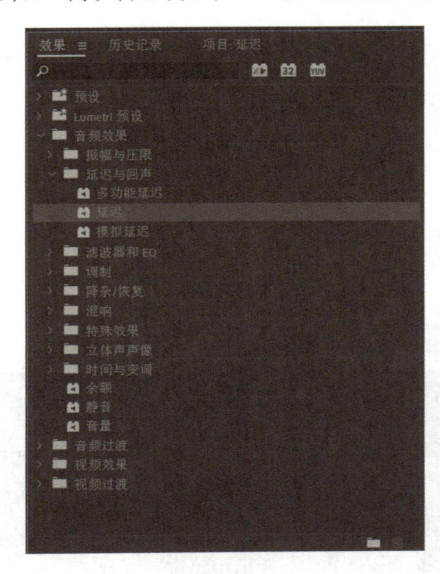

图 8-12

步骤 5

选择 A1 轨道上的素材"1.MP3",在"效果控件"窗口中设置延迟属性的参数为 1.000 秒(用于表示回声的延续时间)、反馈属性的参数为 30.0%(用于表示回声的强弱)、混合属性的参数为 90.0%(用于表示混响的强度),如图 8-13 所示。此时,按空格键,预览效果。

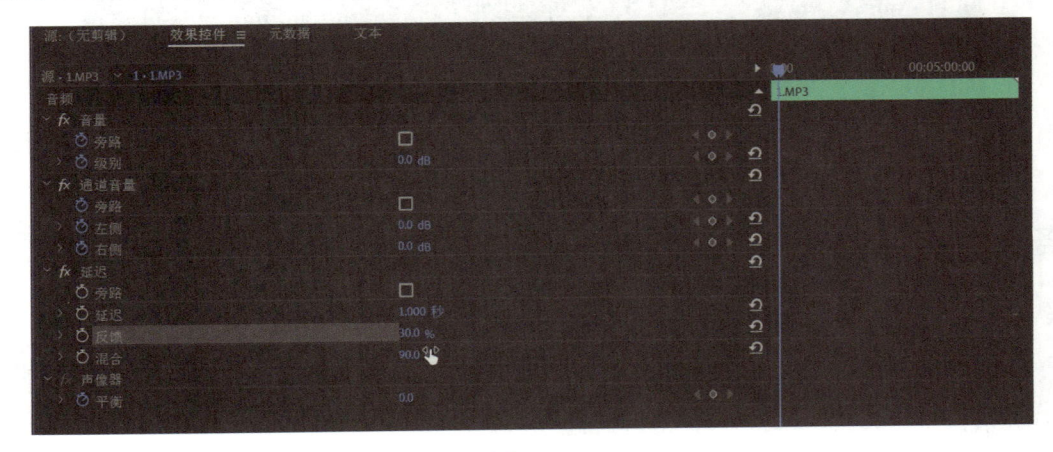

图 8-13

▶▶ 讨论与交流

1. 使用延迟效果制作回声需要注意哪些问题？
2. 有时添加延迟效果后，会出现音频模糊的问题，该如何解决呢？

任务 3　制作降噪效果

▶▶ 任务重点

1. 添加降噪效果。
2. 剪辑效果编辑器中各参数的设置。

▶▶ 任务设计效果

本实例操作中的效果如图 8-14 所示。

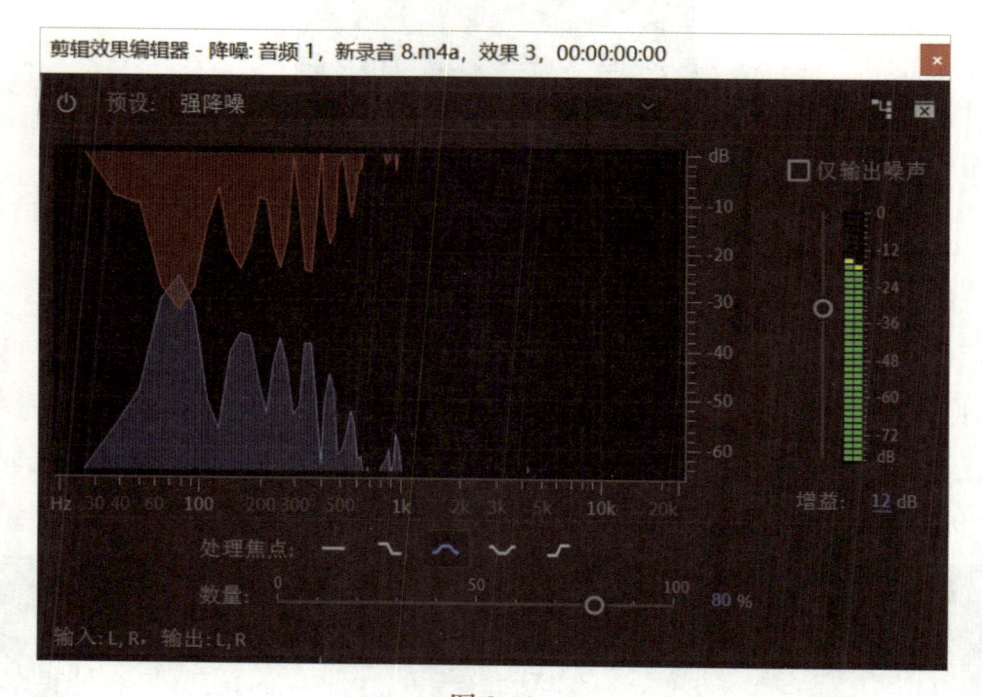

图 8-14

▶▶ 任务实施

步骤 1

打开一个创建好的项目，将项目面板中带噪音的音频拖动到时间线面板中的音频轨道上，如图 8-15 所示。

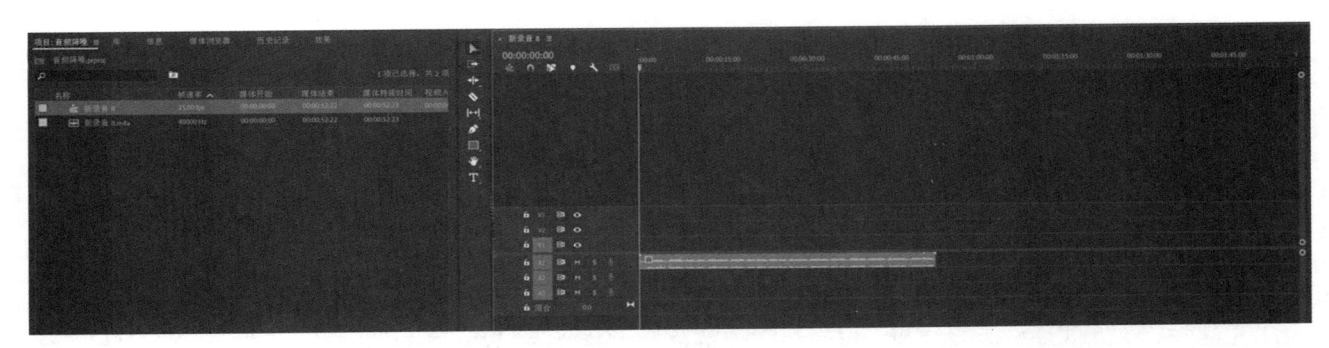

图 8-15

步骤 2

选择时间线面板中的音频，在"效果"窗口中选择"音频效果"文件夹下"降杂/恢复"文件夹中的降噪效果，将其拖动到 A1 轨道的音频上，如图 8-16 所示。

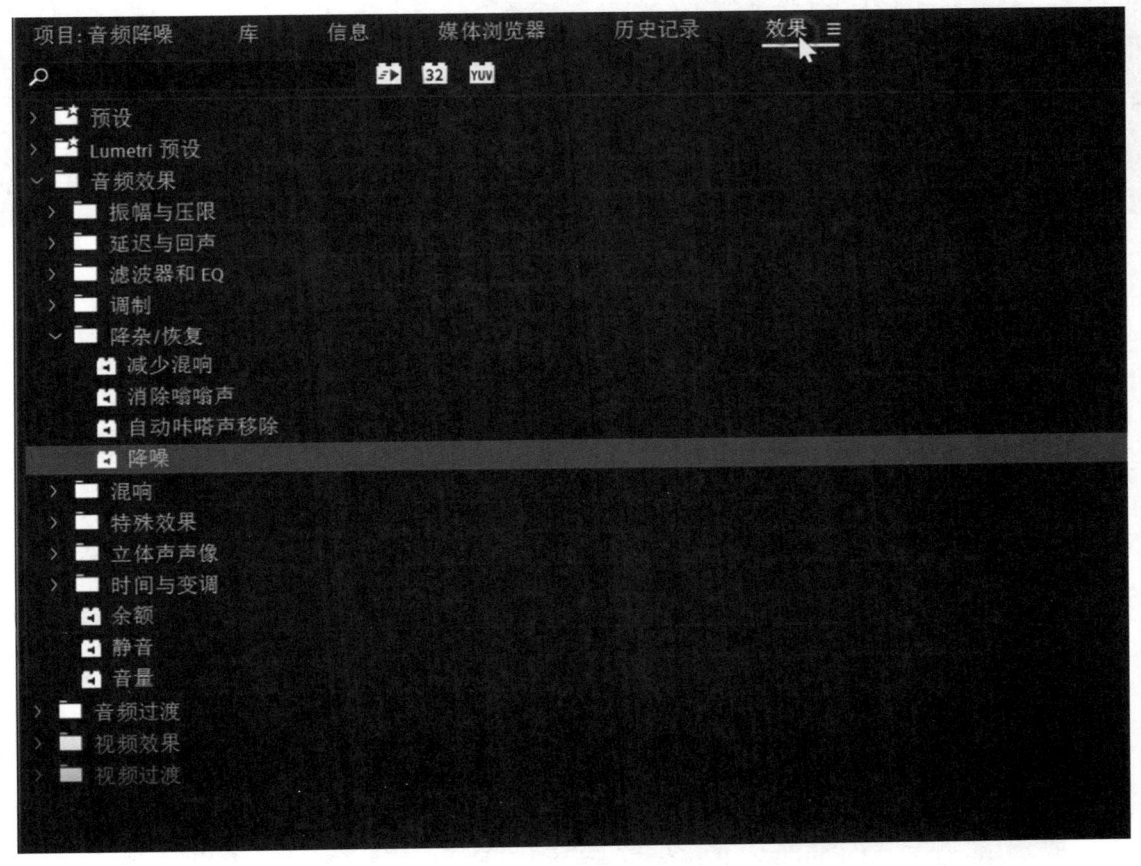

图 8-16

步骤 3

在"效果控件"窗口中先单击"降噪"前面的折叠按钮，展开它的所有设置项，再单击"自定义设置"后面的"编辑"按钮，如图 8-17 所示。打开剪辑效果编辑器，如图 8-18 所示。

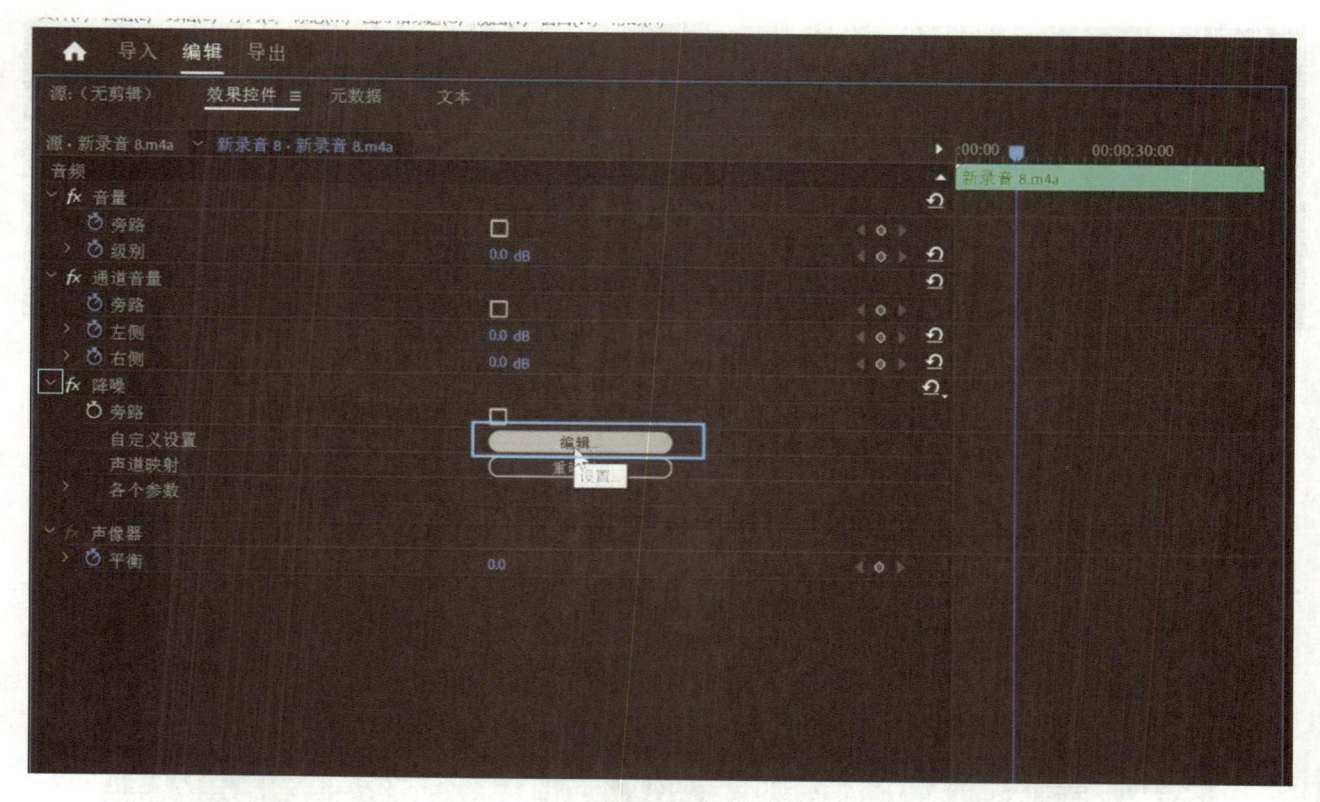

图8-17

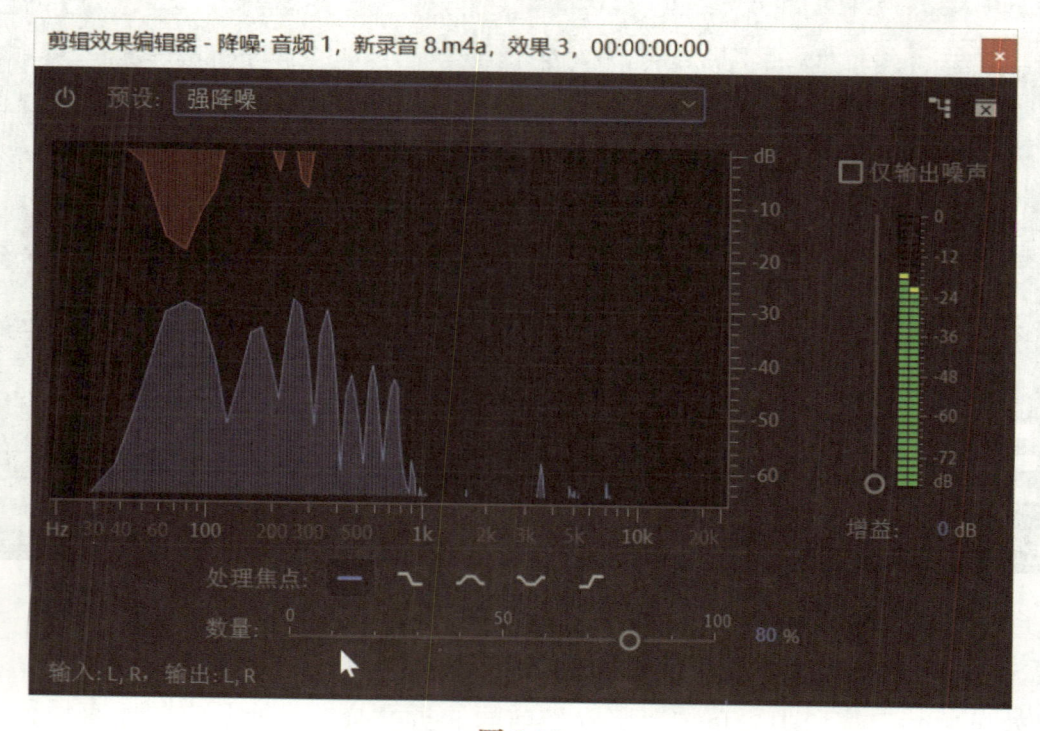

图8-18

步骤4

在剪辑效果编辑器中,设置降噪类型、降噪数量,以及处理焦点,并根据需要设置增益,如图8-19所示。设置完成后,单击"关闭"按钮,关闭剪辑效果编辑器。

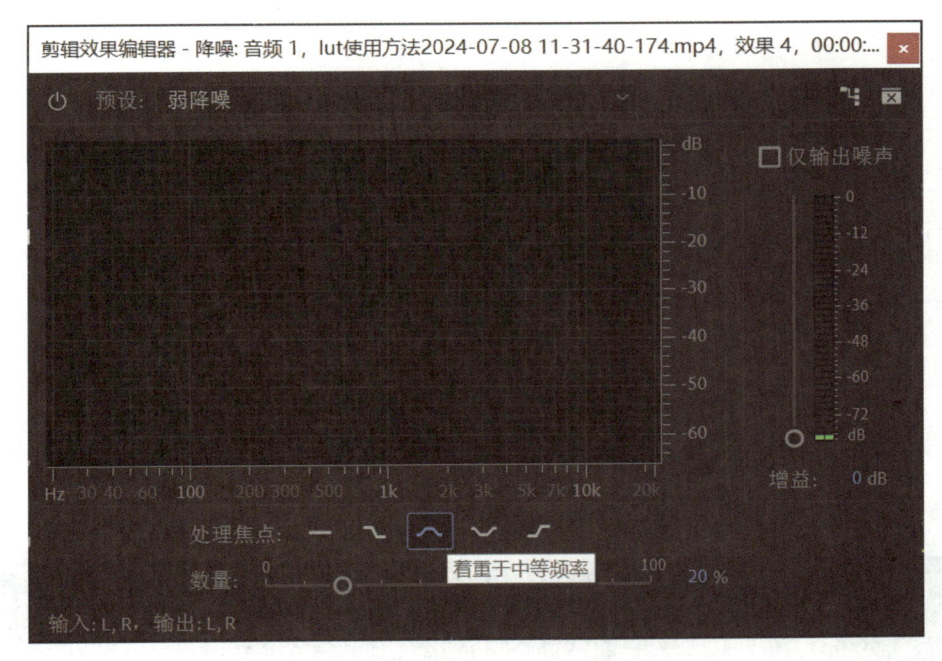

图 8-19

步骤 5

在"效果控件"窗口中查看降噪数量及补充增益分贝，如图 8-20 所示。

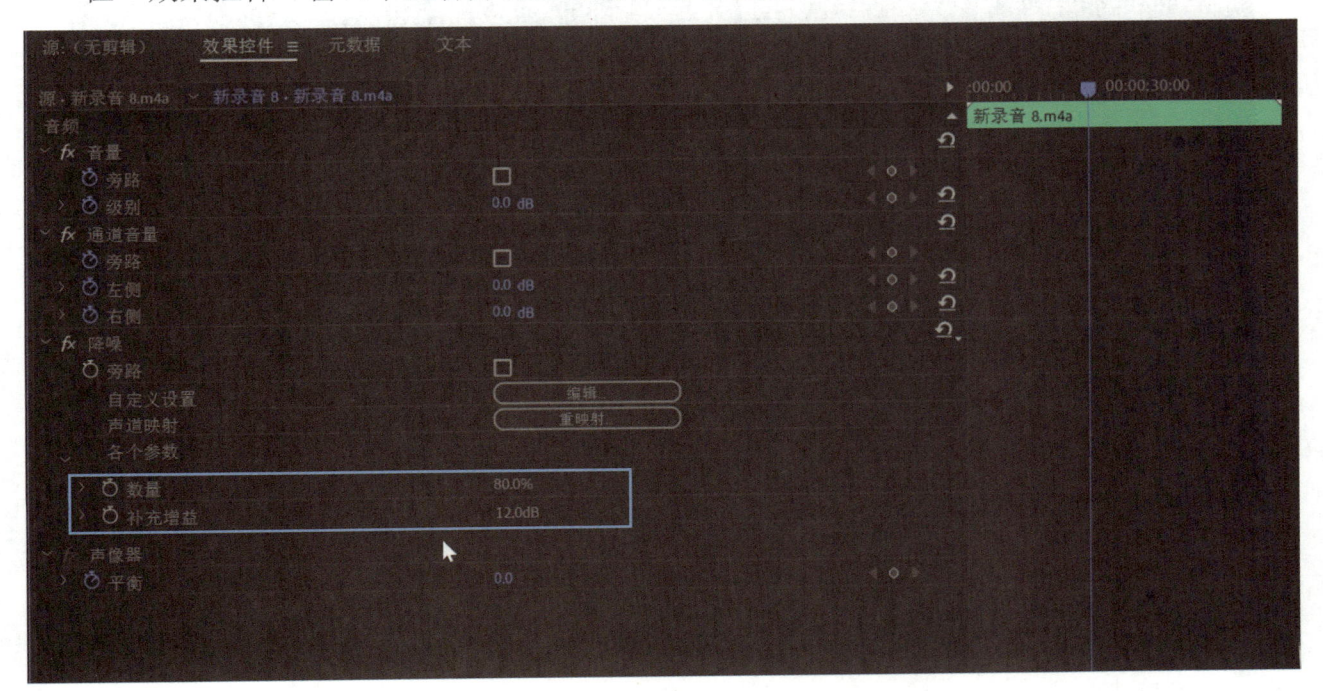

图 8-20

▶▶讨论与交流

1. 在"效果控件"窗口中设置降噪效果与在剪辑效果编辑器中设置降噪效果有什么区别？
2. 过度降噪会导致音频听起来很不自然，有失真的感觉，这种情况该如何避免？

任务 4　导出音频文件

▶▶**任务重点**

1. 设置音频格式。
2. 设置出入点。

▶▶**任务设计效果**

本实例操作中的效果如图 8-21 所示。

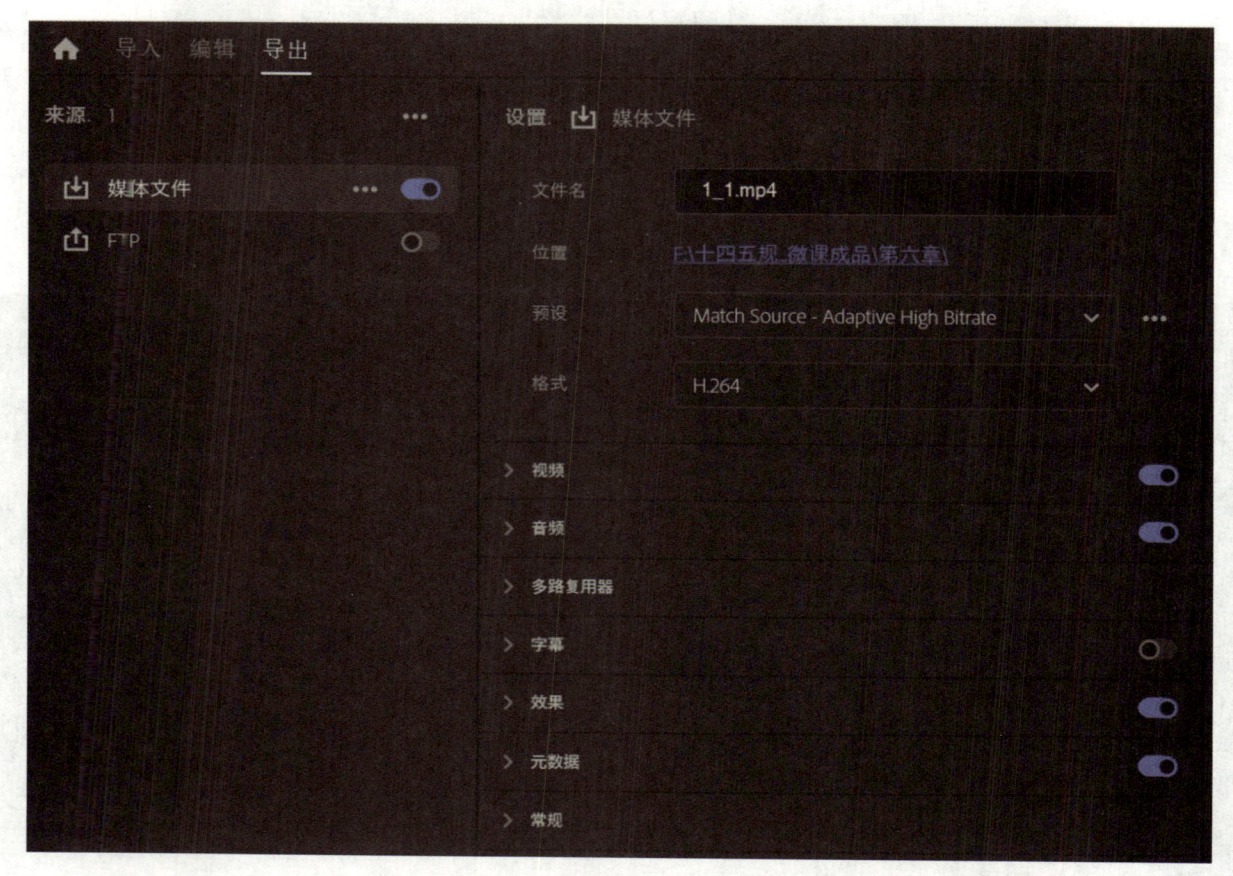

图 8-21

▶▶**任务实施**

步骤 1

打开一个创建好的项目，导入已编辑好的音频，选择"文件"→"导出"→"媒体"命令（见图 8-22），或按快捷键 Ctrl+M。

图 8-22

步骤 2

设置文件名、位置、格式，这里建议设置格式为 H264，如图 8-23 所示。

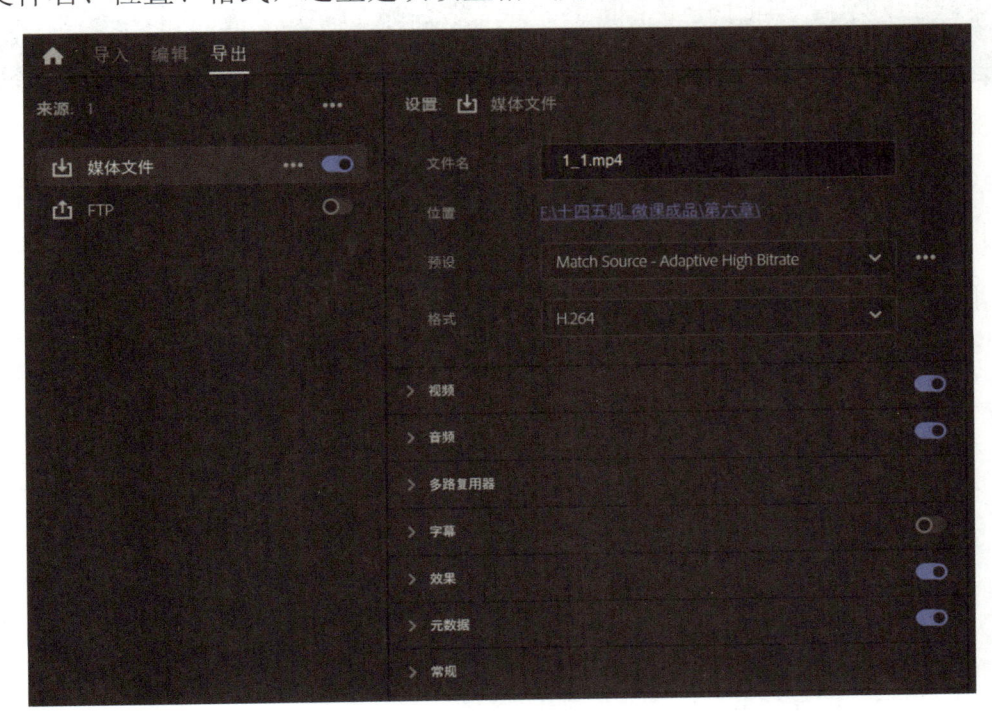

图 8-23

步骤 3

设置范围。如图 8-24 所示,"范围"下拉列表中有"整个源"、"自定义"、"源入点/出点"和"工作区域"4 个选项。选择"整个源"选项,表示默认情况下导出的是时间线面板中的所有视频和音频;选择"自定义"选项,表示选择一部分进行导出;选择"源入点/出点"选项,表示设置入点和出点进行导出;选择"工作区域"选项,表示将导出工作区域的持续时间,仅限序列。

图 8-24

步骤 4

单击"导出"按钮,如图 8-25 所示。至此,完成音频文件的导出。

图 8-25

知识点补充:

在时间线面板中所需的音频位置按 I 键即可设置入点,在末尾位置按 O 键即可设置出点,如图 8-26 所示。

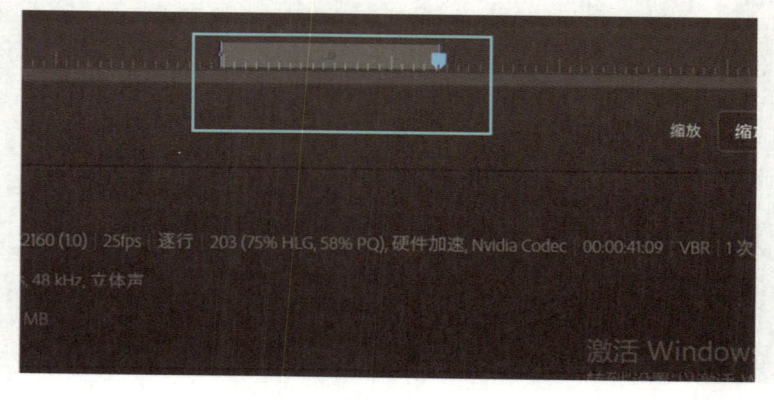

图 8-26

在时间线面板的标尺上右击,在弹出的快捷菜单中选择"清除入点和出点"命令(见图 8-27),即可清除入点和出点。

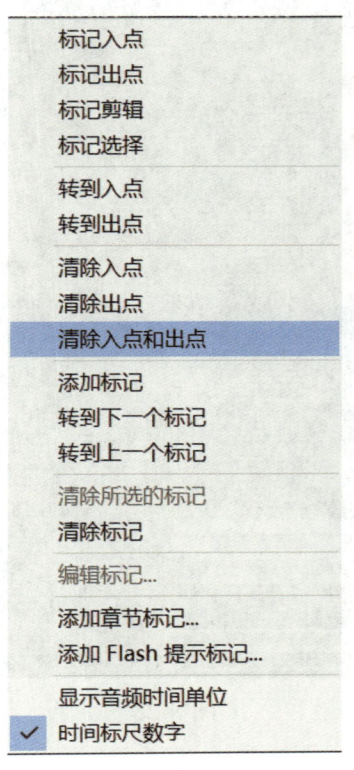

图 8-27

▶▶讨论与交流

1. 音频格式的区别。
2. 音频文件的输出速度很慢,如何提高输出速度?

拓展任务 8　制作微视频的配音

▶▶任务重点

1. 匹配音频与视频。
2. 根据需要设置合适的音频效果。

▶▶任务设计效果

本实例操作中的效果如图 8-28 所示。

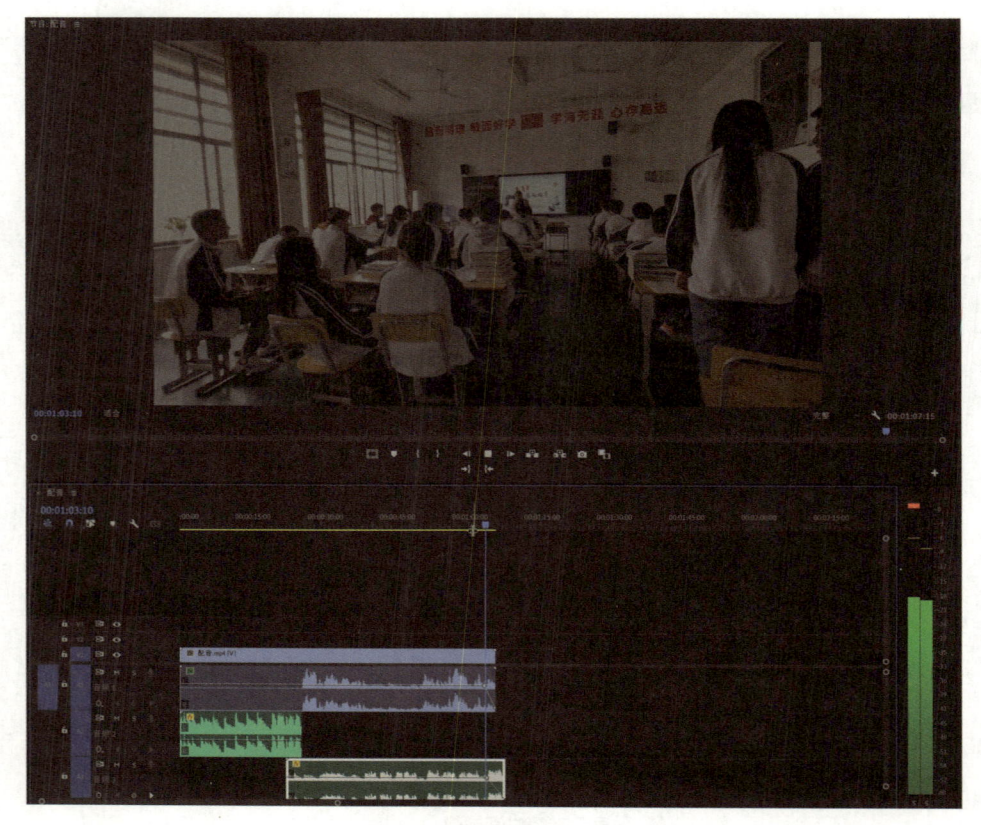

图 8-28

▶▶ 任务实施

步骤 1

打开一个创建好的项目，在项目面板中的空白处双击，在打开的"导入"对话框中选择所需的文件，单击"打开"按钮，如图 8-29 所示。

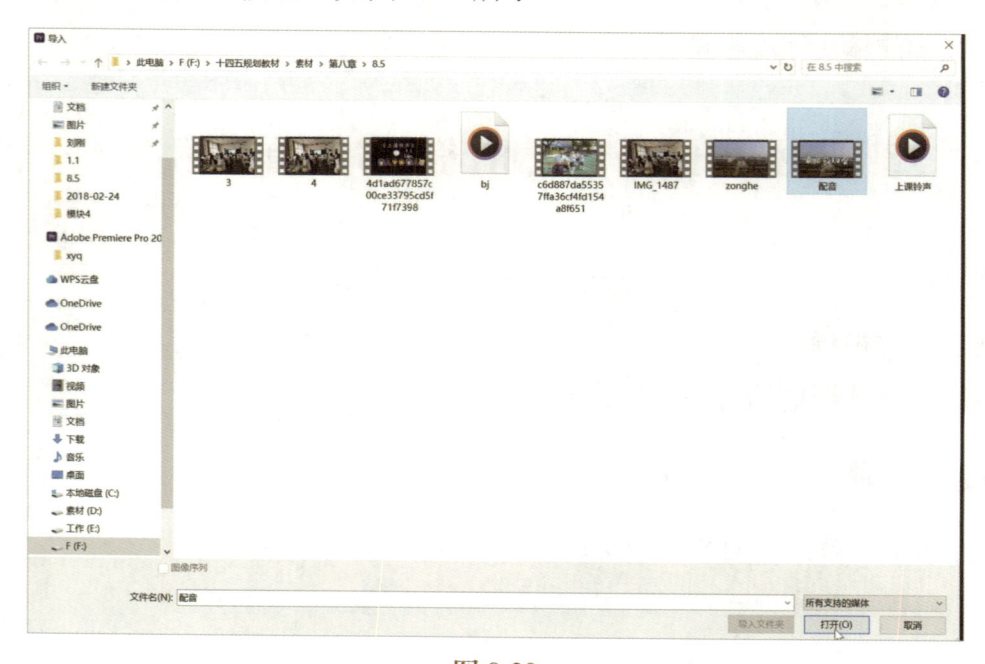

图 8-29

步骤 2

导入一段上课铃声，将其放在开头，并调整好音量，如图 8-30 所示。

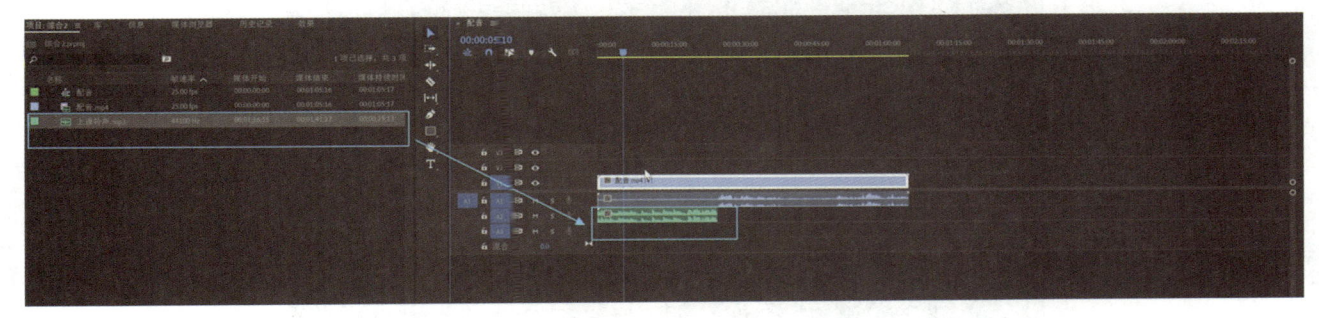

图 8-30

步骤 3

选择老师上课的声音这段音频，在"效果"窗口中选择"音频效果"文件夹下"降杂/恢复"文件夹中的降噪效果，将其拖动到需要降噪的素材上，在"效果控件"窗口中设置合适的降噪参数。此实例中设置降噪类型为弱降噪、降噪数量为 37%、增益为 6dB，如图 8-31 所示。

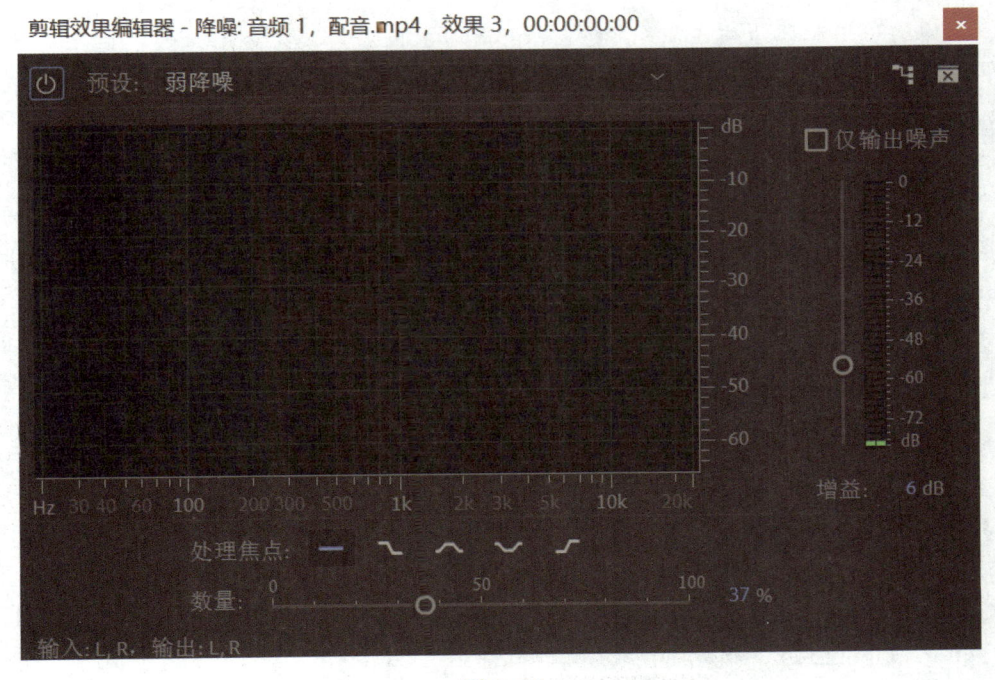

图 8-31

步骤 4

导入背景音乐，将其放到合适的位置，将滑块移动到背景音乐第 1 分 3 秒 3 帧的位置。在"效果控件"窗口中，激活音量级别属性的关键帧，在末尾位置添加一个关键帧，将鼠标指针移动到最后一个关键帧的位置，按住鼠标左键并向下拖动鼠标，制作出背景音乐的淡出效果。使用同样的方法，制作出上课声音的淡出效果，如图 8-32 所示。

211

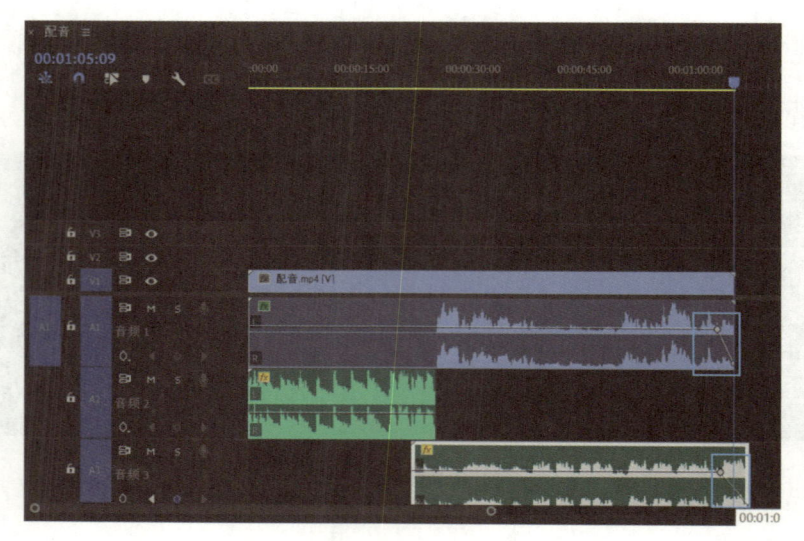

图 8-32

步骤 5

按空格键，预览效果，如图 8-33 所示。

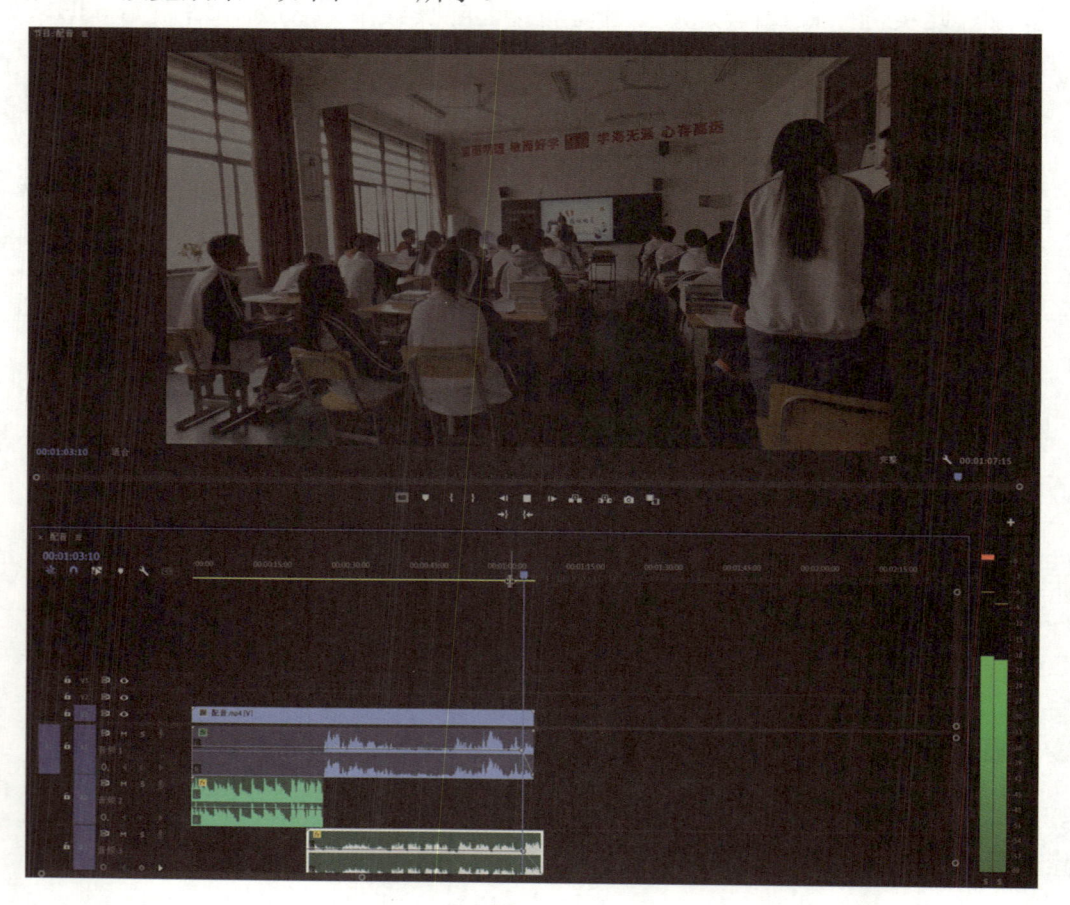

图 8-33

▶▶讨论与交流

配音的风格与视频的整体风格不协调怎么办？

模块 9　综合实训

本模块对全书相关知识点进行了归纳整理，并以实例的形式综合展现，将 Premiere Pro 的操作重点集合在实例中并综合应用。通过学习本模块，读者将对 Premiere Pro 的使用有一个更加全面的了解，从而进一步提升创作水平。

项目培养目标

- 熟练掌握视频效果的使用方法
- 熟练使用键控
- 熟练设置字幕，制作风格化字幕
- 能够剪辑流畅的作品，达到"声画合一"
- 熟练掌握音频的使用方法，能够使用音频提升整个作品的质量
- 能够通过剪辑手法传递创作者的感情

项目任务解读

本模块将通过以下任务整合知识点。

- 《风吹麦浪》实例——包含颜色遮罩的使用、轨道遮罩键的使用等知识点
- MV 的混剪 1——包含二次构图、标记点的使用等知识点
- MV 的混剪 2——包含调色、关键帧的使用等知识点

任务1 《风吹麦浪》实例

▶▶ **任务重点**

1. 颜色遮罩的使用。
2. 轨道遮罩键的使用。

▶▶ **任务设计效果**

本实例操作中的效果如图 9-1 所示。

图 9-1

▶▶ **任务实施**

步骤 1

在项目面板中的空白处双击，在打开的"导入"对话框中选择所需的文件，单击"打开"按钮，拖动素材到时间线面板中的相应轨道上，如图 9-2 所示。

图 9-2

步骤 2

选择时间线面板中相应轨道上的素材并右击，在弹出的快捷菜单中选择"取消链接"命令（见图 9-3），即可将音频与视频分离。在分离后，选择音频，将其删除即可。

图 9-3

步骤 3

在项目面板中的空白处右击，在弹出的如图 9-4 所示的快捷菜单中选择"新建项目"→"颜色遮罩"命令，在弹出的对话框中设置颜色为纯黑色，单击"确定"按钮即可。

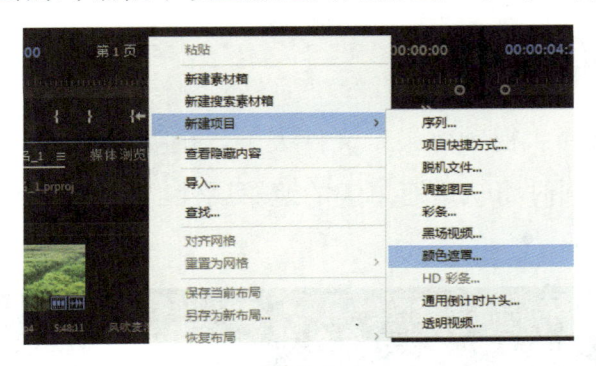

图 9-4

步骤 4

在"效果"窗口中选择裁剪效果，将其拖动到时间线面板中轨道的颜色遮罩上，对颜色遮罩的相关参数进行如图 9-5 所示的设置，从而达到所需的效果。

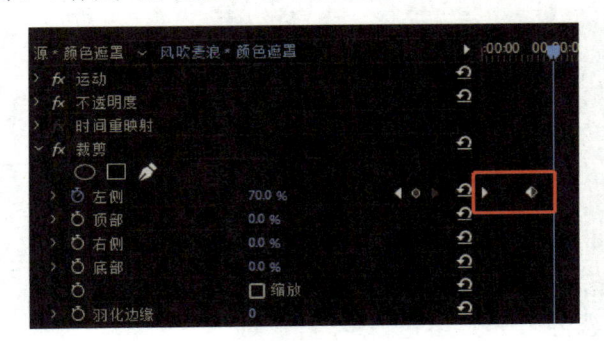

图 9-5

步骤 5

选择"文件"→"新建"→"旧版标题"命令，在弹出的字幕面板中设置字体样式、大小等，如图 9-6 所示。关闭字幕面板后，项目面板中增加了一个字幕，将其拖动到时间轴面板中的相应轨道上，调整位置和锚点。

图9-6

步骤6

在"效果"窗口中选择"视频效果"文件夹下"键控"文件夹中的轨道遮罩键，将其拖动到轨道的颜色遮罩上，同时将轨道遮罩键的遮罩属性的参数设置为"视频3"，并勾选"反向"复选框，如图9-7所示。

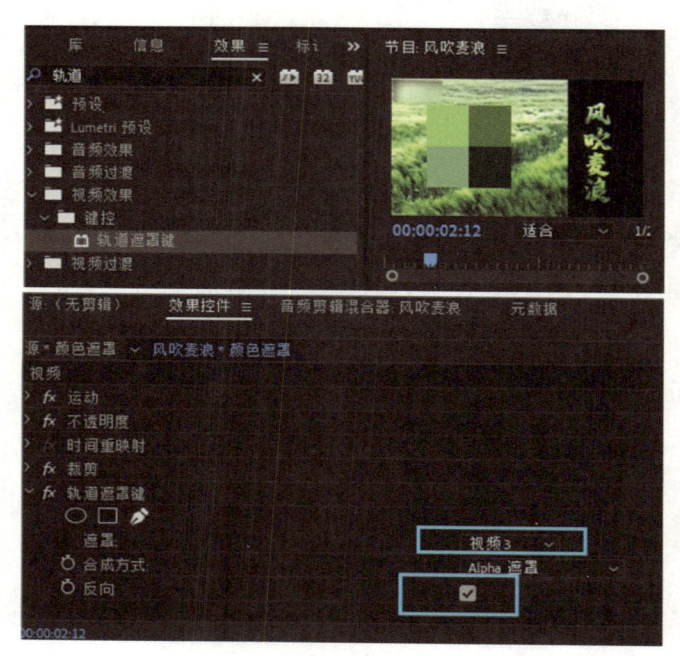

图9-7

▶▶讨论与交流

1. 颜色遮罩作为一段视频，是可以在其中添加动画和关键帧的，你能试着用它制作不同类型的创意片头吗？

2. 如果将字幕拖动到 V4 轨道上，不更改轨道遮罩键相关属性的参数，那么还能不能实现最终的视频效果？为什么？

任务 2　MV 的混剪 1

▶▶ 任务重点

1. 二次构图。
2. 标记点的使用。
3. 使用缩放关键帧模拟运镜效果。

▶▶ 任务设计效果

本实例操作中的效果如图 9-8 所示。

图 9-8

▶▶ 任务实施

步骤 1

导入 4 段提前拍摄好的素材，将第 1 段素材拖动到时间线面板中的相应轨道上，并将音频拖动到时间线面板中的音频轨道上，如图 9-9 所示。

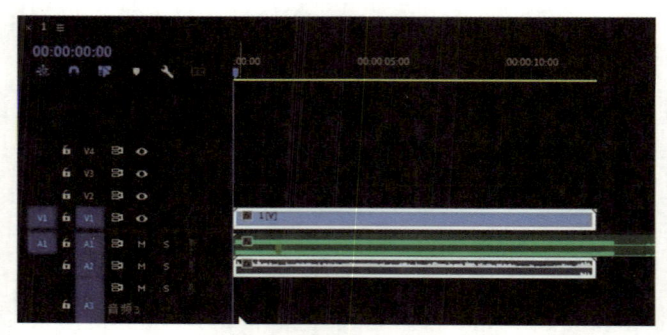

图 9-9

步骤 2

通过按住 Alt 键的同时滚动鼠标滚轮来放大音频，单击轨道 A1 前面的 S 按钮，开启独奏功能，播放音频，在第 1 句歌词的最后 1 个文字出现时添加标记点，取消独奏功能；单击轨道 A2 前面的 S 按钮，开启独奏功能，播放音频，同样在第 1 句歌词的最后 1 个文字出现时添加标记点。拖动轨道 A2，将轨道 A1、轨道 A2 的标记点对齐，如图 9-10 所示。

选择视频并右击，在弹出的快捷菜单中选择"取消链接"命令，删除轨道 A2 上的音频，如图 9-11 所示。

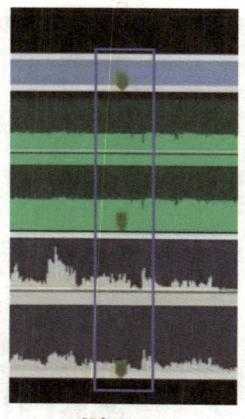

图 9-10

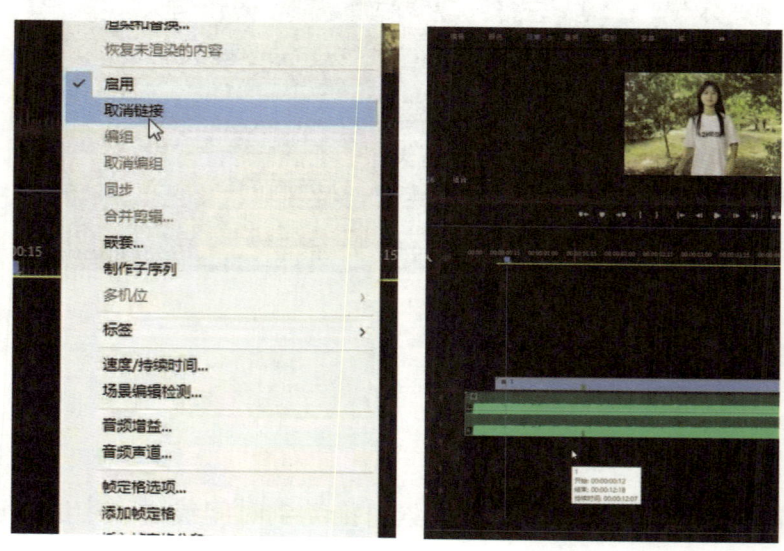

图 9-11

步骤 3

对其余 3 段素材进行同样的操作，如图 9-12 所示。

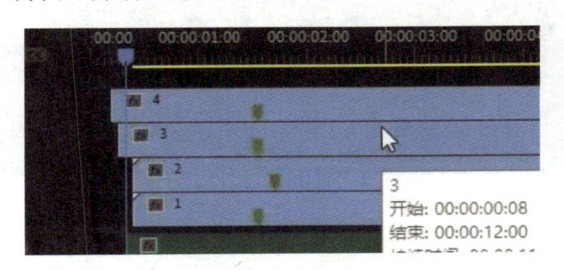

图 9-12

在第 1 句歌词的末尾位置对第 1 段、第 2 段素材进行切割，删除第 1 段素材后面的部分及第 2 段素材前面的部分；在第 2 句歌词的末尾位置对第 2 段、第 3 段素材进行切割，删除第 2 段素材后面的部分及第 3 段素材前面的部分；在第 3 句歌词的末尾位置对第 3 段、第 4 段素材进行切割，删除第 3 段素材后面的部分及第 4 段素材前面的部分，如图 9-13 所示。

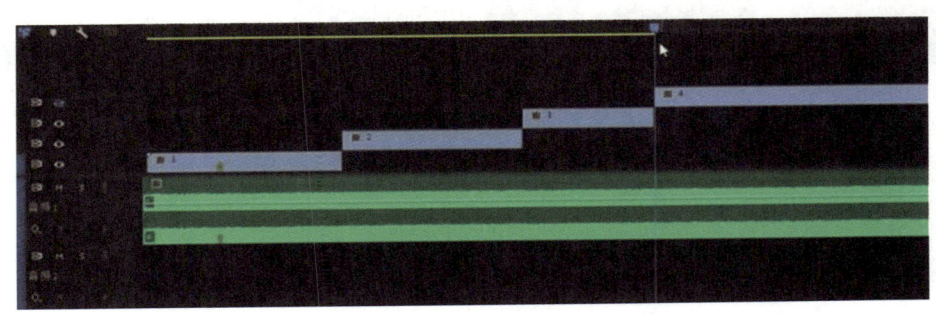

图 9-13

步骤 4

在时间线面板中选择第 1 段素材，将滑块移动到第 19 帧的位置，在"效果控件"窗口中激活缩放属性的关键帧，将缩放属性的参数设置为 115.0，如图 9-14 所示。

将滑块移动到第 1 帧的位置，将缩放属性的参数设置为 100.0，如图 9-15 所示。

将滑块移动到第 1 秒 8 帧的位置，将缩放属性的参数设置为 100.0，如图 9-16 所示。

将滑块移动到第 2 秒 7 帧的位置，设置缩放属性的参数为 119.0，如图 9-17 所示。

将滑块移动到第 2 秒 29 帧的位置，设置缩放属性的参数为 100.0，如图 9-18 所示。

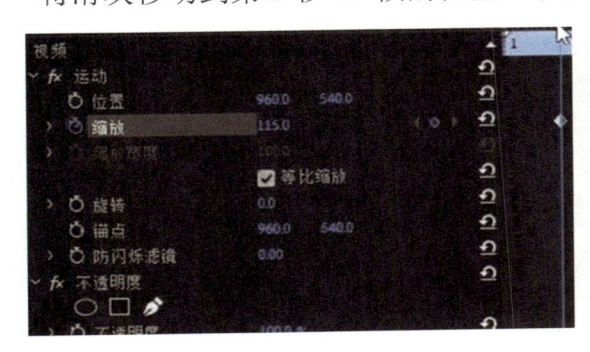

图 9-14 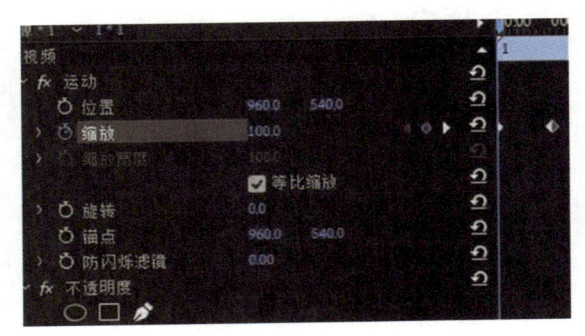   图 9-15

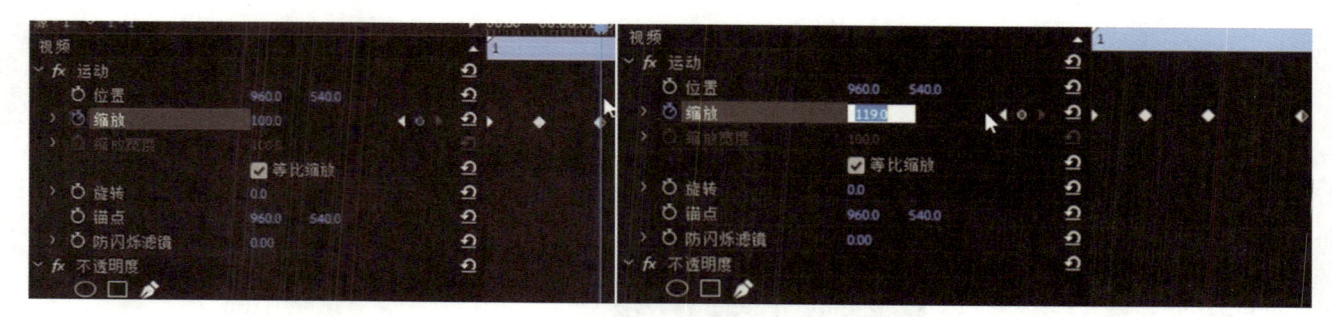

图 9-16　　　　　　　　　　　　　　图 9-17

图 9-18

步骤 5

其余 3 段素材依次根据音频和动作添加标记点，激活缩放属性的关键帧，在标记点上依次进行缩放关键帧的添加，将缩放属性的参数按照"复位—放大—复位—放大"的顺序循环设置，使 4 段素材都带有运镜效果即可。

▶▶讨论与交流

1. 添加标记点的快捷键是什么？
2. 要制作左右运镜效果，应该如何操作？

任务 3　MV 的混剪 2

▶▶任务重点

1. 调色。
2. 关键帧的使用。

▶▶任务设计效果

本实例操作中的效果如图 9-19 所示。

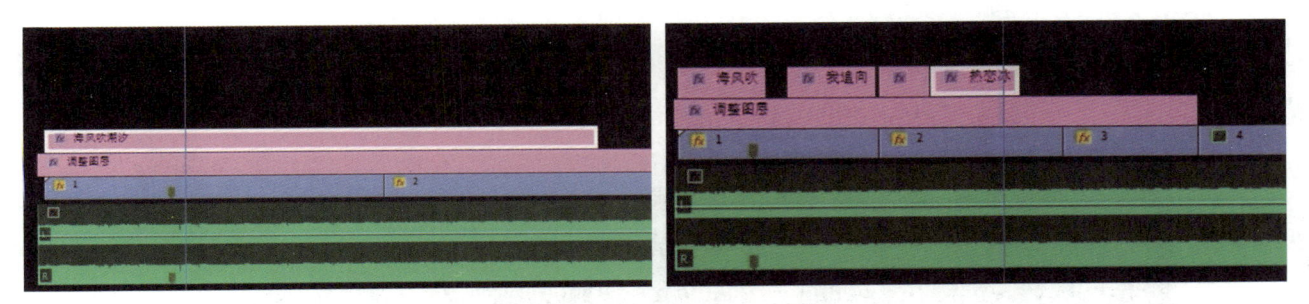

图 9-19　本例操作中的效果

▶任务实施

步骤 1

打开本模块任务 2 中创建的项目，将 4 段素材全部拖动到 V1 轨道上，如图 9-20 所示。

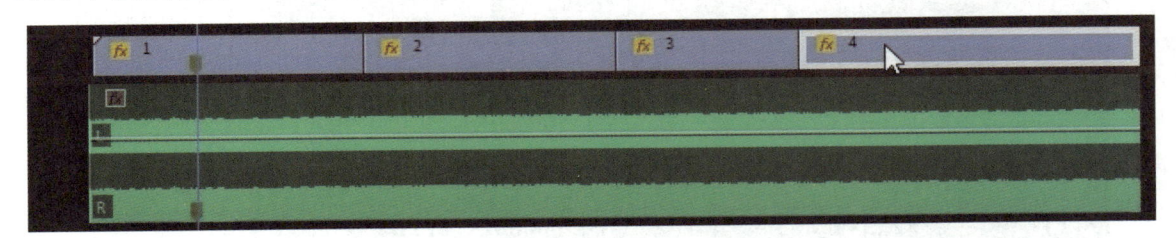

图 9-20

在项目面板中的空白处右击，在弹出的快捷菜单中选择"新建项目"→"调整图层"命令，如图 9-21 所示。

将项目面板中新建的调整图层拖动到 V2 轨道上，将其长度调整为与 V1 轨道上前 3 段素材的长度一致，如图 9-22 所示。

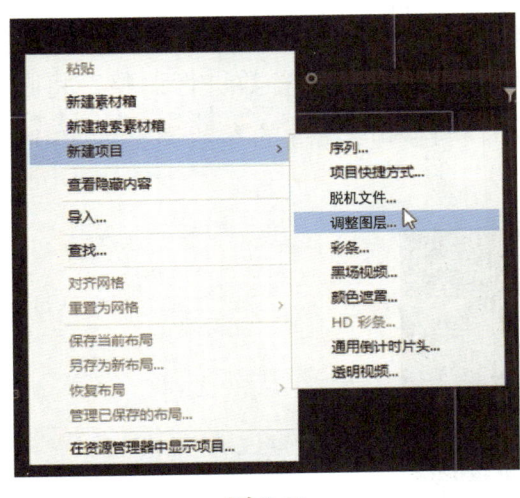

图 9-21　　　　　　　　　　　　　　图 9-22

步骤 2

下面统一调整 V1 轨道上前 3 段素材的颜色。在"效果"窗口中选择"颜色校正"文件夹中的 Lumetri 颜色效果，将 Lumetri 颜色效果添加到调整图层上。选择调整图层，在"效果控件"窗口中对 Lumetri 颜色效果各属性的参数进行调整,将曝光属性的参数调整为 0.3,将对比度属性的参数调整为 10.0,将饱和度属性的参数调整为 110.0,如图 9-23 所示。

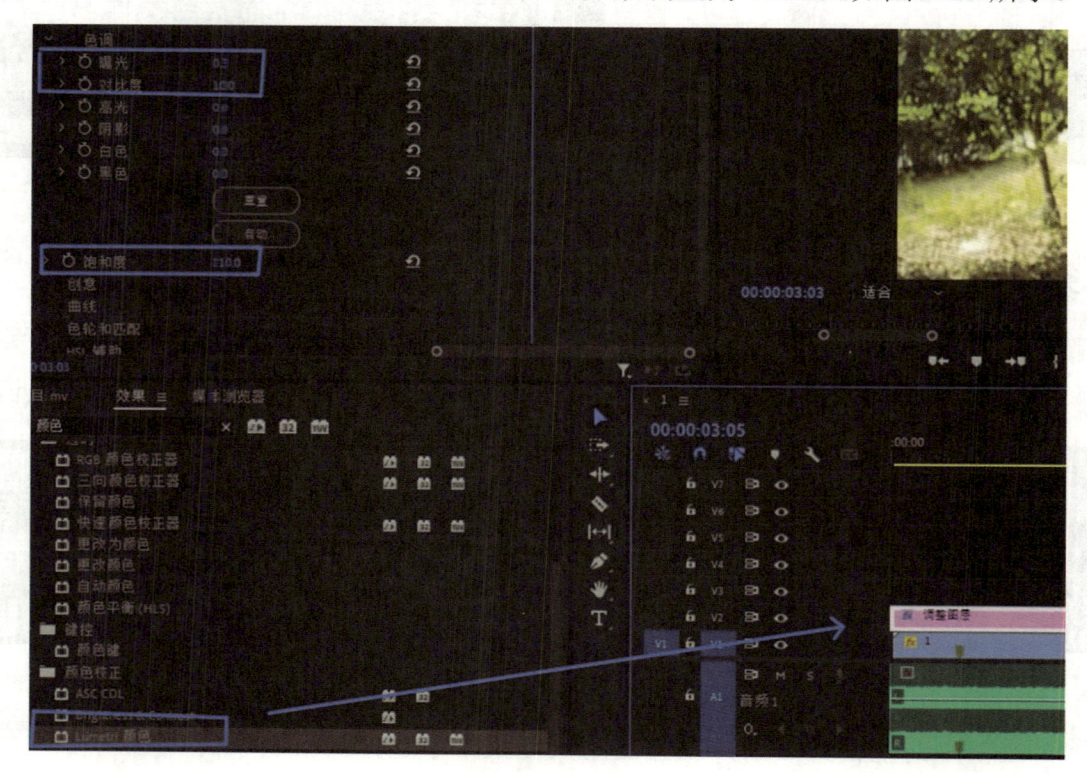

图 9-23

步骤 3

下面调整 V1 轨道上第 4 段素材的颜色。选择 V1 轨道上的第 4 段素材,在"效果"窗口中选择"颜色校正"文件夹中的 Lumetri 颜色效果,将 Lumetri 颜色效果添加到第 4 段素材上。选择第 4 段素材,在"效果控件"窗口中对 Lumetri 颜色效果各属性的参数进行调整,将曝光属性的参数调整为 1.0,将对比度属性的参数调整为 10.0,将饱和度属性的参数调整为 130.0 如图 9-24 所示。

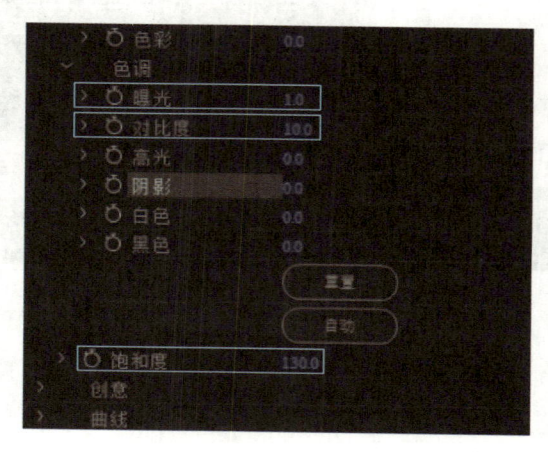

图 9-24

步骤4

下面添加字幕。在工具面板中找到 T 按钮，将鼠标指针移动到该按钮上，长按鼠标左键，在文字工具的隐藏选项中选择"垂直文字工具"选项，如图9-25所示。

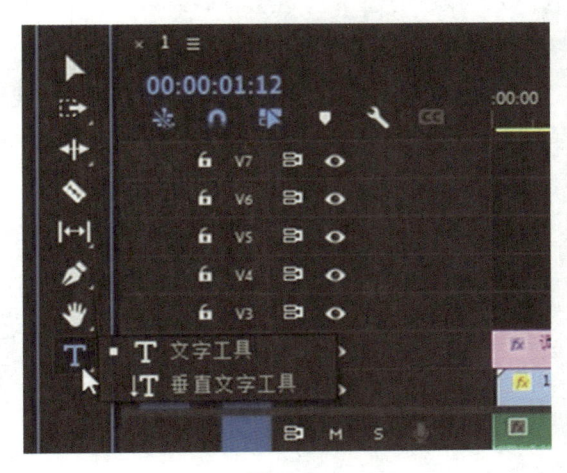

图9-25

在节目监视器中合适的位置单击，输入第1句歌词，在"效果控件"窗口中调整文字格式，如图9-26所示。将第1句歌词向左移动，使其与背景音乐对齐。

图9-26

步骤5

在"效果"窗口中选择"视频效果"文件夹下"扭曲"文件夹中的放大效果，将其添加到字幕中。选择字幕，在"效果控件"窗口中单击"放大"，在节目监视器中将锚点移动到文字"海"上，如图9-27所示。

细心听歌词节奏点，在每个文字出现时均添加标记点，在"效果控件"窗口中激活中央的关键帧，根据标记点调整中央属性的纵轴参数，依次放大标记点对应的文字，如图 9-28 所示。

图 9-27

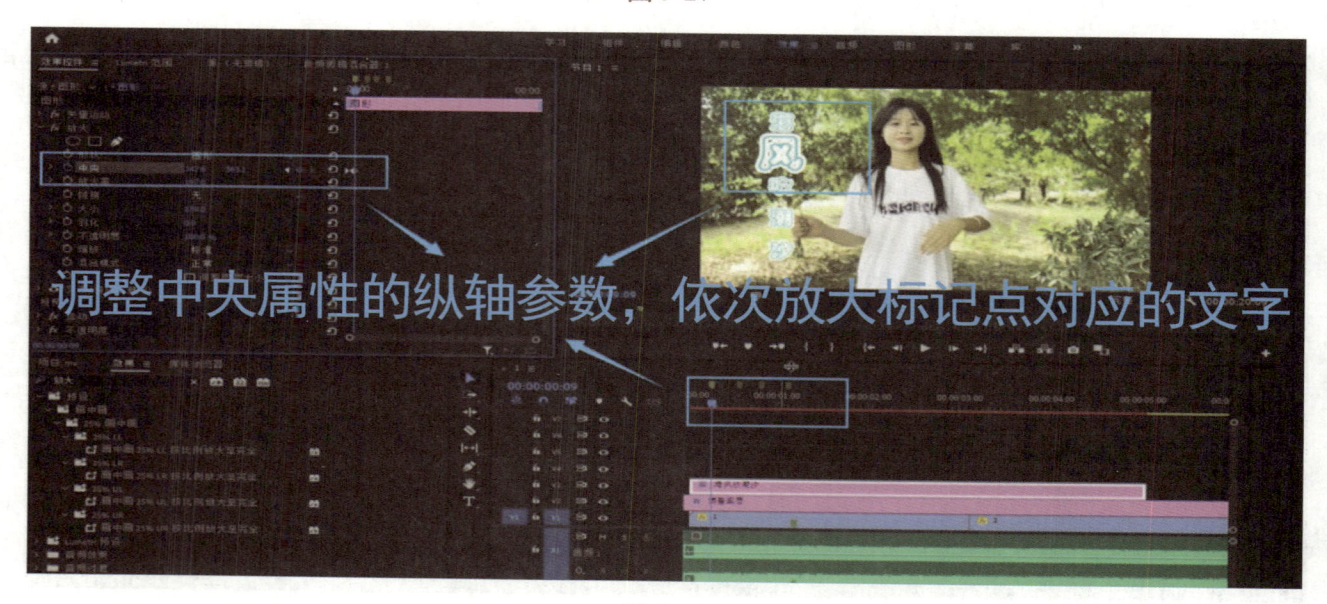

图 9-28

步骤 6

下面给文字添加弹出效果。选择字幕，在"效果控件"窗口中将滑块移动到中央属性的第 2 个关键帧上，按一次向左方向键滑块向左移动一帧，按住 Alt 键的同时复制第 1 个关键帧，如图 9-29 所示。

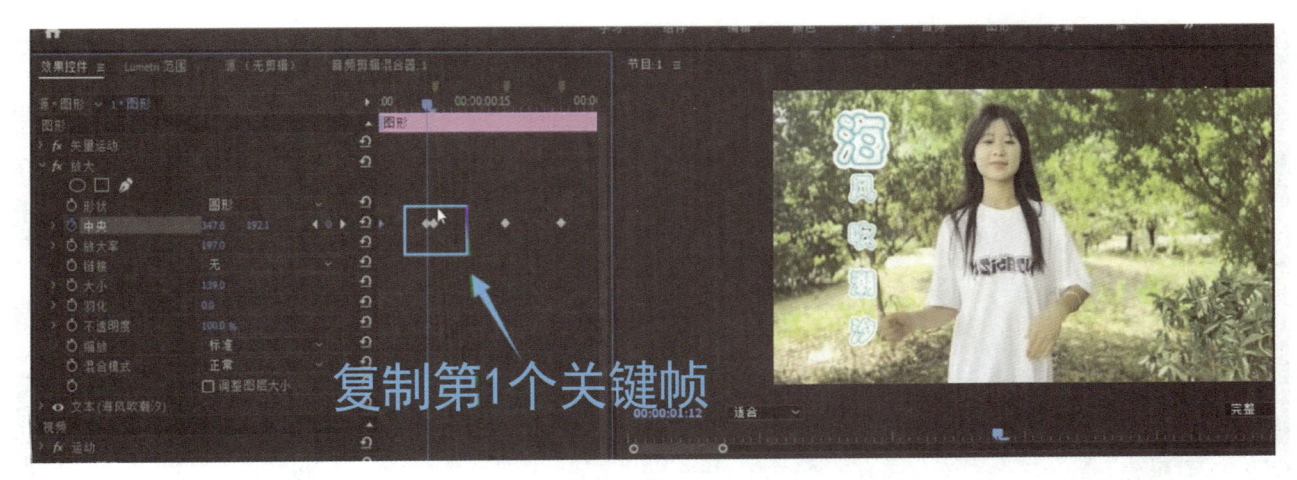

图9-29

将滑块移动到中央属性的第4个关键帧上，按一次向左方向键滑块向左移动一帧，按住Alt键的同时复制第3个关键帧；将滑块移动到中央属性的第6个关键帧上，按一次向左方向键滑块向左移动一帧，按住Alt键的同时复制第5个关键帧；以此类推，最终的中央属性的关键帧如图9-30所示。

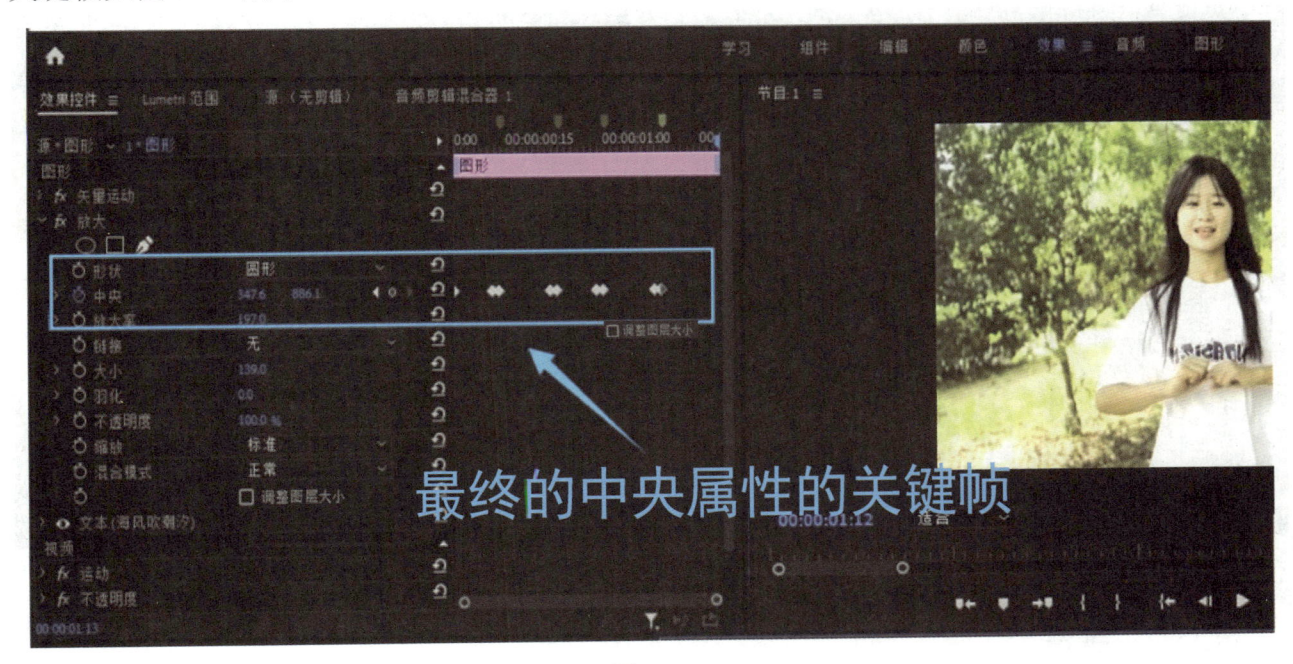

图9-30

步骤7

按住Alt键的同时拖动字幕，复制一个字幕到第2句歌词的开始位置，在节目监视器中双击字幕，更改文字，如图9-31所示。

播放背景音乐，看一下第2段字幕中的文字是否能够卡上歌词节奏点。如果文字出现的时间提前或推迟了，那么可以通过"效果控件"窗口中的中央属性进行更改，如图9-32所示。其他歌词依次向后复制并调整即可。

图 9-31

图 9-32

▶▶讨论与交流

1. 在步骤 6 中，为什么要将滑块向左移动一帧，在这一帧上放置上一帧的复制帧？
2. 在步骤 7 中，复制的字幕是否带有原字幕的动画属性？

反侵权盗版声明

  电子工业出版社依法对本作品享有专有出版权。任何未经权利人书面许可，复制、销售或通过信息网络传播本作品的行为；歪曲、篡改、剽窃本作品的行为，均违反《中华人民共和国著作权法》，其行为人应承担相应的民事责任和行政责任，构成犯罪的，将被依法追究刑事责任。

  为了维护市场秩序，保护权利人的合法权益，我社将依法查处和打击侵权盗版的单位和个人。欢迎社会各界人士积极举报侵权盗版行为，本社将奖励举报有功人员，并保证举报人的信息不被泄露。

举报电话：（010）88254396；（010）88258888
传　　真：（010）88254397
E-mail：dbqq@phei.com.cn
通信地址：北京市万寿路173信箱
　　　　　电子工业出版社总编办公室
邮　　编：100036